土壌圏と地球温暖化

Makoto Kimura　*Ryusuke Hatano*
木村眞人・波多野隆介
【編】

名古屋大学出版会

口絵1　高山市の落葉広葉樹林内にある観測タワー（第2章）
高さ27mのタワーに観測装置を設置し，大気中の熱・水・二酸化炭素量を測定する（写真提供：産業技術総合研究所，山本　晋）．

口絵2　クローズドチャンバー（第7章ほか）
土壌から放出される二酸化炭素をチャンバー内に貯め，一定期間が過ぎた後二酸化炭素濃度を測定する．

口絵3 京都市吉田山のシイ林と土壌断面（第4章）

薄いO層と多量のレキを特徴とする黄褐色森林土である。

  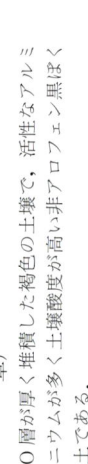

口絵4 丹後半島のブナ林と土壌断面（第4章）

O層が厚く堆積した褐色の土壌で、活性なアルミニウムが多く土壌酸度が高い非アロフェン黒ぼく土である。

  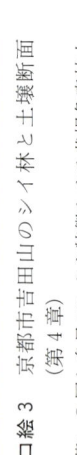

口絵5 八ヶ岳山麓のミズナラ林と土壌断面（第4章）

O層が薄く有機物が鉱質土層深くまで集積した非アロフェン黒ぼく土である。

口絵 8　三笠市の水田と土壌断面（第 8 章）
土壌は細粒質灰色化低地水田土である。Bg 層に斑鉄の著しい集積が見られる。地下水位は 80 cm前後。

口絵 7　三笠市のタマネギ畑と土壌断面（第 7 章）
土壌は細粒質普通灰色低地土である。Bg 層の垂直方向に、水みちとなっている亀裂が見られる。地下水位は 80 cm前後。

口絵 6　東北大学六角牧場における放牧風景と採草地の土壌断面（第 6 章）
黒ぼく土壌断面の表層部にルート・マットが見られる。

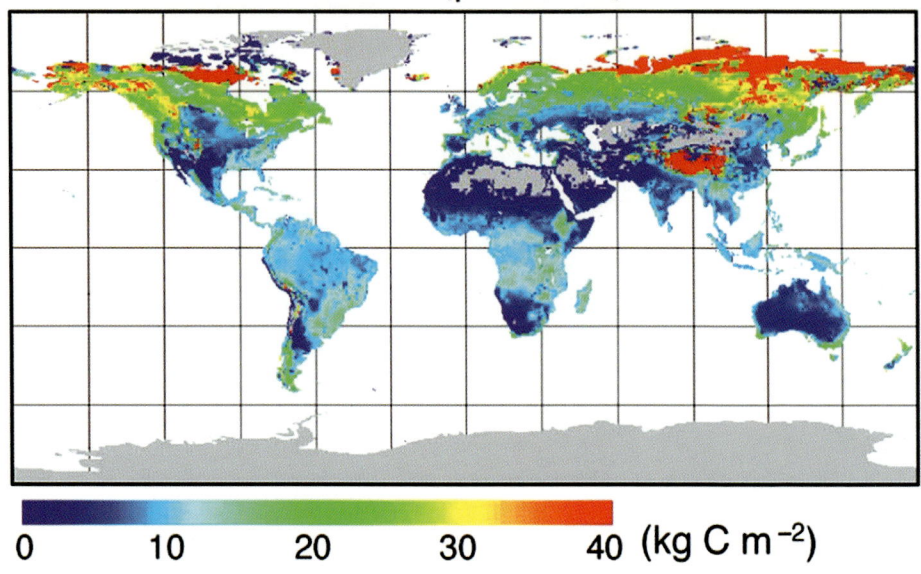

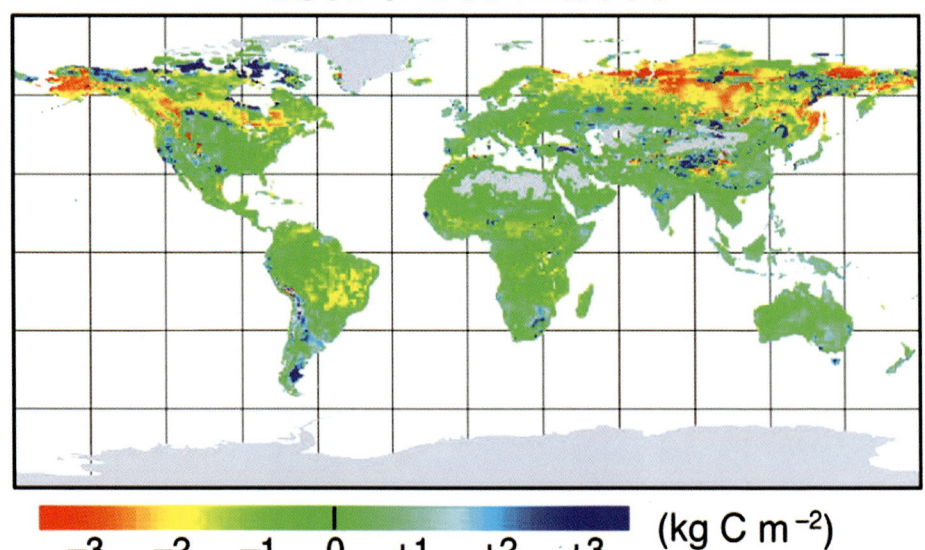

口絵9 陸域炭素循環モデル (Sim-CYCLE) による土壌有機炭素に関するグローバルシミュレーション (第12章)
（上）現在の気候条件における土壌有機炭素の蓄積量分布（伊藤，2002）．（下）温暖化予測シナリオに基づく21世紀中の土壌有機炭素量の変化の推定 (Ito, 2005). 主に顕著な温度上昇が予測されている北半球高緯度域（亜寒帯林〜ツンドラ）で炭素放出が推定される．

究事例を基に地球レベルで平易に解説した（第2章）．また，土壌中の炭素の蓄積が最も多い森林生態系における炭素循環と土壌有機物の関係について，グローバルな視点から記述した（第3章）．これらの章で構成される第I編は，地球温暖化問題と土壌中における炭素循環の関係を理解するための導入部分であり，土壌中の炭素循環が地球温暖化問題と密接に関係していること，どのような土壌の諸性質が地球温暖化と関連しているか，また，世界規模でそれらの性質解明のためにどのような研究が現在進行しているかも合わせ紹介した．

　土壌生態系における炭素循環は土地利用形態によって異なる．そこで第II編では，わが国の森林（第4，5章），草地（第6章），畑地（第7章），水田（第8章）における炭素循環の実態を紹介した．土地利用形態の違いに伴って，特徴的な炭素循環が進行していることを解説するのが，これらの章の目的である．

　上記の土地利用形態に加えて，各地域には都市が点在し，人間活動に伴う炭素循環が進行している．そこで，北海道旭川地域を例に地域レベルでの炭素循環を紹介した（第9章）．現在の化石エネルギー消費を続ける限り，地域レベルでの炭素循環において大気への炭素の大量放出が不可避であることが理解されるであろう．

　土壌からの二酸化炭素の発生は，微生物による土壌有機物の分解と，それに引き続いて起こる土壌中での二酸化炭素の吸着・脱着・移動の結果であり，土壌の種類によって発生量も異なる．そこで，第III編では，土壌の種類と二酸化炭素発生量の関係（第10章），土壌中での二酸化炭素の動態（第11章）を紹介した．土壌の生物的・化学的諸性質と土壌からの二酸化炭素発生量がいかに深く関連しあっているかが理解されるであろう．

　最後に第IV編として，農業活動を通しての地球温暖化防止のための土壌炭素管理を提言し，本書の結びとした（第12章）．

　本書は，とかく地球温暖化の促進要因として化石エネルギー消費の増大のみを単純に考えてきた社会に対し，土地利用変化と土壌炭素の動態が地球温暖化に与える影響について，関心を喚起することを目的としたものであり，温暖化

はじめに

　現在，人間活動に伴う年間の二酸化炭素放出量は 7.1 GtC（1 Gt は 10 億 t），大気中二酸化炭素の増加量は 3.2 GtC と見積もられている．このうち 77% は化石エネルギー消費によるものであり，残り 23% は森林伐採などの土地利用変化に伴うバイオマス消費や土壌中に蓄積されていた土壌有機物の分解消失に起因することが明らかにされている．

　ところで，陸域生態系における主な炭素の貯蔵は，植物バイオマスとして約 550 GtC，土壌有機物として約 1,500 GtC であり，土壌有機物中の炭素量は植物バイオマス中の炭素量の約 3 倍，大気中炭素量の約 2 倍に相当する量である．加えて，先史時代の陸域における土壌有機物の量が，炭素にして約 2,000 GtC であったと推定されており，われわれ人類は，土壌有機物の消費を代償に，今日の文明を築き上げたともいえる．1850 年から 1990 年の間に消費した化石燃料の総量が炭素にして約 230 GtC であったことを振り返るとき，46 億年の地球史の中で人類はわずか数千年の間に，いかに多くの土壌有機物を消費したか実感されるであろう．地球温暖化対策において，陸域生態系における植物バイオマス，土壌有機物の適切な管理は不可欠であり，土壌有機物の更なる消耗を抑制するばかりでなく，積極的にその増進に努力すべきである．

　本書は，陸域生態系において炭素の最大の貯蔵庫である土壌における炭素の動態を，森林，草地，畑，水田に分けてそれぞれ解説するとともに，炭素の地球大循環において土壌が大気中の二酸化炭素濃度を低下させ，結果として地球温暖化を抑制しているという実態に社会の関心を喚起することをねらいとしている．

　まず，人間活動と土壌中での炭素の循環，地球温暖化問題との関係を概説した（第 1 章）．ついで，各種生態系における炭素循環の実態と，どのような循環過程が未解明で地球温暖化問題にとって残された課題であるかを，豊富な研

防止条約履行のために二酸化炭素発生量の削減諸対策が論議されている現在，自然界における炭素循環にも国民の注意を喚起することは，意義深く，タイムリーな企画と考える．

　なお，本書の刊行にあたり平成 16 年度独立行政法人日本学術振興会科学研究費補助金「研究成果公開促進費」の交付を受けたことを付記するとともに，名古屋大学出版会の神舘健司氏に感謝いたします．

2005 年 1 月

　　　　　　　　　　　　　　　　　　　　　　　　木村　眞人
　　　　　　　　　　　　　　　　　　　　　　　　波多野隆介

目　次

はじめに　i

第Ⅰ編　地球の温暖化と土壌

第1章　土壌における炭素ダイナミクスと地球環境 …………… 3

1-1　土壌中の炭素循環と人類　3
1-2　土壌中での炭素の動態　4
1-3　有機物の土壌中での分解と代謝　6
1-4　土壌と地球環境問題，とくに温暖化と関連して　13

第2章　陸域生態系をめぐる炭素循環 ……………………………… 21

2-1　地球温暖化と炭素循環　21
2-2　各種生態系をめぐる炭素循環　25
2-3　カーボン・ニュートラルとミッシング・シンクを越えて　43

第3章　森林生態系の炭素循環と土壌有機物 ……………………… 51

3-1　地球温暖化問題における森林生態系の位置付け　51
3-2　森林生態系の炭素循環　52
3-3　土壌有機物の炭素動態　59
3-4　地球温暖化に伴う土壌有機物量の変化予測　63
3-5　地球温暖化対策としての森林吸収の問題点　65

目次 v

第II編　森林・草地・畑・水田における炭素の循環

第4章　日本の森林における土壌呼吸の季節変動と炭素収支 …… 71
4-1　はじめに　71
4-2　土壌呼吸の季節変動　72
4-3　年間の炭素のフローとストック　76
4-4　シンクかソースか　79
4-5　地球温暖化の影響　80

第5章　南関東の森林における土壌呼吸 ………………… 83
5-1　土壌呼吸測定の重要性　83
5-2　二酸化炭素フラックス測定法　86
5-3　南関東地域における森林林床からの二酸化炭素フラックス　90
5-4　南関東地域における森林林床からの二酸化炭素の発生量　99

第6章　草地における炭素循環とルート・マット形成 ……… 105
6-1　放牧草地の原風景と炭素循環　105
6-2　草地における炭素循環　106
6-3　草地におけるルート・マットの形成について　112

第7章　畑地における土壌呼吸と炭素収支
　　　　——北海道道央のタマネギ畑における例 ………… 123
7-1　土壌呼吸の重要性　123
7-2　土壌呼吸測定と炭素収支解析方法　126
7-3　タマネギ畑における土壌呼吸　128
7-4　炭素収支　132

第8章　水田における有機物の分解と炭素循環 ………… 139
8-1　水田生態系における特異的な有機分解過程　139
8-2　水田に供給される有機物の種類とその量　140

8-3 水田における植物遺体および土壌有機物の分解　143
8-4 水稲によって光合成された有機物の土壌中での動態　149
8-5 二酸化炭素，有機物の作土からの溶脱と下層土への集積　152
8-6 メタンの土壌中での動態　155
8-7 水田から発生するメタンの起源　160

第9章　北海道旭川地域における炭素のストックとフロー　167

9-1 地域における炭素循環の研究の重要性　167
9-2 地域レベルにおける炭素循環モデルの構造　168
9-3 地域における炭素フローとストックの見積もり方法　169
9-4 地域における炭素フローとストックの実態　177
9-5 農地，森林への炭素蓄積　182
9-6 土壌生態系の炭素循環は何人の二酸化炭素を固定できるか　185

第III編　土壌における二酸化炭素の生成から発生まで

第10章　異なる土壌間での二酸化炭素発生能の比較　191

10-1 はじめに　191
10-2 実験室系で土壌から発生する二酸化炭素の測定　192
10-3 土壌から発生する二酸化炭素量の比較　194

第11章　土壌中における二酸化炭素の化学　201

11-1 はじめに　201
11-2 土壌における二酸化炭素の発生機構　202
11-3 発生した二酸化炭素の土壌内での移動　204
11-4 土壌内での溶存炭酸の反応　208

第IV編　土壌炭素管理による地球温暖化への挑戦

第12章　土壌管理戦略にむけて ……………………………………219

12-1　はじめに　219
12-2　土壌機能をめぐる炭素の蓄積・分解モデル　220
12-3　各種炭素循環モデルと土壌モデル　223
12-4　京都議定書におけるアクティビティと土壌炭素動態　229
12-5　土壌学における温暖化研究の進展のために　234

索　引　242

第 I 編

地球の温暖化と土壌

第1章

土壌における炭素ダイナミクスと地球環境

1-1 土壌中の炭素循環と人類

 土壌は陸域生態系を構成するきわめて重要な物質群であって，生態系の物質の動態において，多様な変化の場であるとともに，物質の巨大な貯蔵庫の役割を果たしている．炭素を例にとれば，光合成を行う能力のある陸上植物は大気中の二酸化炭素（CO_2）から合成した有機化合物の大部分を，植物の枯死体，草食動物・肉食動物の排泄物や死体の形で土壌に加えている．土壌中ではこの有機物が土壌動物と土壌微生物の共同作業によって，粉砕，変質，分解され，やがて酸化的環境下では二酸化炭素に，還元的環境下ではメタン（CH_4）にそれぞれ変えられて大気に戻される．大気と陸域生態系との間の炭素のやりとりは，自然条件下のもとでは長大な時間をかけて，大気中の二酸化炭素濃度の恒常性に対して大きく寄与してきたはずである．

 ところで，地球上の炭素の貯蔵庫に蓄えられている炭素の量は表1-1のように推定されている（松本, 2002）．これらの貯蔵庫は動的な平衡関係にあり，それぞれは相互作用しあい，お互いに炭素の交換を行っている．地殻を形成する岩石や堆積物に含まれる炭素は，本来生物との相互作用は少ない

表1-1 地球上の炭素の貯蔵庫に蓄えられている炭素量
　　　（Eswaranら（1993）をもとに作成（松本, 2002））

（GtC, $1Gt=10^9 t$）

貯蔵庫	炭素量
陸　上	
植物バイオマス	550
土　壌	1500
大　気	750
海　洋	38000
化石燃料	4000
地　殻	65500000

が，このうち，4,000 GtC という部分が化石燃料として人間によって将来も含めて利用可能な量とみなされ，大気圏をはじめとする生物圏へ移行し得る（Scharpenseel, 1977）。表 1-1 で陸域生態系の炭素の貯蔵庫は約 550 GtC の植物バイオマスと 1,500 GtC の土壌有機物とから成っており，土壌有機物が植物バイオマスの約 3 倍，大気中の炭素の約 2 倍に相当する炭素を含んでいることから，土壌有機物が陸域，大気圏を含んで主たる貯蔵庫になっていることがわかる。しかし，先史時代の陸域における土壌有機物に含まれる炭素量は，約 2,014GtC に及んでいたことが推定されており，今日見られる土壌有機炭素量の減少の大きな原因は，農耕文明の開花が人口の増大を誘導し，土壌有機物の消耗を余儀なくさせられたことにあると考えられる（木村ら，1994）。すなわち，森林，草原，低湿地帯，泥炭地といった土壌有機物の主要な集積地をつぎつぎに開墾し，耕地の拡大を図ることは，有機物の酸化分解を促進することを意味している（Arnold ら，1990）。

1-2　土壌中での炭素の動態

炭素が植物バイオマスよりも土壌有機物の方により大きな貯蔵庫として偏在している事実に注目してみよう。この事実は見方を変えれば，生元素から構成されている有機物は，植物体に存在しているときよりも土壌中に存在しているときの方がはるかに変化しにくいことを意味している。事実，表 1-1 にあげた数値から，炭素（C）の平均滞留時間（turnover time）を算出すると，植物バイオマスで約 10 年，土壌で約 50 年と計算される。しかし，土壌中には多様な物質変化を速やかに遂行する能力のある細菌をはじめ夥しい数の微生物（土壌 1 g の中には，細菌：$10^7 \sim 10^8$，放線菌：$10^6 \sim 10^7$，糸状菌：$10^4 \sim 10^5$）が存在し，つねに基質を求めて競合していることを考慮に入れると，土壌有機物が土壌中でそれでも多量に存在できるのは，有機物自身が化学的に安定であったり，あるいは物理的に安定であったりして，微生物のアタックを受けにくい構造に

なっているためであると考えられる．

イギリスのJenkinsonら（1991）は，ローザムステッドの農業試験場で得られた土壌中での有機物の分解過程に関する長期間にわたる多様でかつ膨大なデータから，土壌中における有機物の分解と難分解性有機物（腐植物質）の生成を説明するモデルを提出した．彼らは植物遺体として土壌に加えられた有機物の中で，分解されやすい部分（DPM）と，分解されにくい部分（RPM）がそれぞれ微生物の作用を受け，CO_2，微生物バイオマス（BIO），物理的に安定した有機物（POM），化学的に安定した有機物（COM）に変化を受けること，そして，いったん生成されたBIO，POM，COMのいずれもがまたそれぞれ微生物の作用を受けてCO_2，BIO，POM，COMを形成すること，そしてこの過程の繰り返しこそが土壌中での有機物の分解過程であると主張した．彼らはこの提案に基づき，さきの試験場で毎年1 t/haの有機物が土壌に加わると，1万年後この系が平衡状態に達し，土壌有機物の炭素量（SOM）は24.3 tC/haとなり，それぞれの画分は図1-1のように数値計算されるとした（Jenkinson

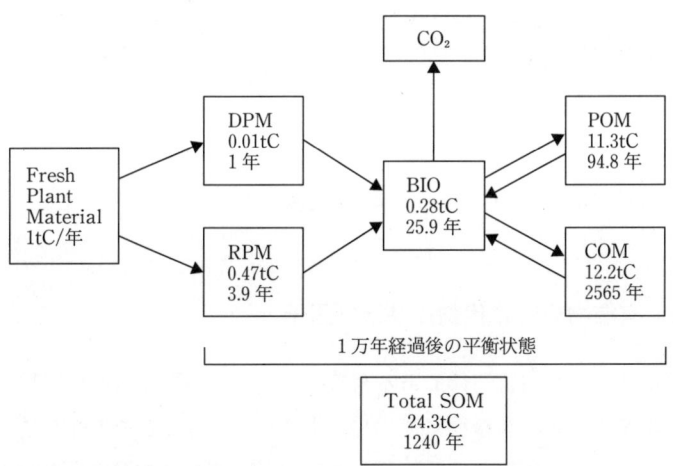

図1-1 土壌有機炭素のダイナミクス（Jenkinson and Rayner, 1977）
各画分の量は1 ha あたりの炭素の量（t/ha），年は平均滞留時間（半減期）を示す．

and Rayner, 1977)．

　このモデルにおける物理的に安定した有機物とは，団粒構造などの中に取り込まれて分解しにくくなった有機物，化学的に安定した有機物とは，腐植化過程を通じて化学的に安定性を獲得した腐植物質であると理解される．腐植物質は腐植化の過程で図1-1の平均滞留時間（半減期にあたる）に示されるように非常に高い安定性を示している．ただし，物理的に安定した有機物と，化学的に安定した有機物とが個々に独立して実在するものであるかどうかを実証するデータはない．彼らの理論は不完全さは残しているものの，土壌中にはどのような性格の有機物が存在し，そしてそれら相互の関係がどのようになっているかを整理し，一応妥当な数値を与えていると評価される．世界の多くの研究者がこのモデルを用いて，チェルノーゼム土壌（Chernozem），褐色森林土壌（Luvisol），黒ぼく土壌（Andosol），赤黄色土壌（Ferralsol）など世界の主要な土壌を用いて検討してみると，アロフェン質土壌（Andosol）など数種の土壌を除けば，その適合性は高く，各種気候帯植生帯において現在の土壌有機物のレベルを維持するために土壌に毎年還元されるべき有機物の量の計算や，地球の温暖化にともなう土壌有機物分解の増加量の計算にも応用されている（MacCarthyら，1990）．

1-3　有機物の土壌中での分解と代謝

1-3-1　有機物分解と代謝に及ぼす因子

　土壌に加えられた生物遺体である有機物は，分解過程と腐植化過程とを受けながら，次第に安定な有機物に変化し，集積していくことを1-2で述べた．そこで明らかにされた事実を端的に言うならば，土壌中の有機物含量は土壌に加えられる有機物量と土壌中での有機物分解量とのバランスで大部分が決定されるということである．植物の生育（光合成）が盛んであれば，土壌への有機物

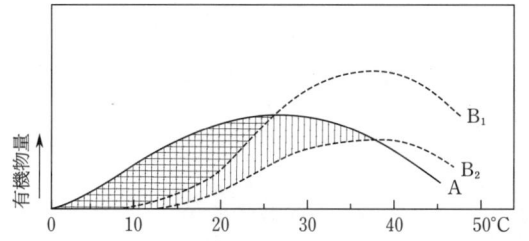

図1-2 異なる温度と水分条件下における土壌有機物の集積と分解（木村ら，1994）

供給量が多くなる．図1-2は有機物生産量と分解量に及ぼす温度の影響を模式的に示したものであるが，有機物の生産量と分解量との差が土壌中の有機物集積量を表している（木村ら，1994）．

図から有機物の生産は0℃を越えると始まるが，有機物の分解は10℃前後から急速に活発になる．そして，有機物生産の至適温度は約25℃くらいであるのに対して，有機物分解の至適温度は35℃以上となる．畑地土壌のような好気的環境では有機物分解が盛んで，25℃以上では有機物の集積はほとんど起こらない．これに対して，水田土壌や低湿地土壌などのように酸素濃度の低い嫌気的環境下では有機物分解は抑制されるために，有機物集積量は好気的土壌中よりも多くなり，25℃以上でも有機物の集積が進行する．

このような関係は，世界の土壌の分布（図1-3）においても概ね反映されている（Bridges, 1970）．すなわち，寒冷地帯から温帯地域にかけては腐植含量の多い寒帯林土壌（Podzol）やChernozemが分布しているのに対して，熱帯および亜熱帯地域には植物生産は旺盛ではあるが，分解量もきわめて多く，有機物含量の少ない赤黄色の土色を有するFerralsolや熱帯土壌（Alisol）などが優先する．一方，熱帯地域においても，有機物分解が抑制されて厚い有機物層を有する土壌があって，熱帯泥炭土壌と言われる．熱帯におけるこのような有機物分解の抑制は年間の大部分が湛水条件下におかれる低湿地帯で発現する．熱帯混炭土壌は東南アジアのスマトラ島，カリマンタンをはじめ，半島，島峡部に出現するほか，南アメリカのオリノコ河，北アメリカ・ミシシッピー河な

8　第Ⅰ編　地球の温暖化と土壌

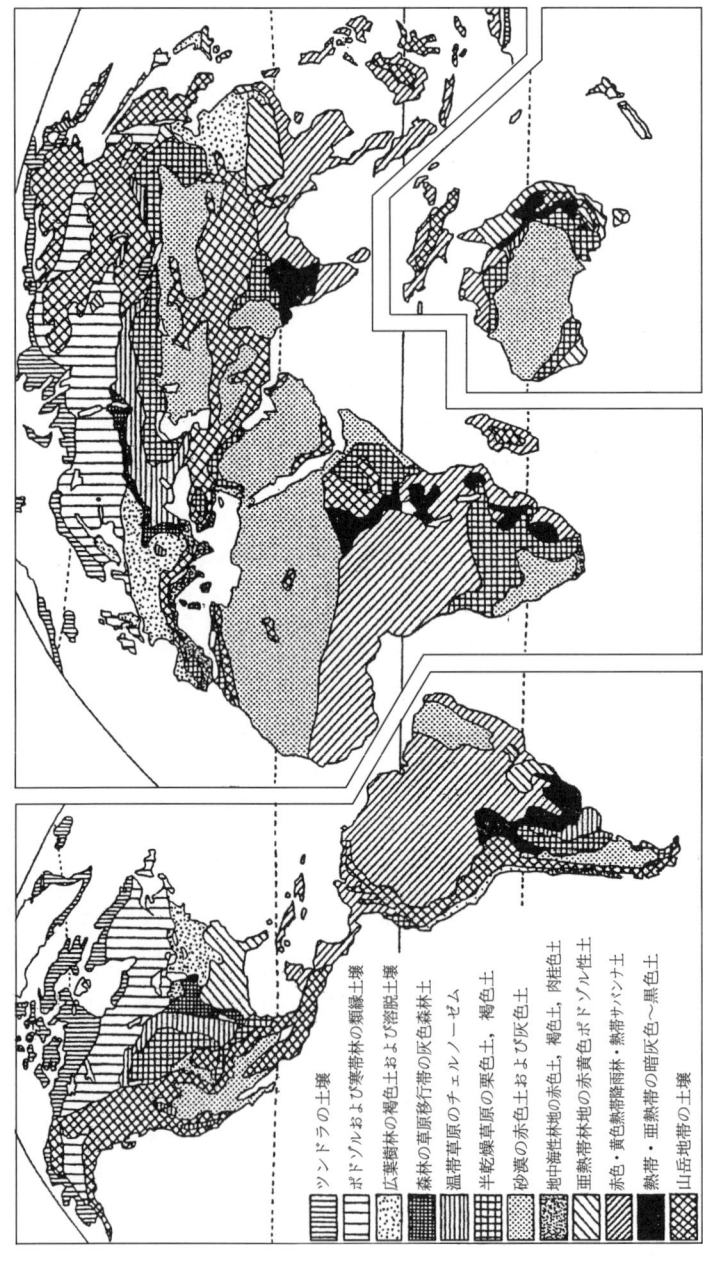

図1-3　世界の土壌分布の概略図（(Bridges, 1970) をもとに作成）

どの河口付近の低湿地帯に広く分布する．集積する有機物の量や質はこのように温度や水分以外にも，土壌微生物の活性，pH，土壌の理化学性などの因子の影響を受ける(Paul and Clark, 1988)．

土壌からの二酸化炭素の放出速度を土壌呼吸として測定することが広く

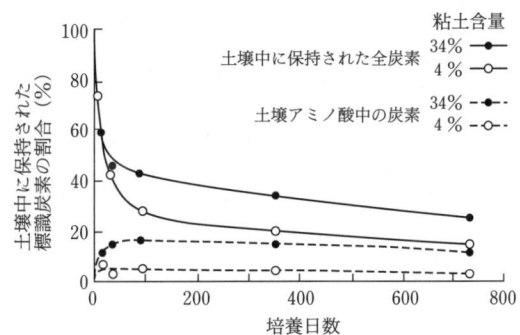

図1-4 粘土含量の異なる土壌における標識セルロースの分解およびそれと並行して進む標識アミノ酸の生成 (Jenkinson and Rayner, 1977)

行われている．また，水田土壌などの嫌気的条件下では，有機物の最終的形態がメタンとなる．メタンは二酸化炭素よりも温室効果が高く，その放出，制御について最近とくに詳しく調査されており，本章最後にその一端を紹介する．

生物遺体の代表として植物に多く含まれるセルロースをモデル基質に，その土壌中での分解をトレーサー法により調べると図1-4のように，初期には土壌中の全標識炭素量の比較的速い減少がみられ，その後，ゆっくりとした分解が続くことが認められる．初期には微生物の活発な代謝回転に伴い，セルロースが二酸化炭素にまで分解されると同時に，新たな微生物菌体や代謝産物も集積してくることが標識アミノ酸態炭素の増加によって確認される．これらの菌体や代謝産物がその後の有機物の基質になって，さらに土壌中で代謝されてゆくものと考えられる (Jenkinsonら, 1991)．

1-3-2 土壌有機物の代謝と分解モデル

土壌中での有機物の分解過程には多くの複雑な反応が関与しているが，分解過程全体でみると，比較的単純な反応速度論の数式モデルが適用できる場合がある．この場合の反応速度は基質量（たとえば植物遺体量）の減少速度や標識

化合物由来の分解産物の生成速度で表現される．代表的な数式モデルとして，ゼロ次反応式，一次反応式，双曲線反応式などがある．

ゼロ次反応は，基質の量に関係なく反応速度が一定の場合であり，反応速度が別の因子，たとえば酵素量などによって決まる場合に適用される．基質Aの減少速度が $dA/dt=-k$ のように表現される．ここで k は反応速度定数を表す．両辺を積分すれば，$A_t=A_0-k\cdot t$ となる．すなわち，t 時間後の基質量 A_t は，初期量 A_0 から $k\cdot t$ だけ減少した値となる．実際の土壌分布条件では比較的冷温下の有機物分解反応や，基質量の十分存在する条件での硝化，脱窒素反応に適用される．

一次反応は，反応速度が基質量に比例して減少する場合で，$dA/dt=-k\cdot A$ のように表現される．したがって，自然対数を表し，反応速度定数 k は時間の逆数になる．また，k の逆数は代謝回転時間，または平均滞留時間となる．先に図1-4に示した標識セルロースの減少量を片対数グラフにプロットし直すと，減少カーブが直線で近似できるようになる．この場合は一次反応が適用でき，常用対数の場合は直線の傾きが $-k/2.303$ となる．ワラなど植物遺体を添加した場合には，1本の直線では近似できないことがあるが，これは植物遺体が分解速度の異なる幾つかの構成単位（たとえばセルロース，ヘミセルロース，リグニンなど）から成っていることによるもので，これをコンピュータ解析することも可能である．この場合は

$$A_t = A_1 \cdot \exp(-k_1 \cdot t) + A_2 \cdot \exp(-k_2 \cdot t) + \cdots$$

と表現できる．ここで，$A_1, A_2, \cdots$ は各構成単位の初期の総量，$k_1, k_2, \cdots$ はそれぞれの反応速度定数を表す．

また，反応に対する温度の影響に対しては，アレニウスプロットをすると，見かけの活性化エネルギー（E_a）が求められる．すなわち，反応速度定数の対数を温度の逆数に対してプロットし，これに直線関係が得られた場合，直線の傾きが $-E_a/R$（ただしRは気体定数）となる．これとは別に，温度の影響を知る指標としてファントホッフの法則に基づく Q_{10} が用いられることもある．

この値は，ある温度 T°C と T+10 °C における反応速度定数の比を表し，普通 2〜3 となる．土壌中の有機物分解の場合，10〜40°C の温度範囲内でこの法則が成立する．その一例を図 1-5 に示す（Jenkinson and Rayner, 1977）．

図 1-5 には，均一に標識したライグラスを年平均気温が異なり，粘土含有量のほぼ等しい 2 つの土壌で分解させたときの標識炭素の減少を示した．この図によれば，有機物分解のパターンはほぼ同一であるが，分

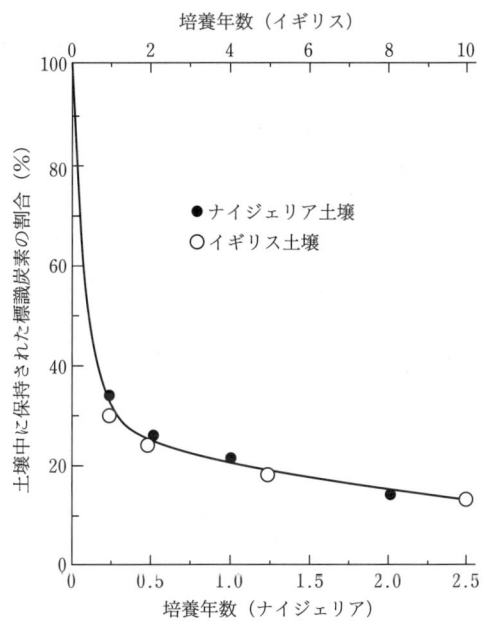

図 1-5　粘土含量の等しい温帯と熱帯の土壌における有機物分解（Jenkinson and Rayner, 1977）

解速度は熱帯（年平均気温 26.1°C）では温帯（年平均気温 8.9°C）の約 4 倍であることがわかる．

数式モデルの 3 つめとして，双曲線反応式がある．これは酵素反応ではミカエリス—メンテン式として知られているもので，反応速度 V が一定の飽和値に近づくように変化する場合に適用される．この場合,

$$V = V_{max} \cdot A/(K_m + A)$$

と表され，V_{max} は最大速度，K_m はミカエリス定数を示す．微生物の増殖を表すモノー式や，物質の吸着現象を表すラングミュア式と本質的には同じ扱いをする．

以上に述べた個々の反応に対する数式モデルのほかに，土壌中の有機物代謝

全体をモデル化する試みもなされている．前述したJenkinsonらの5つの画分に分けたモデルのほかにも，van Veenが図1-6のようなモデルを提案している（van Veenら，1984）．図1-6では，それぞれの有機物プールの平均滞留時間などを計算して，実際の値と比較することによって，モデルの精度を高めている．Jenkinsonらのモデルとvan Veenらのモデルに共通するのは，分解程度の異なる有機物プールがそれぞれ定常状態にあることを想定して組み立てられていることであり，その分解が対数的に（一次反応的に）進み，植物遺体を有機物供給源とし，微生物バイオマスを経て二酸化炭素と安定な有機物に変化していくことをモデル化していることである（van Veenら，1984）．

この他に，初期の有機物分解を含めてモデル化する場合には，土壌微生物の増殖を考慮し，双曲線反応式を組み込むことが行われている．こうした土壌有機物代謝のモデル化は，実際の農業形態の変化による土壌有機物や作物生産性を予測したり，環境変化とくに二酸化炭素による温暖化への土壌の関わりをより高い精度で推定したりする上で，重要であり，この種の研究をさらに進展させる必要があると考えられる．

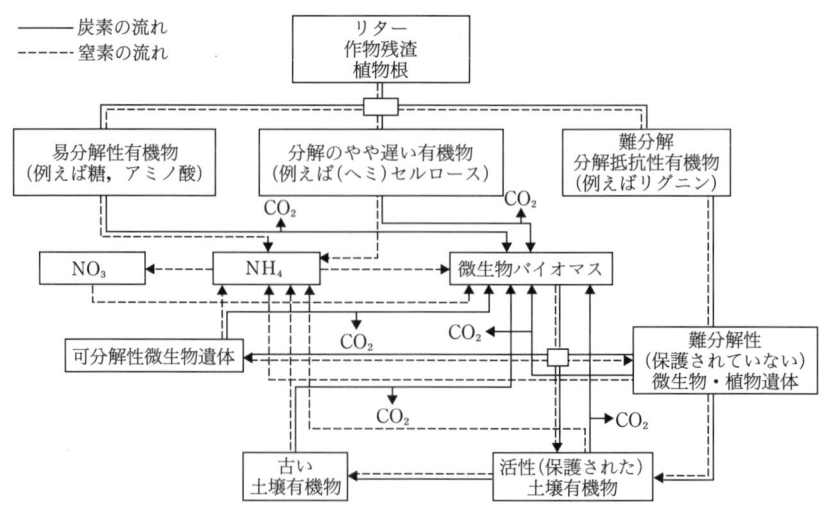

図1-6　土壌中の有機物全体の分解をモデル化した一例（van Veenら，1984）

1-4　土壌と地球環境問題，とくに温暖化と関連して

気候変動に関する政府間パネルIPCC (Intergovernmental Panel on Climate Change) は，現状のまま推移すれば，2025年ごろには二酸化炭素に換算した全温暖化ガスの大気中濃度が，現在の約2倍に増大し，2060年までに，地表付近の平均気温は1.5℃から4～5℃上昇すると予測した．上昇の程度は緯度によって異なり，熱帯の気温上昇は全地球の平均の1/2程度であるが，高緯度地域の上昇は全地球の平均の2倍に達し，海水面は0.3～0.5m上昇すると推定している．IPCCは，これに基づいて，陸域生態系の変化のうち，もっとも危惧される事項をつぎのように予想している（Oldemanら，1990）．

(1) 今後50年間に気候帯が数100km極の方向に移動し，これまでとは違った環境におかれた陸域生態系が生じ，種の分布に変化が生じ新しい生態系の構造が出現する．

(2) この変化の速度を決定する主たる因子は気候変化であるが，山火事や病害虫の異常発生なども変化を加速する要因になる．

(3) 適応策が限られた極地，山地，島峡，沿岸地域などには深刻な影響が日常生活に及ぶ．

以下には，温暖化の土壌への影響，土壌の温暖化への影響（とくに土壌から発生するメタン）について述べることにする．

1-4-1　温暖化が土壌に及ぼす影響

図1-3の世界の土壌分布図をもう一度見ることにしよう．高緯度の成帯性土壌（気候帯とよく対応し，地球を極から赤道に向かって輪切りにすると，帯状の土壌帯ができるほど分布が広い土壌のこと）は東西に長く伸びており，南北の幅は500kmに満たないところも多く存在する．気候帯が100kmのオーダーで高緯度にシフトすれば，現在のツンドラに対応する気候帯はごく狭くなり，灰色森

林土壌（Spodosol），チェルノーゼム（Mollisol），栗色土・褐色土（Alfisol）の土壌地帯は今とは異なる気候・植生条件に置き換えられる．動植物の気候に対する感受性に比べて，土壌はきわめて緩慢であるので，新しい生態系が構築されるためには長い時間が必要となる．しかし，個々の因子が土壌のある部分に対して与える影響は短時間内に出現する．影響がもっとも早く表面化するのは水環境である．Manabe and Spelman（1984）は地球の大気の二酸化炭素濃度が現在の2倍になると予想される21世紀中頃の夏期の土壌水分を予想し，現在に比べてどのように増減するかを既に10年以上前に発表している（図1-7）．

ユーラシア・北米大陸の内陸部の土壌，すなわち，Alfisol-Spodosol，Mollisol，Alfisol-Mollisol，Aridisol（砂漠土壌）の夏期の土壌水分は，現在よりも30〜60％減少することが予想されている．この乾燥化の傾向は，北米大陸内陸部，中央アジアなどでは，すでに現実のものとなっている．土壌水分の減少が，農業生産に大きく影響するのは半乾燥地帯のMollisol地帯であろう．Mollisolは世界の畑作地帯でもっとも生産性の高い土壌で，世界の主要な穀倉地帯を形成している．これらの地域の土壌が乾燥度合をさらに強めることは当然，世界の畑作物（小麦，大麦，大豆，トウモロコシ）の生産に深刻な打撃を与えることが予想される．

しかし，これらの地域が乾燥化しても，北側の新たな森林や草原になる地域を農業開発すればよいのではないかということになるかもしれない．だが，実際にはこれら現在の肥沃な代替地を他に求めることは簡単ではない．なぜならば，森林地帯の土壌はPodosolのように強酸性で，生産性の低いものが多く，しかも，農業生産を上げるための種々の社会整備（インフラストラクチャー）を必要としている．また，ツンドラやタイガなどの寒帯林に広く分布する永久凍土は，融解すると地盤沈下を起こし，湿地や沼沢地になる箇所が多く，農地として利用できる箇所は多くないばかりか，後述するようにこれらがまた新たなメタン発生地となる可能性がある．

一方，アフリカの一部，南アジア，オセアニア，南米などの中・低緯度地域

第1章 土壌における炭素ダイナミクスと地球環境　15

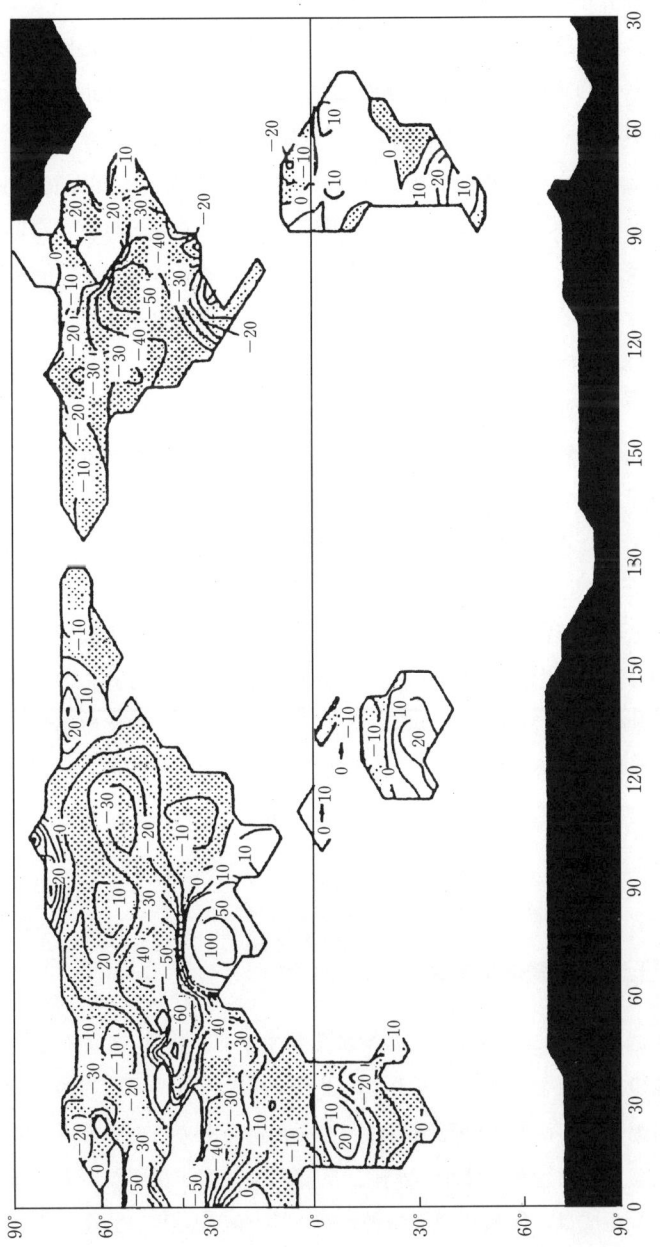

図1-7 地球大気の二酸化炭素濃度が現在の2倍になった時点での夏期の土壌水分布の増減 (Manabe and Spelman, 1984)
等温線の数値は，現在と比べた増減を％で表したもの．網のかかった部分は減少することを示す．

は，夏の土壌水分が増加する地域と予想されている．これらの地域では，森林が広がり，砂漠や草原は狭まることが予想される．しかし，高温・多湿な気候条件では，激しい風化に曝されてきたこれらの地域のFerralsolは塩基に欠乏し，生産性が著しく低い．また，細かい石英砂を主成分とするサバンナ・砂漠周辺の砂質土壌は土壌有機物含量が低く，水や養分に関する緩衝能が小さい．水環境が変わったからといって，直ちに肥沃な土壌になるとは言えない．

水環境のほかに，比較的短期間で影響が表面化しそうなものに，有機物の減耗と土壌侵食がある．気温の上昇，水分の減少は土壌温度を上げ，通気性を向上させるため，有機物の分解を促進させる．このことについては，すでにモデルを含めて詳しく述べたので省略する．また，気候変化に伴って乾燥化する地域では，地上での熱の発生に伴い空気の対流で起こる豪雨が増加する．豪雨は激しい土壌侵食を引き起こすので，乾燥化の激しい地域では植生が劣化し，土壌面が乾燥するために風蝕も増加すると予想される．

IPCCがもっとも大きな危険性があるとした地帯は，気温の上昇とそれに伴う海水面の上昇の影響を直接受ける地域である．沿海低地や大河川の三角州には，現在でも海水の影響を受けるところが少なくないが，これらの土地は肥沃な沖積土壌地帯で，潜在的生産が高いところである．海面の水位がわずかに上昇しても，土壌は塩害を被りやすい．また，河川への海水の遡上の強化は，良質な灌漑水の確保を困難ならしめ，さらに，塩害地を内陸部にまで拡大させる恐れもある．

1-4-2 土壌から発生するメタンについて

メタンは過湿条件におかれた生態系から発生する．IPCCによる全地球のメタン発生源の推定値を示せば，表1-2のようである（八木・陽，1990）．

自然発生源としては湿地が圧倒的に大きな割合を占める．一方，人為発生源としては鉱業・石油産業のほか，水田，反芻動物などが重要な要素となる．土壌中のメタン生成は，①酸化還元電位が約-200 mV以下で生成する，②酸化

容量（O_2, NO_3, SO_4, 易還元鉄, マンガン含量）が小さい，③利用しやすい基質が多い，④高温時に活性が高まる，などの特徴を有する．また，硫酸還元菌やメタン酸化細菌との競合，pH，塩分濃度，施肥，植生などによっても土壌からのメタン発生速度は異なる．

水田は湿地を持続的に利用する方法としてきわめて重要な土地利用形態であるが，メタン発生に好適な条件を備えていることも，上述のメタン生成菌の特徴からすると理解できる．八木らの最近の調

表1-2 メタンの発生源別年間発生量推定値（八木・陽，1990）

(MtC/年，$1Mt=10^6 t$)

発生源	発生量	誤差範囲
自然起源		
自然湿地	115	100～200
シロアリ	20	10～ 50
海洋	10	5～ 20
陸水	5	1～ 25
メタンハイドレート	5	0～ 5
人為起源		
石炭採掘，天然ガスおよび石油産業	100	70～120
水田	60	20～150
反芻動物	80	65～100
畜産廃棄物	25	20～ 30
下水処理	25	?
廃棄物埋め立て地	30	20～ 70
バイオマス燃焼	40	20～ 80

査によれば，わが国の水田からのメタン発生速度は 22～73 MtC/年 とされている（2002）．水田のメタン発生速度は，著しい還元が発達しないような水・有機物管理，土壌改良などによって低減できることが明らかになっている．問題は自然湿地である．自然湿地は，全域で約 110 MtC/年 のメタンを発生していると推定されているが，この根拠になった主たる自然生態系のメタン発生速度を示せば，表1-3の如くである（八木・陽，1990）．表1-3によれば，熱帯生態系からのメタン発生速度がもっとも大きく，温帯の高位泥炭地がこれに次いでいる．また，高緯度・極域の自然湿地もかなり高い発生速度を示している．最近の研究では，永久凍土の氷塊はメタン濃度の高い気泡を多量に含むことが知られている．温暖化による永久凍土の融解に際して，湿地の拡大と氷塊メタンの解放が相乗的になり，大気のメタン濃度をさらに加速する恐れを指摘する研究者も多い．

生態系からのガス放出は植物が大きな役割を果たしている．湛水した田面水からのメタンの発生は10%以下であり，90%が水稲植物体を通じて放出され

表1-3 種々の自然湿地におけるメタン発生速度（八木・陽, 1990）

(mgC/m²/日)

気候帯	生態系	メタン発生速度
熱　帯	開水面	148
	植物群落	233
	森林性沼沢地	165
温　帯	高層湿原	135
	森林性沼沢地	75
	非森林性沼沢地	70
	沖積湿地	48
北半球高緯度帯		
亜極域		87*
極域		96*

＊メタン発生期間を，亜極域：150日，極域：100日とした．

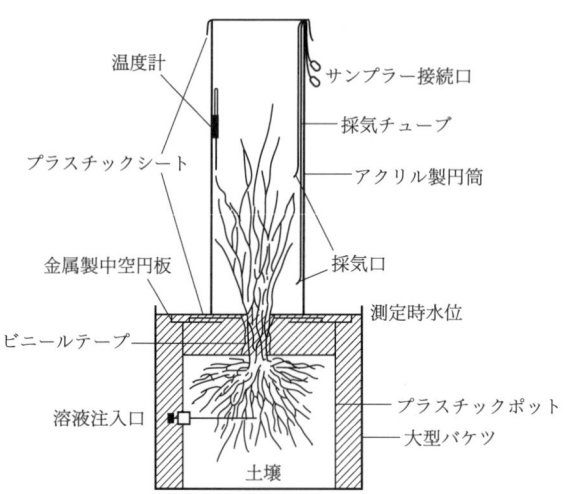

図1-8　水稲体経由のメタン放出量の測定方法
　　　　（犬伏，1995）

る．これはメタンが水にほとんど溶解しないこと，根から水分の吸収とともに植物体内に入ったメタンはきわめて安定な物質であるため，植物体内で代謝されることなく，そのまま植物体外に放出されることを示している．メタンが水稲植物体を通じて放出されることを確かめるための実験装置の一例を図1-8に示した（犬伏，1995）．

自然湿地の植物も水稲体と同じように通気組織をもっていて，これを通じてメタンを大気に放出していることが確認された（犬伏ら，1989）．

引用文献

Arnold, R. W., Szabolcs, I. and Targulian, V. O. (eds): *Global Soil Change*. International Institute for Applied Systems Analysis, Luxenburg (1990)

Bridges, E. M.: *World Soils*. 325pp., Wiley, London (1970)

Eswaran, H. et al.: Soil organic carbon in soils of the world. *Soil Sci. Soc. Am. J.,* **57**, 192-194 (1993)

Jenkinson, D. S. and Rayner, J. H.: The turnover of soil organic matter in some of the Rothamsted classical experiments. *Soil Sci*. **123**, 298-305 (1977)

Jenkinson, D. S., Adams, D. E. and Wild, A.: Model estimates of CO_2 emission from soil in response to global warming. *Nature*, **351**, 304-306 (1991)

MacCarthy, P., Clapp, C. E., Malcolm, R. L. and Bloom, P. R. (eds): *Humic Substances in Soil and Crop sciences ; Selected Readings*. 281pp., Amer. Soc. Agronomy, Inc., et al.: Madison (1990)

Manabe, S. and Spelman, M. J.: Influence of oceanic heat transport upon the sensitivity of a model climate. *J. Geophys Res*., **89**, 571-586 (1984)

Oldeman, L. R., Hakkeling, A. and Sombroek, W. G.: *World map of the status of human-induced soil degradation : An explanatory note*. 290pp., ISRIC, Wargeningen (1990)

Paul, E. A. and Clark, F. E. (eds): *Soil Microbiology and Biochemistry*. 319pp., Academic Press, London (1988)

Scharpenseel, H. A.: The research for biologically inert and lithogenic carbon in recent soil organic matter. Soil Organic Matter Studies, Proc. Symp. pp. 193-200, IAEA, Vienna (1977)

van Veen, J. A.: Modelling C and N turnover through the microbial biomass in soil. *Plant and Soil*, **76**, 257-274 (1984)

van Veen, J. A. and Paul, E. A.: The use of tracers to determine the dynamics nature of organic matter. Transactins of 12th ISSS Congress, Edmonton, **3**, 61-102 (1978)

犬伏和之・堀　謙三・松本　聰・梅林正直・和田秀徳：水稲体を経由したメタンの大気中への放出．土肥誌，**60**，318-324（1989）

犬伏和之：水田土壌からのメタン放出過程とその制御．『微生物のガス代謝と地球環境』松本　聰編，pp. 85-100，学会出版センター，東京（1995）

木村眞人・仁王以智夫・丸本卓哉・金沢晋二郎・筒木　潔・犬伏和之・植田　徹・松口龍彦・若尾紀夫・斎藤雅典・宮下清貴・山本広基・松本　聰：土壌生化学．朝倉書店，東京（1994）

松本　聰：土壌の自然環境とその意義．『地球環境調査計測事典』竹内　均監修，pp. 908-911，フジテクノシステム，東京（2002）

八木一行・陽　捷行：水田からのメタン発生量の推定．農業環境技術研究所資源・生態管理科研究収録，**6**，131-142（1990）

八木一行：土壌生態系からのガス発生と大気環境．第44回土壌物理学会シンポジウム講演要旨集，1-7（2002）

（松本　聰）

第2章

陸域生態系をめぐる炭素循環

2-1 地球温暖化と炭素循環

　地球の温暖化が産業革命を皮切りにして始まったということを，南極などの厚い氷の層に含まれる空気の分析値が教えてくれる．それ以前の時代には，木材や石炭などの燃料を燃やしても，発生する二酸化炭素は再び陸域や海域に吸収され，大気中の二酸化炭素濃度を目に見えて増やすことはなかった．牛やシロアリの出すメタンガスは，空気中の酸素濃度の調節などに使われて，温室効果を増大させることがなかった．

　産業革命以後，産業が巨大化するにつれて，温室効果ガス，とりわけ二酸化炭素の発生量が増加し，地球規模で大気中の二酸化炭素濃度を加速度的に高めることとなった．人類がそれに気付いたのは，今から約100年前のことであったが，人類は有効な手だてを打つことなく近年に至ってしまった．「さあ，どうする？」と思った時には，簡単に後戻りができるところより遙か先まで進んでしまっていた．

　人々は，あわてて顔をつきあわせて相談を始め，まず，科学者が何回も会合を持って研究成果をまとめて解析し，地球温暖化を人類の大きな問題として世に訴えた．それをリードした科学者・専門家集団がIPCC（気候変動に関する政府間パネル）である．1988年に世界気象機関と国連環境計画が中心となり政府代表の科学者・専門家により設置され，以後，最新の知見を評価する報告書（IPCC 1990, IPCC 1996, http://www.ipcc.ch/）を5年ごとに発表している．

　さらに，1992年のリオデジャネイロ「地球サミット」で採択された気候変

動に開する国際連合枠組条約を受けて，できる限りの具体策を政治の場で取りまとめたのが1997年の同条約第3回締約国会議（COP3）とそこで採択された同条約議定書（京都議定書）[1]を中心とする一連の会合の成果であった（高村・亀山，2002）．

しかし，温暖化対策は，自然エネルギーの利用を中心にヨーロッパで進展しているとはいえ，世界全体としてはなかなか進まない．世界の識者は，世界中どこにおいても，可能なことは大小を問わず全てやらないと温暖化の防止はできない，と考えている．そして今，何よりも全てのところで科学的知見が必要とされている．

2-1-1 カーボン・ニュートラル

京都議定書では温室効果ガスとして6種を規制対象としている．その内，二酸化炭素は，先進国の温室効果ガス排出量の約80％を占める．本章では，その二酸化炭素を中心に話を進めることとする．

1973年に起こった第1次エネルギー危機の時，ある先生が講演で「これからの時代，ワラを燃やそう」と，少し意地悪そうな視線を会場に送りながら話をされた．その時，聴衆の多くはそれをジョークと感じたかも知れない．しかし，その話は，今になると非常に現実味を帯びて感じられる．サトウキビやサツマイモを原料として水素電池を働かせ自動車を走らせる，というような技術が開発されている．バイオマスエネルギーの利用拡大に期待がたかまっている（小宮山ら，2003）．

ワラや薪，その他のバイオマス燃料を燃やすということは，大気中の二酸化

---

[1] 京都議定書では，化石燃料由来の二酸化炭素を含む温室効果ガスの削減の他，森林などの吸収量の一部を削減量に含められるとしている．2008～2012年の5年間を第1約束期間と称し，その間，先進国全体で1990年比で5.2％，日本は6％を削減目標としている．議定書の発効には，批准先進国55ヵ国以上の批准と批准先進国の総排出量が先進国総排出量の55％以上になることを条件としている．アメリカが当議定書から離脱したので，ロシアの批准を待って2005年2月に発効．

炭素を固定した植物を燃やすのであるから，固定した分を大気に返すだけであって二酸化炭素を増やすことがない．このことをカーボン・ニュートラルと称して，バイオマス燃料が注目される根拠とされている．

植物は，どのくらいの二酸化炭素を固定するのであろうか．IPCCの報告（IPCC, 1996）による（図2-1）と，陸域の植物は，61.3 GtC/年の炭素を大気から吸収している．地球温暖化に最も寄与しているとされる化石燃料による放出量が5.5 GtC/年であり，全植生が保持している炭素が610 GtCであるから，いかに大きな量を固定しているかが分かる．今，仮に植物の吸収量を1％増やすことに成功して，その半分がエネルギーに変換できたとすれば，約0.3 GtC/年を化石燃料に代替することができる計算になる．つまり，カーボン・ニュートラルな植物を燃やせばその分だけ化石燃料を燃やすことが回避され，その結

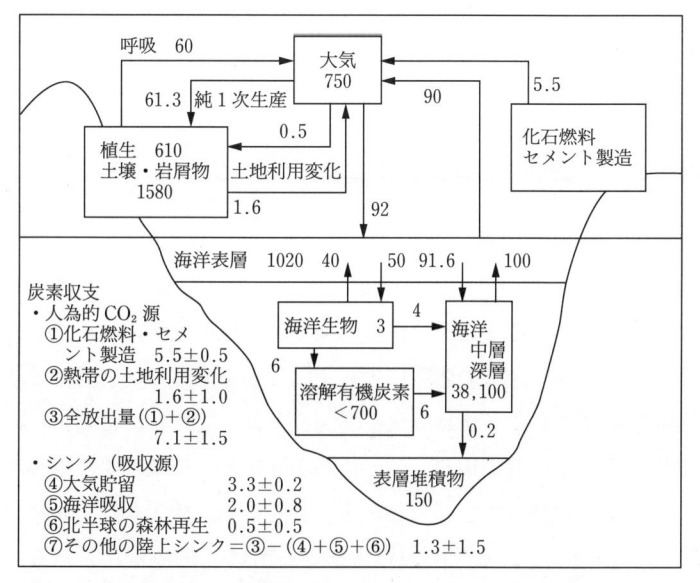

図2-1 地球規模の炭素循環（IPCC, 1996を一部改変；袴田，1998）
1980〜89年を対象とした炭素の蓄積量（四角：GtC）と流束（矢印：GtC/年）．左下表に，炭素収支（GtC）を，90％信頼区間を付した年平均値で示した．

果,化石燃料からの放出量の5%以上を減らすことができることになる.

　カーボン・ニュートラルということは,農業生産物をめぐる炭素循環過程を,地球温暖化対策の論議の対象から当面除外する根拠にもなる.たとえば,稲作では,農業環境技術研究所の研究結果(後述)によれば,年間に 12 tC/ha を光合成で吸収している.しかし,通常,コメは人間に食べられて呼吸として大気に戻り,稲ワラはいろいろな経路をたどるとはいえ1年の間にはほとんどが分解して大気に戻ると考えられる.プラス・マイナス・ゼロということになる.この実態は基本的に農業生産においては普遍的と考えられ,カーボン・ニュートラルな姿の一端である.

　しかし,温暖化対策は,将来とも,農業生産物をめぐる炭素循環過程を除外したままですむとは考えられない.生態系をめぐる炭素循環の全体像,とりわけ炭素循環における土壌の役割について,本書に書かれたことを理解していただけば,カーボン・ニュートラルの議論はかなり雑な議論であることが分かっていただけると思う.

2-1-2　ミッシング・シンクと不確実性

　IPCC が 1995 年の報告書(IPCC, 1996)で示した地球規模の炭素循環の図(図 2-1)では,大気中の二酸化炭素が,主として化石燃料の燃焼とセメント製造により増加していることが分かる.また,陸域の生態系をめぐる炭素の収支が海洋とともに地球規模の循環に大きく関与していることも見てとれる.そして,陸域生態系をめぐる炭素収支を同図左下に示したが,そこには,その値の信頼限界が±で示されている.この信頼限界は概して大きく,森林再生とか陸上シンクのそれが特に大きいことが分かる.また,陸上シンクの数値は,全放出量から,分かっている分配先の量を差し引いて求められている.すなわち,ここに明示できないシンク(吸収源)があるはずだ,というわけである.これは,もうひとつ前の IPCC 第一次報告書(IPCC, 1990)では,捉えられていないシンクという意味で,「ミッシング・シンク」と呼ばれていた.しかし,

1995年の報告書（IPCC, 1996）では，調査の進展などを反映してデータの「不確実性」と称されるようになった．要するに，陸域生態系をめぐる炭素収支に関しては分かっていないことが多く定量的議論を展開するのには科学者のさらなる努力が必要である，とりわけ陸域の吸収源があるはずなのだからそこを明らかにせよ，とハッパがかかったということである．

気候変動に関する国際連合枠組条約第3回締約国会議（COP3）において，いわゆる「ネット・アプローチ」が採用され，国ごとに新規植林，再植林，農耕地への変換などを考慮して正味の固定量を算定することとなり，森林などの二酸化炭素吸収量を精度よく推定する必要性が急速に高まった．また，将来的には，農法の改善や農耕地土壌への炭素固定なども吸収源として考慮しようということとなった．

地球温暖化のような環境問題は，その解決はもとより現状把握に関しても科学的知見が不可欠であるだけでなく決定的な役割を演ずる．本章では，そのような背景のもとで，不確実性を減らし，ミッシング・シンクを解消し，陸域の炭素循環過程および炭素収支をできるだけ正確に評価するためのひとつの方向について，近年行われたプロジェクト研究の成果（袴田, 1996；Hakamataら, 1997；Hakamataら, 1998；袴田, 1999）などをみながら検討してみた．

2-2 各種生態系をめぐる炭素循環

京都議定書における温室効果ガス削減の取り組みでは，第1約束期間の5年間（2008～2012年），化石燃料などによる排出量の削減とともに森林の吸収量をも対象に含めている．森林による二酸化炭素の吸収・排出は，北半球の二酸化炭素濃度の季節変化を明瞭に確認できるほどに規模が大きいためである．しかし，その吸収・排出の実態を精度良く把握できているかといえば，既に見たとおり推定の精度は低く，より緻密な情報が必要とされている．その精度を高めるためには，いましばらく，代表的な生態系におけるケーススタディが必要

と思われる．

　二酸化炭素動態の評価と予測にとって最も大切なことは，しっかりした実験・観測から精度の高いデータを集積し，それをモデリングを通して普遍化，一般化することである．そのような立場に立って，実験・観測とモデリングを，いくつかの代表的な生態系について実施し，その知見を地球規模の定量的評価に役立てようと試みることはきわめて現実的な道といえよう．そこで，我々は，いくつかのタイプの対象（地域，生態系または土地利用の単位など）における炭素循環/収支の計測をこころみ，地上部だけでなくできるだけ土壌や地下部をも含めて総体としての実態をより深く理解するとともに，その計測法の開発や確立のための知見を得ようとした．

2-2-1　森林の炭素収支

　タイの熱帯モンスーン林，カナダの亜寒帯林，わが国の冷温帯林，わが国の人工林から針葉樹林，広葉樹林の例を紹介する．

(1) 熱帯モンスーン林

　熱帯林は世界の森林面積のおよそ40％を占めており，二酸化炭素の変動機構を明らかにするためには，熱帯林の炭素動態を明らかにすることが重要である．そこで，タイ国コンケンの熱帯モンスーン林を対象とし，植物―土壌系における炭素循環をコンパートメント・モデル[2]（中根，1975；中根，1980）を用いて定量的に明らかにした（松本，1999；図2-2）．

　対象とした熱帯林の高さは25mであり，落葉落枝量は5.1tC/ha/年，落葉

---

[2] 炭素循環のように，物質がある蓄積場所から他の蓄積場所に次々に移動するような現象について，蓄積場所を箱（＝コンパートメント）で，移動経路を矢印で表し，それぞれ蓄積量，移動量を明らかにし記入して作成されるモデルをコンパートメント・モデルと呼ぶ．物質保存則により，移動量が一部欠測の場合に推測できることがあるなどの利点もある．エネルギー流や物質循環の量的評価に使われることが多い．

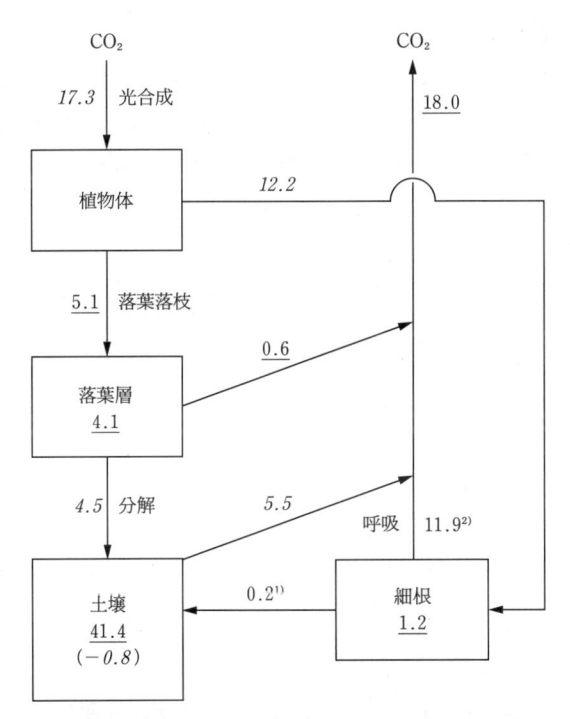

```
              CO₂              CO₂
           17.3  光合成        18.0
              ↓                 ↑
         ┌────────┐   12.2
         │ 植物体 │ ─────────→⌒
         └────────┘            │
              │                │
          5.1 │ 落葉落枝       │
              ↓                │
         ┌────────┐   0.6      │
         │ 落葉層 │ ──────→    │
         │  4.1   │            │
         └────────┘            │
              │                │
          4.5 │ 分解   5.5     │ 呼吸 11.9²⁾
              ↓       ↗        │
         ┌────────┐  0.2¹⁾ ┌────────┐
         │  土壌  │ ←──────│ 細根   │←─
         │  41.4  │        │  1.2   │
         │ (−0.8) │        └────────┘
         └────────┘
```

図 2-2 タイ国コンケンの熱帯モンスーン林における炭素循環（松本，1999）

蓄積量：tC/ha，移動量：tC/ha/年．
下線は測定値より見積った．イタリックは差引で求めた．
1）細根の20％．
2）落葉層がなく，土壌が乾燥している状態では，土壌有機物の分解がなく，根の呼吸による二酸化炭素だけになると見なして見積った．

層の現存量は平均 4.1 tC/ha と見積もられた．落葉層の分解による二酸化炭素放出量は 0.6 tC/ha/年であり，土壌への炭素供給量は 4.5 tC/ha/年であった．また，細根量は 1.2 tC/ha であり，細根から土壌への炭素供給量は 0.2 tC/ha/年，呼吸による二酸化炭素放出量は 11.9 tC/ha/年であった．林床からの二酸化炭素放出量は 18.0 tC/ha/年であり，土壌からの二酸化炭素放出量は 5.5 tC/ha/年であった．土壌炭素現存量は 41.4 tC/ha である．土壌では毎年 0.8 tC/

ha/年の炭素が減少していると見積もられた.

　当地の熱帯林では土壌への炭素蓄積は認められなかった. これは, 落葉落枝量に比べて, 有機物の分解が速いためである. その結果, 土壌炭素現存量は温帯林に比べてかなり低い, すなわち, 熱帯林における炭素循環の制限要因は落葉落枝などの炭素供給量であると考えられる. このことより, 今後, 気温の上昇もしくは降雨量の変化があったとしても, 土壌からの二酸化炭素放出量はすぐには増加しないと予想される. また, 落葉落枝量の増加があったとしても, 有機物分解速度が速いため, 土壌に炭素が蓄積することは難しいと予想される.

(2) 亜寒帯（北方）林

　亜寒帯北方林は, 森林では熱帯多雨林（1.70×10^9 ha）についで広く 1.20×10^9 ha にわたって広がっており, 地球規模の陸域の炭素収支を把握するために重要な生態系である. そこで, カナダ中央部, サスカチュワン州（53°40'N, 105°10'W）に調査地を設け炭素収支の調査を行った.

　森林生態系の炭素循環をコンパートメント・モデルを用いて解析するため, クロトウヒ林において夏季の炭素の循環動態を調査した. 得られたデータをコンパートメント・モデルを用い解析したところ（中根ら, 1999；図2-3）, わが国の照葉樹林（中根, 1975）や山間部の冷温帯ブナ林（中根, 1978）に比べ循環速度が遅く, しかも炭素が土壌表層に集中している特徴が明らかとなった. 土壌の炭素固定量は, 0.1〜0.2 tC/ha/年であった.

　ジャックパイン林において, 土壌炭素の循環動態の調査を2年間にわたって行い, これをコンパートメント・モデルで解析した. その結果, クロトウヒ林（Nakaneら, 1997）と比較して, ジャックパイン林では土壌が砂質で乾燥し立木密度が低いため, 林床へ直接到達する日射量が多く, 夏期に土壌温度が高くなっていた. そのため, A_0層や土壌中腐植の分解が速く（それぞれ8.3, 0.8%/年）, 土壌中の有機物の蓄積も少なく（A_0層：8.7, 土壌腐植：20 tC/ha）, 炭素循環の比較的速い森林であることが判明した.

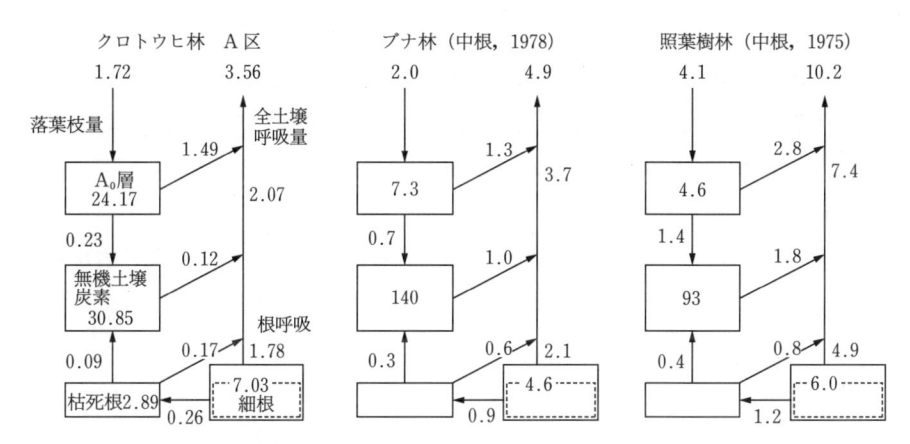

図2-3 亜寒帯林と冷温帯，暖温帯林との炭素循環の比較（中根ら，1999）
蓄積量：tC/ha，移動量：tC/ha/年．

また，北方域に広く分布するトウヒ林が，地球温暖化に伴いその分布と構造を変化させることが予想されるが，その時に炭素収支がどのように変動するのかを明らかにする一歩として，北限域と南限域においてその植生構造を調査したところ，南限域では樹高10～14 mの，北限域では樹高5～10 mのクロトウヒを中心に林冠が構成されていた．また地上部現存量は，それぞれ南限域では90～100 t/ha，北限域では40～50 t/haと推定され，北限域の方が比較的小さな林分となっていることが分かった．これは樹齢以上に，土壌凍結期間が北限域で南限域と比較して約一ヶ月長く，生育期間の短いことが，樹木の成長に影響を与えているためと思われた．さらに，上層，中層，下層のトウヒ葉の光―光合成曲線を求めたところ，北限域のトウヒ林の成育の抑制が光合成特性からも明らかとなった．北限域では，林床の植生は多様であったが，南限域では林床が比較的暗く，高層木を形成する樹種の実生が少なく，温暖化でクロトウヒが衰退した場合，現在の森林が一時的に崩壊する可能性も判明した．

(3) 冷温帯林

林床にササの生育する冷温帯林は，わが国にしばしば見られるだけでなく，

中国の中部から南部にかけても見られる東アジアにおける代表的な生態系のひとつである．そこで，岐阜県高山市にある乗鞍岳西斜面上の冷温帯林において，生態学的調査（秋山ら，1999）と高さ27 mの観測タワーによる炭素フラックス調査（山本ら，1997；Yamamotoら，1999）を行った．

1）生態学的調査

林床にササを伴う冷温帯林の森林樹木層，林床ササ層，土壌層における炭素の動態を6年間にわたって実測し，コンパートメント・モデルにとりまとめた（図2-4）．

その結果，樹木層には33種，1,868本の樹木が存在し，その合計乾物現存量が186.4 t/haであり，このうち，幹，枝，葉，根の重量はそれぞれ132.0，18.7，3.3，32.4 t/haであった．また，樹幹解析などによって求めた樹木層の年間炭素固定量は4.05 t/haと推定された．

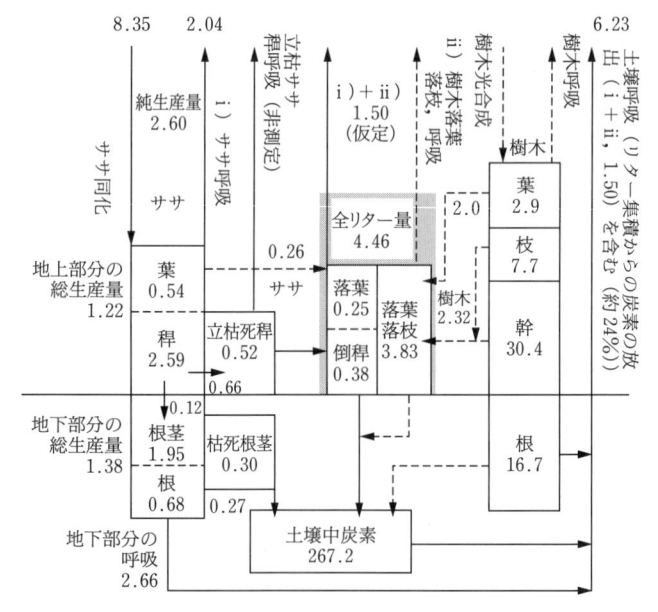

図2-4 林床にササをもつ冷温帯林の炭素循環のコンパートメント・モデル
蓄積量：tC/ha，移動量：tC/ha/年．

林床に生息するクマイザサ群落の平均現存量は，地上部が6.7 t/ha，地下部が5.9 t/haと推定され，炭素に換算したササ群落の純生産量は2.60 tC/ha/年となった．これを月別にみると，4，5，6，9，10，11月がプラス（固定）で，7，8月はマイナス（放出）となった．これは同地点の観測タワーで連続測定した二酸化炭素フラックスからの結果とほぼ符合していた．

　土壌からの炭素フラックスは，夏期に最大で600〜650 mgC/m^2/時，積雪期には雪面から30〜50 mgC/m^2/時が観測された．1日当たりの炭素フラックス量は地表面温度と高い相関があり，これをもとに計算した1994年から3年間の毎年の土壌からの炭素放出量は，6.03，5.78，5.03 tC/ha/年であった．

　以上から，森林樹木，林床ササ群落，土壌を含めた森林生態系純生産量（NEP）は2.19 tC/ha/年と推定された．また，同地点でササ現存量についても調べた結果，ササ群落の現存量，純同化量は各5.36（地上/地下比1.14），1.09 tC/haであった．

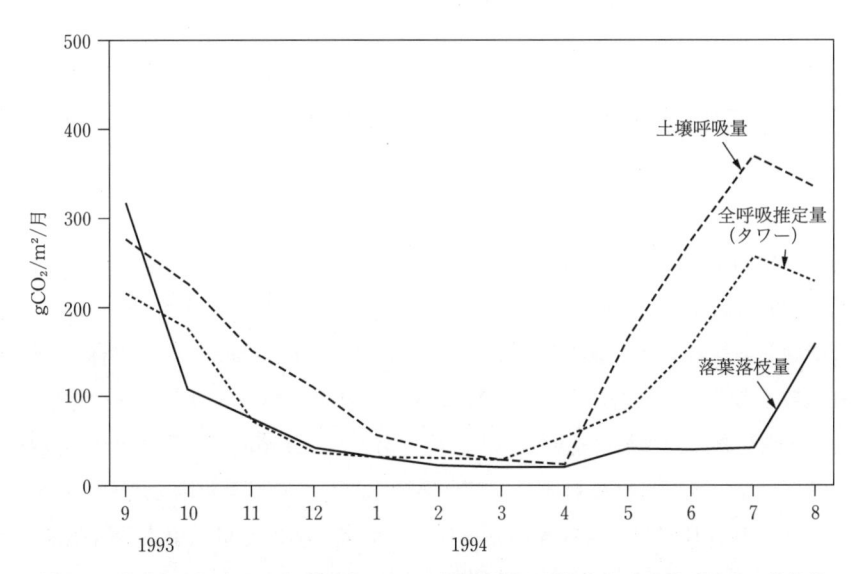

図2-5　高山市におけるタワー観測による二酸化炭素呼吸推定値と土壌呼吸量，落葉落枝量の月別積算値の季節変化

2）観測タワーによる二酸化炭素フラックスの調査

上と同じ林分に27mの高さの観測タワーを立て各種センサーを取り付け（口絵1），二酸化炭素フラックス・濃度の通年観測を行い，大気—冷温帯林間の二酸化炭素交換量の季節・経年変化を解明するとともに，大気および土壌空気中の二酸化炭素の濃度及び同位体比を測定し大気—森林（地上部）—土壌間の二酸化炭素交換過程の詳細を調べた．その結果は，以下の通りであった．

二酸化炭素フラックスの通年観測データを用いて，大気—冷温帯林間の二酸化炭素交換量の季節・経年変化（図2-5）とその変動要因を解析したところ，森林生態系の平均的な年間二酸化炭素吸収量は1.16 tC/ha/年であった．しかしその二酸化炭素吸収量は気候や植生活動の経年変化，特に夏季の日射量・気温，春季の融雪時期，森林の展葉時期などの経年変動により大きく変化することが分かった．

(4) 温帯人工針葉樹林

山梨県東山梨郡牧丘町の標高2,000～2,200mの亜高山帯針葉樹林において，土壌炭素蓄積量の実態を把握し，そこでのカラマツ林施業が土壌中の炭素蓄積量に与える影響を調査した（酒井ら，1999）．調査対象4地区の表層地質は花崗岩であり，土壌は，3地区が乾性ポドゾル化土壌，1地区が暗色系褐色森林土であった．

50×40mのシラベ林調査区における土壌中の炭素蓄積量は地形によって157～308 tC/haの広い範囲に及び，残積成の場所で炭素蓄積量が多かった．そこで地形条件および土壌型をそろえてカラマツ林とシラベ—コメツガ林の土壌を比較することとした．カラマツ林は30～40年前にコメツガ，シラベを主体とする自然林の伐採後に造成された林分であった．残積成の場所でカラマツ林とシラベ—コメツガ林を対象として土壌層位ごとに炭素蓄積量を比較すると，集積層であるB層で顕著な差が見られ，カラマツ林の方が土壌炭素蓄積量が少なかった．この調査では同一林分の経年変化を調べたわけではないので推測の域を出ないが，自然林伐採後のカラマツ造林により土壌中の炭素蓄積量は

30～40年の間に50 tC/ha規模で減少したと推定される．

また現林分における土壌への炭素供給源として重要と考えられる落葉落枝量，堆積有機物層の現存量，細根量（直径<1 mm，土壌深30 cmまで）について調べた結果，カラマツ林ではそれぞれ2.0 t/ha, 22.0 t/ha, 3.3 t/ha, シラベ林では4.9 t/ha, 55.0 t/ha, 8.7 t/haであった．この結果から，現在のカラマツ林はシラベ林に比べ明らかに落葉落枝量，堆積有機物層の現存量，細根量が少なく，今後のカラマツ林における土壌炭素蓄積量についても，もとの自然林のレベルまで回復することは難しいと考えられた．

(5) 温帯広葉樹林（農用林）

わが国の広葉樹林の多くは，農用林として古くから薪炭，堆肥の原料を得るためなど広く活用されてきたが，高度経済成長に伴う農村の変化のもとで，その利用がほとんどの地域で途絶えた．しかし，近年，里山の見直しなどの機運が起こり，あらためて注目されつつある．

茨城県北浦の農用林における炭素の循環を調査し，上述の亜寒帯（北方）林

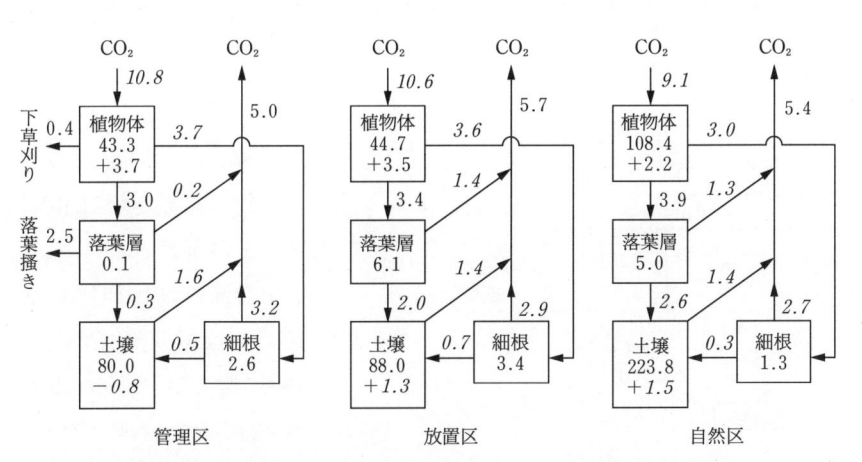

図2-6 温帯広葉樹林の管理区，放置区，自然区における炭素循環（松本ら，1996）
四角：炭素蓄積量（tC/ha），矢印：炭素移動量（tC/ha/年）．イタリックは推定値である．

と同様にコンパートメント・モデルによる解析を行った（松本ら，1996）．その結果を図 2-6 に掲げたが，炭素蓄積速度は，管理区（20 年生：落葉・下草持ち出し），放置区（20 年生），栃木県西那須野の自然区（50 年生）で，植物体が 3.7，3.5，2.2 tC/ha/年，土壌が －0.8，1.3，1.5 tC/ha/年であった．放置区，自然区では成長途上であるため内部での炭素の蓄積が認められるが，落葉・下草を持ち出す管理区では，収支としては持ち出しが勝っていた．

2-2-2　農耕地をめぐる炭素循環

農耕地の土壌による炭素の固定量増加などは，京都議定書においては，主として 2013 年以降の第 2 約束期間における実施が想定されている．しかし，2-1-1 においても述べたとおり，その固定量を推定し，炭素循環における農耕地の役割を正確に評価し，農業のあるべき姿を地球環境保全の観点からも明らかにするためには，多くの知見を積み上げなければならない．そこで，我々は，まずわが国の代表的農耕地における炭素循環/収支過程の実態把握を試みた．

(1) 水田

水田における炭素循環/収支過程をできるだけ定量的に解析しようと，農業環境技術研究所の実験圃場において群落チャンバー法による計測をおこなった．水田の年炭素収支（早野ら，1996；図 2-7）は，ha 当たり 12 tC の光合成及び 0.1 tC の雨水などによる添加に対し，二酸化炭素，メタ

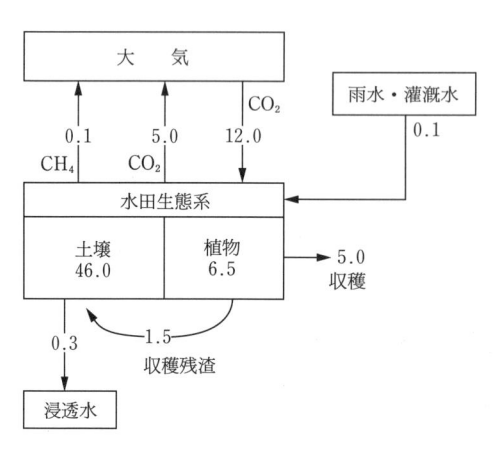

図 2-7　水田における年間の炭素循環（単位；tC/ha）
（早野ら，1996）

ン各 5 tC 及び 0.1 tC の放出，5 tC の収穫，0.3 tC の浸出で，都合 1.7 tC の蓄積がみられた．この蓄積は，1.5 tC の収穫残渣の還元に負うところが大きい．

水田の炭素収支に限らず，水田や畑に還元される有機物に由来する炭素の蓄積・分解過程の的確なモデル化が行われ，各地で進められているこのような調査結果が定量的に評価されることが期待される．そのようなモデル開発については，第 12 章に紹介されている．

(2) 畑

畑地における炭素循環/収支過程は，その耕種様式が多様であるため，定量的解析の糸口として，まずサツマイモ―コマツナ二毛作畑の炭素収支を調査した（Nakadai ら，1996）ところ，収支結果としては放出が多かった（図 2-8）が，その年次変動は，残渣のすきこみ量によって左右された．なお，放棄畑の場合は，長期間放棄するほど炭素放出が減少することがみてとれた．

畑作の場合，多様な耕種様式に沿った系統的な情報の蓄積とモデルによる定量的評価により，炭素循環における畑作の意義が明らかになると期待される．

(3) 複合利用した農耕地

多様な耕種様式に沿った情報の蓄積のひとつの方向を示すケーススタディを紹介しよう．

農耕地は，水田と畑，畑の場合は複数の作物が複合して栽培されることが多い．そこで，農業環境技術研究所において，水稲を一毛作した水田および陸稲，トウモロコシ，大豆を一毛作した畑地と陸稲―大麦，落花生

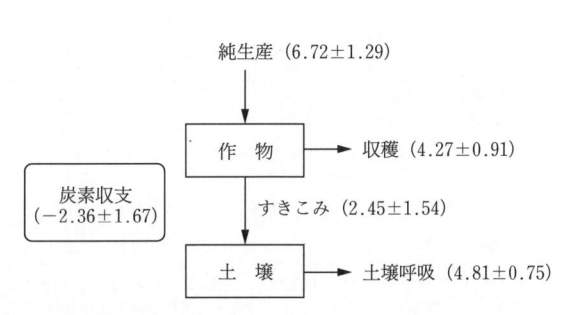

図 2-8 二毛作畑における炭素フロー（年平均値±SD；tC/ha/年）（Nakadai ら，1996）

純生産 (6.72±1.29) → 作物 → 収穫 (4.27±0.91)
作物 → すきこみ (2.45±1.54) → 土壌 → 土壌呼吸 (4.81±0.75)
炭素収支 (−2.36±1.67)

―小麦,トウモロコシ―大麦を二毛作した畑地を対象に,水田と畑地生態系および作付様式の異なる畑地生態系において炭素の動態と収支を推計した(小泉ら,1999).そのうち,二毛作畑地における炭素収支の結果を表2-1に示した.

一毛作と二毛作畑地では収支が異なり,一毛作畑地の年間の炭素収支は270～320 gC/m² のマイナスを示したのに対して,二毛作畑地の収支は160～270 gC/m² のマイナスであった.畑地を二毛作で利用することにより,年間当たり50～110 gC/m² の炭素(CO_2)の放出を低減することが可能であることが分かった.これに対して,水田の炭素収支は22.3 gC/m² のマイナスを示した.このマイナス分は,地下70 cmまでの炭素の蓄積量のわずか0.22%にすぎず,水田における炭素収支は,畑地の場合と大きく異なり,比較的バランスがとれていることが示された.

また,陸稲と大麦を二毛作した農耕地において土壌呼吸速度とそれに関わる環境要因との関係を解析したところ,土壌呼吸速度は温度と土壌水分の二つの

表2-1 二毛作畑地における炭素収支(小泉ら,1999)

(gC/m²)

	二毛作		
	陸稲―大麦	落花生―小麦	トウモロコシ―大麦
I. 作物に固定された炭素量			
a. 総生産として固定された量	1257.5±10.6	1187.7±298.1	1396.9±149.0
b. 純生産として固定された量	641.8±73.0	609.2±111.4	789.1±39.0
ⅰ) 収穫に伴う持ち出し量	310.3±35.3	238.7±43.6	380.6±18.8
ⅱ) 土壌への供給量	331.5±46.6	370.5±81.4	408.5±15.1
c. 呼吸として消費された量	615.8±62.4	578.5±209.9	607.5±110.0
II. 土壌中の炭素量			
a. 厩肥として供給された炭素量	0	0	0
b. リター・刈り株として供給された量	331.5±46.6	370.5±81.4	408.5±15.1
c. 降水により供給された炭素量	1.3±0.2	1.3±0.2	1.3±0.2
d. 有機物の分解に伴う炭素放出量	598.6±24.1	554.1±1.5	568.4±17.3
III. 土壌中の炭素収支	−265.6±22.5	−182.2±82.8	−158.4±32.4

それぞれの値は3年間の平均±SDを示す.作物の固定量は生長解析法で,作物体の呼吸速度および土壌・田面水―大気間の二酸化炭素フラックスは赤外線ガス分析装置を用いた通気法で測定した.
土壌中の炭素収支=(Ⅰa+Ⅱa+Ⅱc)−(Ⅰbⅰ+Ⅰc+Ⅱd)
総生産量=純生産量+呼吸量

環境要因によって強く影響を受けていた.とくに,夏作期の土壌呼吸速度は地表面温度と高い正の相関（$r^2=0.808$）を示したが,土壌含水率とは負の相関を示した（$r^2=0.692$）.また,それぞれの関係は指数関数と1次式で近似することができた.これらの結果を基礎に,地表面温度と土壌含水率を変数とするモデル式（$SRd=7.30\exp(0.035\,TFd)-0.196\,Wv$,ただしSRd：土壌呼吸速度（$gC/m^2/$日),TFd：地表面温度（℃),Wv：体積含水率（％））を求めたところ,$r^2=0.925$の最も高い相関の回帰式を得ることができた.一方,冬作期の土壌呼吸速度は気温・地表面温度・地温と高い正の相関（$r^2=0.850 \sim 0.854$）を示したが,土壌水分とは有意な相関を示さず,冬作期には,$SRd=0.965\exp(0.120\,TFd)$の回帰式が最適であることが示唆された.

この最適なモデル式を用いて,1992年に農業環境技術研究所で測定された環境要因（地表面温度と土壌含水率）を基礎に,土壌呼吸速度の季節変化を推定したところ,実測した土壌呼吸速度の季節変化と良く一致し,この二つの環境要因を変数とした単純なモデル式により土壌呼吸速度を高い精度で推定できることが明らかになった.

このような追求の先に,土壌呼吸速度にとどまらず炭素循環に係る必要なデータとモデルが整備され,世界中の主要な農耕地の炭素循環過程が予測できるようになれば,地球環境にやさしい農業の確立におおいに貢献するはずである.

(4) 草地

草地における炭素循環/収支過程に関し,渦相関法により定量的解析を試みた（奥ら,1996）ところ,大気ー放牧草地間の1日当たり二酸化炭素の収支は,牧草群落への吸収が大気への放出を毎季上回る年（冷夏年）と夏季に放出が上回る年（猛暑年）などがあった（図2-9）.

世界の土壌のうちで,炭素の蓄積が多い土壌は,プレイリー土壌,チェルノーゼムなど,草地地帯に生成している.火山灰土壌の場合も,ススキやササのようなイネ科植物が腐植の蓄積を一層顕著なものにしているとされる.これ

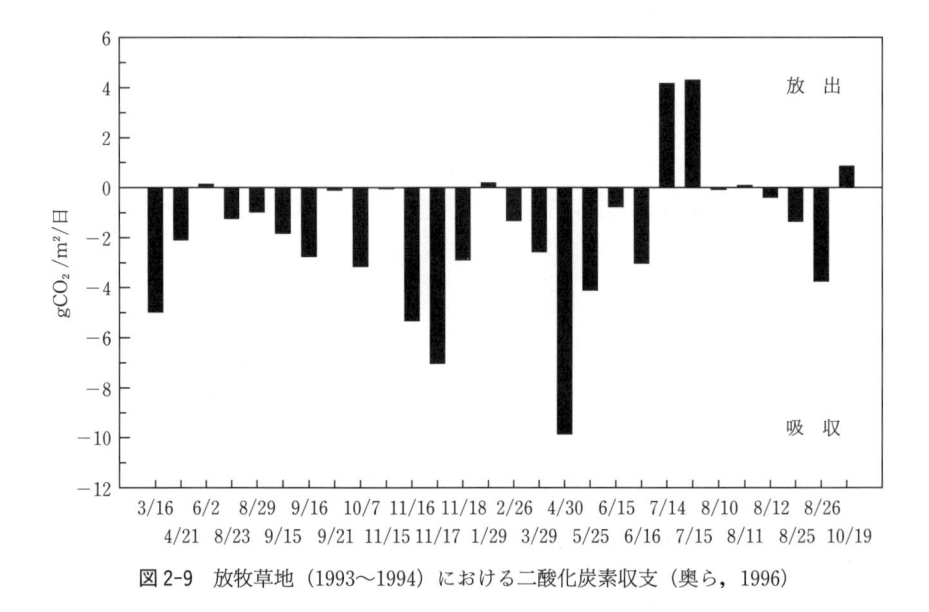

図2-9 放牧草地（1993〜1994）における二酸化炭素収支（奥ら，1996）

らに鑑み，草地独特の炭素蓄積メカニズムは，とりわけ詳細な解明がまたれるところである．

2-2-3 農村地域をめぐる炭素循環

個々の農耕地だけでなく各種形態の農耕地が混在する農村地域における炭素収支の実態を把握し，いわゆる地域レベルにおける炭素循環過程を把握する試みは重要である．まず，統計資料と土壌モデルを使用して地域全体としての土壌呼吸量を推定する試みを紹介する．次いで，人工衛星の情報から広域の農村地域における炭素収支を推定することを試みた結果を，また，タイ東北部農村において農法の違いにより炭素収支がどう変わるかの調査を行った結果を示す．最後に，日本，フィリピン，タイの土壌炭素の蓄積・分解過程を炭素安定同位体自然存在比を利用して解析した経験を通し，炭素循環研究における新たな分析手法の活用例を紹介する．

(1) わが国の農村地域の土壌呼吸量

　農村地域の二酸化炭素動態の評価について，農村地域有機物フローモデル（松本ら，1990）を利用して，有機物フローにともないその地域で発生する土壌呼吸量を推計した（袴田ら，1999）．対象地域は4地域，すなわち，関東地方の代表的平地農村としての牛久沼集水域，都市近郊農村としての取手市地域，都市近郊野菜栽培農村としての川越市福原地区，畜産の比重が高い中山間農村としての茨城県里美村である．これらの地域における平均的土壌炭素呼吸量は，それぞれ1.71，2.81，1.87，3.08 tC/ha/年であった（表2-2）．これらの値は，既知の温帯地域農耕地における有機質土壌の呼吸量（7.9〜11.3 tC/ha/年；Armentano and Menges, 1986）に比べ低い結果であった．

　農耕地の炭素収支に直接影響する農地還元有機物は里美村が他の地域に比べ多かった．これは，畜産に由来する多量の有機物が農地還元されているためであるが，その主要な源は地域外から購入される飼料や敷料であった．取手市の場合，やはり地域外からの有機物が多く，その多くが環境負荷となっているが，それらは主として食生活に由来しており，両地域は好対照をなしていた．里美村では，有機物の農地投入の多いことにより土壌呼吸量が他地域に比べて多いだけでなく，窒素の環境負荷も多いことが認められ（松本，2000），有機物を周辺地域へ搬出する方策などを検討する必要性が示唆された．

表2-2　農村地域（牛久沼集水域，取手市，川越市福原地区，里美村）における有機物の投入と土壌呼吸量の推定

(t/ha/年)

地域	土壌呼吸炭素量	作土炭素量	耕地土壌に添加される有機物の給源（乾物重）					計
			食生活	畜産	農産副産物	落葉	購入堆厩肥	
牛久沼	1.71	56.63	0.40	1.50	3.20	—	—	5.10
取手市	2.81	39.38	2.54	0.62	4.95	—	—	8.11
川越市	1.87	87.68	0	1.01	1.87	0.99	2.78	6.65
里美村	3.08	96.13	0.15	5.79	4.08	—	—	10.02

(2) わが国の農村地域の炭素収支の人工衛星による推定

温帯地域生態系における炭素収支の定量的解析において，温帯地域生態系として茨城県恋瀬川流域を対象とし，ランドサット TM データと簡易モデルにより炭素収支を推定した結果，各土地利用区分内の変動が大きかったが，平均値としては畑，広葉樹林は炭素を放出し，水田，針葉樹林は吸収し，全体では炭素のシンクとなっていた（池田ら，1996；Hakamata, 1997；Hakamata, 1998；表 2-3）．

表 2-3 茨城県恋瀬川流域における生態系別の面積と炭素フラックスおよび収支

生態系	面積 (km²)	平均炭素フラックス (tC/ha/年)	炭素収支 (10³ tC/年)
畑　地	205	−1.51	−31.0
広葉樹林	196	−0.60	−11.7
針葉樹林	151	5.43	82.0
水　田	141	0.03	0.4
その他	207	—	—
計	900		39.7

この事例で使われたような衛星情報を使った簡易モデルが全国的に地域を問わず適用可能になれば，そこから得られる情報は温暖化対策に極めて有効である．人工衛星情報は，センサーの波長，空間分解能とそれらの解析手法などその技術的進歩が著しく，温暖化解析の分野においても利用が進んでいるが，一層の発展が期待される（例えば，山形ら，2001）．

(3) タイ国東北部の農村地域の炭素収支

発展途上国の温室効果ガスの削減は，京都議定書の第 1 約束期間においては直接の対象にはなっていない．しかし，この期間においても京都メカニズム（12-4-1 参照）の実施を通して関係する可能性があるとともに，東南アジアを含めたアジアの国々でも，経済社会の持続的発展を図る上で，長期的視点からも温室効果ガスの削減が議論されつつある．

タイ国の農村においては，そのような観点から土壌肥沃度の有効活用・維持などのため，家畜糞尿の利用や不耕起栽培の検討に関心が高まっている．そこで，同国コンケンにおいて，耕起法や施肥法の変化が農耕地土壌炭素の蓄積に

及ぼす影響を明らかにするため，牛糞施用および不耕起栽培のトウモロコシ畑の炭素を測定し，農耕地土壌における炭素収支を推計した（Matsumotoら，2002）．

その結果，開始2年間で，炭素蓄積量は，対照区，牛糞区，不耕起区でそれぞれ年間－0.1±0.1，＋3.8±0.3，＋0.7±0.2 tC/ha であった．これら変化量の試験開始前の土壌炭素蓄積量に対する割合は，それぞれ－1，＋26，＋4％であった．炭素循環を解析したところ，牛糞施用により，牛糞の炭素供給だけでなく，植物根からの炭素供給が増大し，土壌炭素蓄積量の増加をもたらしたと推測され，そのような相乗的な効果を有する技術体系が効果的と考えられた．

(4) 安定同位体比による土壌有機炭素の蓄積・分解過程の推定

炭素元素には，放射線をださない安定同位体が存在し，それらは中性子の数が異なるため，計測が可能である．また，その構成比（同位体自然存在比）は，その元素がおかれた条件により異なる．最近の分析機器の発達に伴い，炭素の同位体自然存在比（$\delta^{13}C$）をかなり正確に知ることができるので，それを活用して，炭素化合物の起源を推定することがしばしば行われるようになった．この手法を用いると，土壌中の有機炭素が C_3 型光合成植物起源か，C_4 型光合成植物起源かが分かるので，森林（C_3 型光合成）からサトウキビ（C_4 型光合成）畑への耕地化にともなう土壌有機炭素の変動を追跡することができる（米山，1996）．

日本，フィリピン，タイの各国でそれぞれ500点以上の農耕地土壌試料を採取，収集し，土壌有機炭素（C）含有率とその炭素同位体自然存在比（$\delta^{13}C$）の分析を行い，それらデータの解析から土壌有機炭素が蓄積・分解する過程の定量化を試みた．以下は，その結果の概要である．

(1) 宮古島から北海道までの土壌約500点を分析した結果，林地と北海道では $\delta^{13}C$ 値が約24‰（C_3 植物）であったが，本州，四国，九州では－22～－18‰で C_4 植物（ススキと推定）の影響がみられた．また宮古島で

はサトウキビの栽培年数の進行に並行して土壌有機炭素の $\delta^{13}C$ 値が上昇し，約 25 年で平衡化した（Yoneyama ら，2001）．

(2) フィリピンの土壌 C 含有率は日本の土壌の 1/5〜1/10 であり，ほとんどの耕地土壌の $\delta^{13}C$ 値には C_4 植物の影響がみられ，-13‰ の大きい値もみられた．フィリピン土壌の $\delta^{13}C$ の値をみると，サトウキビの栽培により 10〜50 年でほとんどの炭素がサトウキビからの炭素に交替することが明らかとなった．これは日本の耕地でススキ（C_4 植物）の影響が長く残っているのと対照的であった（Yoneyama ら，2004）．

(3) 東北タイの土壌は，C 含有率が極めて低いが，中央タイの土壌の C 含有率は，フィリピンと同程度である．両地域の林地の $\delta^{13}C$ 値は C_3 植物の値で，サトウキビの栽培 8〜20 年で $\delta^{13}C$ 値は平衡になった．

以上から，土壌有機炭素の安定同位体存在比の変動からみた日本，フィリピン，タイの農耕地土壌炭素の動態評価として，次のようなことが明らかになった．

土壌有機炭素の $\delta^{13}C$ 値はその場の過去現在の植生（C_3 植物，C_4 植物）の影響をうけていた．林地のサトウキビへの変換後の年数（t）に伴う土壌炭素量（Fc）の減少は，$\delta^{13}C$ 値を用いて得られたデータからの指数回帰式（Cerri and Andreux, 1990）により，ルソン島中部地域で $Fc=1.2+23.1\exp(-0.59t)$，半減期 1.2 年，ネグロス島では $Fc=0.5+33.4\exp(-0.39t)$，半減期 1.8 年となった．他方，サトウキビ由来炭素の集積は，ルソン島中部地域で約 50 年で平衡値 6.1 mgC/g 乾重，ネグロス島でも約 50 年で平衡値 7.6 mgC/g 乾重となった（Yoneyama ら，2004）．

タイでは，林地のサトウキビ畑化によって森林起源の炭素が減少し（半減期約 2 年），サトウキビ起源の炭素が集積した．

2-3 カーボン・ニュートラルとミッシング・シンクを越えて

2-3-1 カーボン・ニュートラルを越えて

　ここまでに紹介したケーススタディを通して見ると，冒頭に記したバイオマスのもつカーボン・ニュートラルという性質も，土壌やバイオマス生産を管理・制御することを考える場合には，少なからず不適切な概念のように思われる．土壌の炭素固定能は，作物生産性を考える場合は，既に良く知られたとおり土壌有機物の働きとして人為により結構増減させうるし，上述したとおり，炭素循環の立場からも自然条件や人為条件でかなり違ってくることが見てとれる．となると，京都議定書の約束期間を短く区切った議論では，それらが除外されたとしても，少なくとも長期的な議論では，むしろ忘れてならないプロセスではなかろうか．特に，土壌が文明の基礎であるといわれることを思えば，土壌が作物生産を支えるというだけでなく，自然と人間の共生という意味からも，土壌の役割を正しく認識し，それに沿った管理を土壌に施す道を追求し続けなければならないはずである．土壌の炭素固定能もその重要な一環をなす．

2-3-2 ミッシング・シンクまたは不確実性を越えて

　ミッシング・シンクまたは不確実性の問題を越えるために観測やモデルの能力を上げることは，本章で紹介した研究事例に限らず，世界中で進められつつある．その主な結果は，2007年に予定されるIPCC報告書に反映されるはずであるが，それで全て解明されるほど炭素循環は簡単でない．まだしばらくは努力を続けなければならないであろう．
　本章で紹介した研究事例では，冒頭に記したように代表的な生態系を選んでしっかりした観測とモデリングをめざすことでその問題解決に貢献しようとし

た．海外はもとより国内でも，各種アプローチによりその解決をめざし多くの研究が進められている．本研究事例の経験を通して，多くのことを学ぶことができるが，ここではふたつのことを述べてみたい．

(1) データの代表性について

科学者・研究者は，炭素循環に限らず研究を行うにあたって，論文を読むにとどまらず，しばしば可能な限り海外の研究者と交流を行い，各種の国際的研究ネットワークの中で探求を進める．そして，IPCC報告書などに採録されるような重要な知見を確認しあい，成果の国際的共有にゆだねようとする．

1997年9月に世界中の第一線で炭素循環の研究を行っている研究者が広島に集まり研究成果を出し合い，陸域生態系の炭素収支の実態について討論を交わした．その時に報告された結果（Nakane, 1997）から表2-4のようなまとめが行われた．

この表には，世界各地の森林における炭素の固定量がリストアップされている．最下段には，それをもとに世界の森林の炭素固定量を推定した結果が記されている．それによると，森林により年間10 GtC以上の炭素が固定されていることになる．図2-1では，北半球の森林により0.5 ± 0.5 GtC，その他の陸上シンクで1.3 ± 1.5 GtCと推定されており，10 GtC以上というこの結果は明らかに過剰な推定値である．

これは何を物語るであろうか．科学者は，多くは知的好奇心に突き動かされて研究を始めるので，結果が出やすい場所やおもしろい結果が得られそうな場所を選んで実測調査・研究を行う．そのような研究から，しばしば新知見が生まれる．しかし，その調査個所が地球全体の炭素収支を推定するのに適した代表的な場所であるかどうかはまた別の問題である．むしろ，そうでないことの方が多いと思われる．

このようなデータの代表性を保証することは実際には大変難しい．なぜなら，例えば，仮に人工衛星からそのような場所を割り出せたとしても，そこが道路から遙かに離れたジャングルであったり，川や湖沼があって到達に困難を

表2-4 観測タワーによる森林の炭素固定量の測定例とそれによる地球規模の総固定量の推定 (Nakane, 1997)

調査地	固定量 (tC/ha/年)	森林タイプ	面積 (10^9 ha)	総固定量 (10^9 tC/年)
ブラジル・ロンドーニャ州	1.00	熱帯多雨林		
〃	4.50	〃		
	(2.75)		1.70	4.68
米国・テネシー州	5.30	暖温帯カシ林		
〃	4.40	〃		
	(4.85)		0.50	2.43
米国・マサチュセッツ州	3.70	冷温帯ナラ林		
中央イタリア	4.70	冷温帯ブナ林		
日本・高山市	1.11	冷温帯カンバ・ナラ林		
〃	0.67	〃		
〃	1.36	〃		
	(2.31)		0.70	1.62
カナダ・サスカチュワン州	1.30	亜寒帯ポプラ林		
〃	0.56	亜寒帯トウヒ林		
	(0.93)		1.20	1.12
	0.31	熱帯モンスーン林	0.75	0.23
	0.16	その他林・草原	3.20	0.51
		森林合計	8.05	10.58

表中 ( ) は平均値．熱帯モンスーン林とその他林・草原は従来知られている固定量を引用．面積はWhittaker & Likens (1973) による．

きたせば，そこでの観測は実施にいたらない，ということがしばしば起こるからである．

　唯一の解はないであろう．近似的な解として，位置づけを明確にすることを提起しておこうと思う．位置づけのためには，座標系があるとわかりやすい．上述の研究事例に基づけば，土地利用連鎖，緯度，炭素蓄積量をそれぞれ x, y, z 軸とする座標を想定できる．土地利用連鎖軸には，自然林，人工林，草地，水田，畑などが並ぶ．緯度は，熱帯から極地まで．x 軸を経度にすれば世界地図そのものになるが，そうでなく，土地利用連鎖という軸に投影し直すところに，土地利用管理を考察するという目的意識が現れることとなる．目的に

よっては，土地利用連鎖は，自然林の中の林相のちがいであっても良いし，炭素蓄積量は，蓄積速度などであっても良い．研究事例で得られた炭素蓄積量をx-y平面にプロットする．その時，各プロットは（x, y）座標に位置づけされることとなる．この時，問題となるのはx軸上の順序であろう．経度にした場合には，リアルであるけれどそれだけでは解析したことにならない．何らかの軸へ投影するなど，解析に適した抽象化が必要になる．しかし，それは考察の目的により最も適切と考えられる順序に並べればよいのであり，何よりも1次元軸の上で考えられれば思考の節約となる．得られる3D図面が，人為的土地利用管理などによりどう変わるかを検討すれば，その管理の影響を評価できることになる．

このような3D図面を実際に書くかどうかは実は必須ではなく，ある明確なイメージで位置づけをすることが重要なのである．どのようなイメージであれ，位置づけを明確にして考察をするならば，その結果を地球の上で敷衍できて，代表性という議論はあまり問題にならないであろう．

(2) 手法の高度化について

炭素循環に関する観測手法の改善，高度化が数多く試みられている．それらが，ミッシング・シンクの解消，精度の向上に不可欠であることは云うまでもない．上記研究事例でも，リモートセンシング，安定同位体存在比，現場におけるタワー観測，土壌呼吸計測法，各種モデリング手法などの導入/改善が取り組まれた．本章で紹介した成果は，各引用文献によりさらに詳細に参照することができる．その他にも，そのような努力を経て得られた結果が，次章以下に詳細に紹介されるので参照していただきたい．

それらと同時に，最高レベルの手法を使って生み出された知見を，いわゆるプロジェクトリーダーを務める科学者がどうまとめるか，その術に長ずる必要のあることは大きな課題と考えられる．IPCC報告書に代表されるような大規模な取りまとめに世界中の科学者は慣れていなかったのだが，その経験は2回の報告書とりまとめのなかで洗練されつつある．情報収集や取りまとめのため

の手段はIT産業の発達などを通じ大変高度化しているが，それをすすめるソフト面がついていけないとよく云われる．ソフト面の高度化の課題といってよいかも知れない．

しかしながら，それらについては，京都議定書をはじめ炭素循環の適切な管理に向けた未来への方向性を視野に，モデリング戦略や，俯瞰的見方の重要性などを，改めて第Ⅳ編で述べることとする．

引用文献

Armentano, T. V. and Menges, E. S.: Patterns of change in the carbon balance of organic soil and wet land of the temperate zone. *Ecology*, **74**, 755-774 (1986)

Cerri, C. C. and Andreux, F.: Changes in organic carbon in oxisols cultivated with sugar cane and pasture, based on 13C natural abundance measurement. Proc of XIV Cong. ISSS, pp. IV98-IV101, Kyoto (1990)

Hakamata, T., Ikeda, H., Yamamoto, S. and Nakane, K.: How do terrestrial ecosystem contribute to global carbon cycling as a sink of CO_2? Experiences from research projects in Japan. *Nutrient Cycling in Agroecosystems*, **49**, 287-293 (1998)

Hakamata, T., Matsumoto, N., Ikeda, H. and Nakane, K.: Do plant and soil systems contribute to global carbon cycling as a sink of CO_2? Some findings from research projects on carbon dioxide and carbon cycle related to the global warning. *Global Environmental Research*, **2**, 79-86 (1997)

IPCC, Houghton, J. T. et al. (eds.): *Climate Change : The IPCC Scientific Assessment*. 365pp., Cambridge Univ. Press, Cambridge (1990)

IPCC, Houghton, J. T. et al. (eds.): *Climate Change 1996 - The Science of Climate Change. Contribution of Working Group I to the Second Assessment Report of the Intergovernmental Panel on Climate Change*. 572pp., Cambridge Univ. Press, Cambridge (1996)

Matsumoto, N., Paisancharoen, K., Wongwiwatchai, C. and Chairoj, P.: Nitrogen cycles and nutrient balance in agro-ecosystems in Northeast Thailand. JIRCAS Working Report No. 30, 49-53 (2002)

Nakadai, T., Koizumi, H., Bekku, Y. and Totsuka, T.: Carbon dioxide evolution from upland rice-barley double-cropping field in central Japan. *Ecological Research*, **11**, 217-227 (1996)

Nakane, K. (ed.): Comparative Studies on CO_2 Fluxes Observed by Towers at Several Forests in the World. International Workshop in Hiroshima. 50pp., Environmental

Agency of Japan and National Institute of Agro-Environmental Sciences. Tsukuba (1997)

Nakane, K., Kohno, T., Horikoshi, T. and Nakatsubo, T. : Soil carbon cycling in a black spruce (*Picea mariana*) forest in Saskachewan, Canada. *J. Geophys. Res.*, **102**(D24, PAGES28), 785-793 (1997)

Whittaker, R. H. and Likens, G. E. : Carbon in the biota. in *Carbon and the Biosphere*, pp. 281-300, U. S. Atomic Commission (1973)

Yamamoto, S., Murayama, S., Saigusa, N. and Kondo, H. : Seasonal and inter-annual variation of CO_2 flux between a temperate forest and the atmosphere in Japan. *Tellus*, **50B**, 402-413 (1999)

Yoneyama, T., Dacanay, E. V., Castelo, O., Kasajima, I. and Ho, P. Y. : Estimation of soil organic turnover using natural ^{13}C abundance in Asian tropics : A case study in the Philippines. *Soil Sci. Plant Nutr.*, **50**, 599-602 (2004)

Yoneyama, T., Nakanishi, Y., Morita, A. and Liyanage, B. C. : $\delta^{13}C$ values of organic carbon in cropland and forest soils in Japan. *Soil Sci. and Plant Nutr.*, **47**(1), 17-26 (2001)

秋山 侃・菊地多賀夫・小泉 博・安藤辰夫・西條好廸・津田 智・莫 文紅・車戸憲二・大塚俊之・西村 格：環境庁地球環境研究総合推進費終了研究報告書 陸域生態系の二酸化炭素動態の評価と予測・モデリングに関する研究（平成8年度〜平成10年度），21-34，農林水産省農業環境技術研究所，つくば（1999）

池田浩明・岡本勝男・袴田共之：環境庁地球環境研究総合推進費終了研究課題 地球温暖化に係る二酸化炭素・炭素循環に関する研究（平成5年度〜平成7年度），75-84，農林水産省農業環境技術研究所，つくば（1996）

奥 俊樹・髙橋繁男・芝山道郎：環境庁地球環境研究総合推進費終了研究課題 地球温暖化に係る二酸化炭素・炭素循環に関する研究（平成5年度〜平成7年度），63-73，農林水産省農業環境技術研究所，つくば（1996）

小泉 博・西村誠一・中台利枝：環境庁地球環境研究総合推進費終了研究報告書 陸域生態系の二酸化炭素動態の評価と予測・モデリングに関する研究（平成8年度〜平成10年度），51-60，農林水産省農業環境技術研究所，つくば（1999）

小宮山宏・迫田章義・松村幸彦：バイオマス・ニッポン―日本再生に向けて．252 pp.，日本工業新聞社，東京（2003）

酒井寿夫・清野嘉之・荒木 誠：環境庁地球環境研究総合推進費終了研究報告書 陸域生態系の二酸化炭素動態の評価と予測・モデリングに関する研究（平成8年度〜平成10年度），61-68，農林水産省農業環境技術研究所，つくば（1999）

高村ゆかり・亀山康子（編著）：京都議定書の国際制度．382 pp.，信山社，東京（2002）

中根周歩：森林斜面における土壌有機物のダイナミックス．日生態誌，**25**，206-216（1975）

中根周歩：大台ヶ原ブナ―ウラジロモミ林における土壌有機物のダイナミックス．日生態誌，**28**，335-346（1978）

中根周歩：三タイプの極相林における土壌有機物循環比較と総合的考察．日生態誌，**30**，155-172（1980）
中根周歩・土谷彰男・高山　勉・小川晶子・鈴木雅代：環境庁地球環境研究総合推進費終了研究報告書　陸域生態系の二酸化炭素動態の評価と予測・モデリングに関する研究（平成8年度～平成10年度），1-9，農林水産省農業環境技術研究所，つくば（1999）
袴田共之（編）：環境庁地球環境研究総合推進費終了研究課題　地球温暖化に係る二酸化炭素・炭素循環に関する研究（平成5年度～平成7年度）．183 pp.，農林水産省農業環境技術研究所，つくば（1996）
袴田共之：母なる大地．『土の自然史―食料・生命・環境』佐久間敏雄・梅田安治（編著），183-192，北海道大学図書刊行会，札幌（1998）
袴田共之（編）：環境庁地球環境研究総合推進費終了研究報告書　陸域生態系の二酸化炭素動態の評価と予測・モデリングに関する研究（平成8年度～平成10年度）．162 pp.，農林水産省農業環境技術研究所，つくば（1999）
袴田共之・松本成夫・三島慎一郎・織田健次郎・塩見正衛・大久保忠旦：環境庁地球環境研究総合推進費終了研究報告書　陸域生態系の二酸化炭素動態の評価と予測・モデリングに関する研究（平成8年度～平成10年度），123-132，農林水産省農業環境技術研究所，つくば（1999）
早野恒一・竹中　真・上村順子：環境庁地球環境研究総合推進費終了研究課題　地球温暖化に係る二酸化炭素・炭素循環に関する研究（平成5年度～平成7年度），43-50，農林水産省農業環境技術研究所，つくば（1996）
松本成夫：熱帯林生態系におけるモデル化と予測．環境庁地球環境研究総合推進費終了研究報告書　陸域生態系の二酸化炭素動態の評価と予測・モデリングに関する研究（平成8年度～平成10年度），11-20，農林水産省農業環境技術研究所．つくば（1999）
松本成夫：地域における窒素フローの推定方法の確立とこれによる環境負荷の評価．農業環境技術研究所報告，**18**，81-152（2000）
松本成夫・三島慎一郎・織田健次郎・袴田共之：環境庁地球環境研究総合推進費終了研究課題　地球温暖化に係る二酸化炭素・炭素循環に関する研究（平成5年度～平成7年度），51-62，農林水産省農業環境技術研究所，つくば（1996）
松本成夫・三輪睿太郎・袴田共之：農村地域における有機物フローシステムの現存量とフロー量の推定法．システム農学，**6**(2)，11-23（1990）
山形与志樹・小熊宏之・土田　聡・関根秀真・六川修一：京都議定書で評価される吸収源活動のモニタリングと認証に関わるリモートセンシング計測手法の役割．リモートセンシング学会誌，**21**(1)，43-57（2001）
山本　晋・村山昌平・三枝信子・近藤裕昭・西村　格：森林生態系の二酸化炭素吸収・交換量についての一考察．資源と環境，**7**(2)，73-81（1997）
米山忠克：土壌有機物の $\delta^{13}C$ 値から植生の変化を読む．RADIOISOTOPES，**45**，659-660（1996）

（袴田共之）

第3章

森林生態系の炭素循環と土壌有機物

3-1 地球温暖化問題における森林生態系の位置付け

　前章でも触れたように，1997年の温暖化枠組条約第3回締約国会議 (COP3) で，温室効果ガスの削減を義務づけた京都議定書が採択された．わが国は2002年6月4日に批准したものの，なかなか発効に至っていなかったが，2004年10月現在ロシアの批准が確実視されており，京都議定書採択後7年にしてようやく発効の見通しである．その議定書のなかでは二酸化炭素の削減目標に到達する方法として，森林による二酸化炭素の吸収が認められた．森林が国土の約6割を占めるわが国は温室効果ガスの6％削減（1990年比）という目標を達成するため，森林の寄与に大きく期待していた．その後，アメリカの議定書からの離脱など国際情勢の変化により，わが国は3.9％を森林吸収で確保できることがCOP7（2001年）において合意され，その実現に向けた対策が政府の地球温暖化対策推進大綱で明らかにされた．

　森林は，他の植物同様，葉において大気中の二酸化炭素を吸収・同化し，そのうち呼吸に使われなかった同化産物を幹・枝・根などに蓄積する．樹木の幹量は，年を追うごとに肥大化していくので，他の植物群落と比べて巨大な炭素貯留量を持つ．そのため陸上面積の1/3程度である森林には，陸域生態系の植生による炭素貯留量の約8割が存在している．森林によって同化された炭素は，毎年の落葉落枝や脱落した根といった有機物として定期的に土壌に供給される．また伐採や焼失などによるバイオマスの持ち出しがなければ，木部に蓄積した炭素はすべて最終的には倒木として土壌に供給される．土壌に供給され

た炭素の一部は,土壌溶液とともに系外へ溶脱したり,微生物に分解され二酸化炭素として再度大気中に放出されたりするが,一部は難分解性の有機物へと形態を変え土壌に蓄積する.世界の土壌に蓄積した炭素量は,1,500 GtC と見積もられており(松本,2000),植物の約 550 GtC や大気の 750 GtC を凌駕する.このように多量に蓄積した土壌炭素のうち,約 4 割は森林下の土壌に存在すると言われている(Kirschbaum and Fischlin, 1996).なお,日本の森林土壌では表層 1 m に 4.57 GtC の炭素が蓄積されている(Morisada ら,2004).

　大量の有機物を蓄えている森林が温暖化の進行のもと,果たして二酸化炭素施肥効果によりバイオマスが増大し二酸化炭素の吸収源として機能するのか(負のフィードバック),あるいは温度上昇により土壌有機物の分解が促進され二酸化炭素の発生源となるのか(正のフィードバック),定量的に検討することは温暖化予測をする上で必要である.この観点から興味深い話題としてミッシング・シンクの解消が挙げられる.人間の産業活動により大気中に放出される炭素量は,熱帯雨林の消失などの土地利用変化により年間 1.6 GtC,化石燃料の燃焼により 5.4 GtC と見積もられ(Tans ら,1990),そのうち 2.0 GtC が海洋に蓄積し 3.3 GtC が大気中で増加しているが,のこり 1.7 GtC が行方不明であり,この蓄積先がミッシング・シンクと呼ばれてきた.ところが近年,このミッシング・シンクが北半球の温帯林であるとされ,IPCC(Intergovernmental Panel on Climate Change:気候変動に関する政府間パネル)では北半球の森林再生と二酸化炭素濃度の上昇などによる一次生産力の増大で約 2 GtC が吸収されると推定した(Houghton ら,1995).

　本章では,森林下の土壌に関わる二酸化炭素の動きに注目する.

3-2 森林生態系の炭素循環

　土壌表面から二酸化炭素が発生する現象を土壌呼吸と呼ぶが,森林におけるその起源は堆積有機物層(O 層)と鉱質土層(A 層以下)の土壌有機物の微生

物による分解と，植物根による呼吸に大別できる．つまり，土壌呼吸には，基質としての性質が異なる有機物（O層とA層）の分解や異なる主体（微生物と植物）による分解が含まれている．特に，根の呼吸は植物によるエネルギー獲得のための生理作用であるので，土壌に蓄積した炭素に対する地球温暖化の影響を論じる際には，土壌呼吸を少なくとも根の呼吸と土壌有機物の分解に分けて評価する必要がある．

3-2-1 根の呼吸量評価に係わる問題

　一年生作物が栽培されている畑では，作物がない時期に測定装置を設置すれば，容易に根の呼吸を排除した土壌呼吸を測定できる．しかし，根が縦横無尽に張り巡らされている森林では，多くの場合根の呼吸を分別するには処理が必要となり，処理による攪乱が測定に影響を与えることが十分に予想される．Hansonら（2000）による総説では，根の呼吸を土壌有機物の分解と分ける方法を，要素（component integration）法，排除（root exclusion）法，同位体（isotope）法の3つに分類した上で，次のように解説している．ただし，ここでいう根の呼吸には，植物根の呼吸以外に根圏や根面に生育する腐生性の微生物や菌根菌などによる呼吸も含まれている．

　要素法では，O層・鉱質土層・根など各構成要素の呼吸を個別に測定した結果に各要素の存在量を掛け合わせて算出する．この方法の特徴は，根の呼吸を現場ではなく実験室で測定する点である．このため，土壌から根を物理的に分離することに伴う攪乱や土壌空気中の二酸化炭素濃度とは異なる大気中で呼吸速度を測定することの影響が心配される．

　排除法は，根存在下と非存在下での土壌呼吸を測定し，その差から根の呼吸量を評価する方法である．根を排除する手法として，「溝の作成（trenching）」，「根の除去（root removal）」，「ギャップ解析（gap analysis）」の3つがある．「溝の作成」では，根の非存在下での土壌呼吸を測定するため，測定区の境界に溝を切り，測定区内の根を殺すとともに，測定区外から根が進入しないよう

にする.この方法の大きな問題点は,測定区内に存在する大量の死根の分解に伴う呼吸量が根の呼吸測定に影響を与える点であるが,溝の作成から数ヶ月放置して測定を開始すればこの点は問題とならないだろう（Hansonら,2000）.この総説によると,フランスの100年生のブナ林で年間土壌呼吸量約6 tC/haのうち根の呼吸が約60%,マサチューセッツ州の落葉混交林で年間土壌呼吸量約3.7 tC/haのうち根の呼吸が33%,フロリダ州のマツ植林地で9年生では年間土壌呼吸量8.5 tC/haのうち根の呼吸が51%,29年生では同じく13.0 tC/haのうち62%であった.第4章で紹介する筆者らの研究もこの方法に拠った.「根の除去」では,根を土壌から除去した後土壌を埋め戻して,根の非存在下での土壌呼吸を測定する.「溝の作成」に比べ,大量の死根が投入されず,また測定に伴って根のバイオマス量も測定できるのが利点であるが,土壌構造に対する大きな攪乱が避けられない.「ギャップ解析」では,地上部の植生をある程度広い面積で除去した区を設定し根の非存在下の土壌呼吸を測定する.この非植生区の面積は,周辺からの根が測定プロットに存在しない程度に広く,かつ周辺の植生区と環境が異ならない程度に小さくなければならない.さらに,地上部植生を除去したことによる土壌温度・水分の変化に対する注意が必要である.「ギャップ解析」を用いた研究からは,根の呼吸割合が日本のコナラ林で年間土壌呼吸量9.4 tC/haのうち51%,ドイツのブナ林で40%という値が紹介されている.以上,排除法におけるいずれの手法においても根の排除に伴う土壌の物理的な攪乱は避けられないので,排除後ある程度の時間が経過してから測定した方がよい.また,根が存在しないので,根による土壌水の吸収がなく,土壌水分が上昇する恐れがある.したがって,乾燥期には根の有無による水分の違いを考慮しなければならないかもしれない.

　同位体法は,短期標識と長期標識の2つに分けられる.両者において放射性同位体である^{14}Cと安定同位体である^{13}Cともに利用可能である.短期標識では,標識した二酸化炭素を植物に与えたのち,植物体内に配分されたり,呼吸として排出されたりした標識炭素を測定することで,根の呼吸の割合を算出する.短期の標識では,標識炭素の植物・土壌間の分配率を正確に見積もること

が難しいという欠点はあるものの，土壌の攪乱も小さく，根の呼吸の季節変動も調べることができる．

長期標識には，1950年代から60年代にかけて行われた核実験により全球的に^{14}Cが増加したことや，異なる光合成経路をもつC_3・C_4植物体内の炭素安定同位対比が異なることが利用される．後者の安定同位体比を用いる方法では，その測定原理上光合成経路の異なる2つの植生が時間的に前後して成立している必要がある．したがって，これまで森林（ほとんど全ての木本種はC_3植物である）であったような場所への適用は難しいが，トウモロコシなどC_4植物を栽培していた畑に植林したような事例には利用可能である．さらに，最近ではFACE（free air CO_2 enrichment）実験で，安定同位体比を変えた二酸化炭素を使用して根の呼吸割合を算出している例もある．

Hansonら（2000）は，既往の文献から根の呼吸割合について報告している研究50例を収集しており，森林植生での平均は48.6%であった．その頻度分布は12%から90%までの幅広い値を示したが，正規性を示していた．また，植物の季節的な生理の違いを反映し，北半球の温帯では根の成長と代謝回転の活発な5・6月に根の呼吸が高い割合を示した．

以上のように根の呼吸測定法として提案されている様々な方法のなかでは，同位体法がもっとも土壌・植物系への攪乱が小さく，より正確な測定法の主流となると考えられるが，分析コストが高い，作物に比べサイズの大きい木本では取り扱いが困難であるなどの問題点が残されている．また，これまでに他の方法で得られた測定値を有効に活用するためにも，方法間の比較について研究を進めるべきであろう．上述のように様々な手法で測定されていることが測定値の幅広い値を生み出している一因とも考えられるが，根の呼吸割合を規定する要因やその簡便な予測法などについては，ほとんど何もわかっていないのが現状である．

3-2-2 様々な森林生態系における土壌呼吸量と環境要因

第7章でも述べるが，Raich and Schlesinger (1992) は，世界の171件の様々な植生下での土壌呼吸測定例から，土壌呼吸が年平均気温，年降水量と正の相関があることを見出した．植生タイプごとの土壌呼吸の平均値に各植生タイプが占める面積を掛け合わせて，全陸域からの二酸化炭素発生量を1年あたり68 GtCと推定した．最も呼吸速度が速い植生タイプは熱帯多雨林 (12.6 tC/ha/年) で，ついで地中海性気候下の森林 (7.13)，温帯針葉樹林 (6.81)，熱帯季節林 (6.73)，熱帯サバンナ (6.29)，温帯落葉樹林（混交林を含む）(6.47) であった．ただし，ここでの土壌呼吸には根の呼吸が含まれること，乾燥地や熱帯の測定例が少なく誤差が大きいと予想されることに留意しておく必要がある．さらに，彼らは土壌呼吸の30%が根の呼吸であると仮定して，炭素の蓄積量と年間の土壌呼吸量から土壌有機炭素の平均滞留時間を32年と算出している．上述したHansonら (2000) で報告された50%という根の呼吸割合の平均値を森林に適用すると，この結果は大きく変わる[1]．

次に，個々の測定事例をいくつか紹介する．中根 (1980) は，極相の状態を維持していると思われる冷温帯ブナーウラジロモミ林，暖温帯照葉樹林，熱帯多雨林での土壌有機物循環を比較している．この研究では，土壌有機物の動態を，O層・鉱質土層・枯死根と生根のコンパートメントとそれらの間のフローとして記述している（図3-1）．このモデルでは，土壌有機物の分解速度が有機物蓄積量に正比例する一次反応である，根の枯死速度は細根量に比例する，O層と枯死根は分解・輸送現象において同質である，との仮定をおき，さらに極相林では各プールの蓄積量とフローは平衡状態にあるとみなして，O層・鉱質

---

[1] 化石燃料の消費に伴う年間の二酸化炭素発生量が5.4 GtC程度であるから，根の呼吸割合として採用される値の違いによって生まれる変動そのものが，化石燃料消費と同レベルということになる．このように現時点では曖昧な値を利用せざるを得ない森林生態系での炭素収支から吸収量を見積もって地球温暖化対策に組み入れると，削減目標そのものが無意味なものとなってしまうという批判がある．

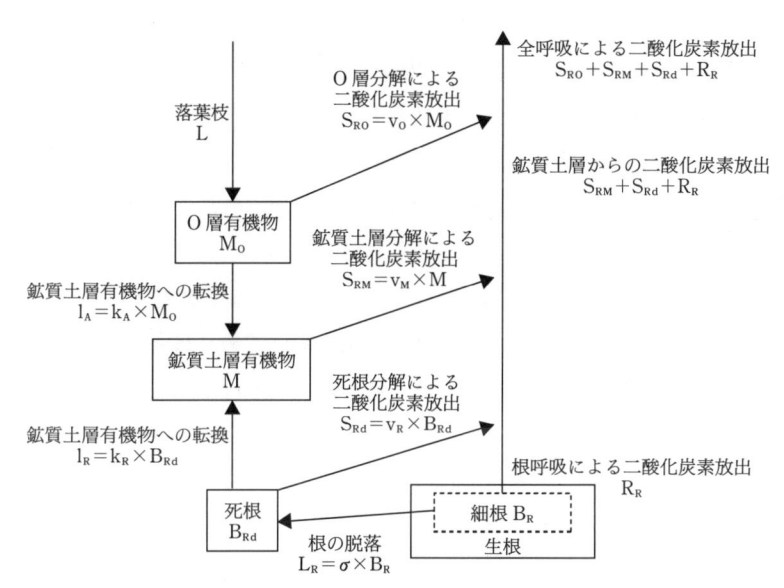

図3-1 森林生態系における土壌有機炭素循環のコンパートメント・モデル（中根（1980）を一部改変）

枠内の文字は，各コンパートメントの蓄積量（例えば単位は kg/ha），枠外の文字は各コンパートメントからの移動速度（同じく kg/ha/年）を表す．根呼吸以外の二酸化炭素放出速度は蓄積量に正比例する一次反応であると仮定している．

土層の炭素蓄積量と呼吸量，落葉落枝量，細根量の実測値からフローを求めた．その結果，O層量の半減期が，ブナ—ウラジロモミ林，照葉樹林，熱帯雨林の順に，4.0，1.2，0.4年と速くなり，鉱質土層有機物についても，99，35，18年となり物質循環が速くなっていることが示された．また，土壌呼吸に対する根の呼吸，O層の呼吸，鉱質土層の呼吸（枯死根の分解による呼吸を含む）の割合はどの林分でもほぼ一定であり，それぞれ50，25，25％となった．さらに，落葉落枝速度はどの林分においても土壌呼吸の約38％で一定していた．このことは，極相の段階では，森林生態系における土壌有機物の循環がある動的均衡に近づき，しかも全土壌呼吸に占める各フローの割合がほぼ一定となるような形で収束する傾向にあることを示している．ただし，森林の発達段階などのように各プールの蓄積量に変化が見られるときに，どのように変化し

ているのかは不明である．

　酒井・堤（1987）は天然生落葉広葉樹林の同一斜面上部と下部での土壌呼吸速度がいずれも地温との間に強い指数相関関係を示し，通年では含水率の影響は小さいことを報告している．温度上昇に伴う土壌呼吸速度の変化率は，斜面上部で下部より高い値を示し，その原因として土壌水分，細根量，根の呼吸速度，土壌有機物の質の違いなどが考えられた．

　下野ら（1989）の行ったスギ，ヒノキ人工林での異なる林齢・斜面位置での年間の土壌呼吸量の比較によれば，同一の土壌条件である斜面下部では林齢・樹種による土壌呼吸量に差は認められず，斜面上部では下部より高い値を示した．このことから，当調査地における土壌呼吸量は，林齢・樹種よりも立地条件に左右されて，土壌中に蓄積した有機物量の無機化量を反映しており，地上部植生から供給される落葉落枝などの有機物量と関連していないことが示唆されると結んでいる．

　Ewelら（1987）は，フロリダ州のマツ（*Pinus elliottii*）植林地での9年生と29年生の林分での土壌呼吸量を比較し，29年生の方が9年生よりも53%高かったと報告している．その理由の1つとして，細根のバイオマスが3倍近く増加したことを挙げている．樹齢と土壌呼吸量の関係について述べた数少ない他の研究例を引用しつつ，温帯林では樹齢とともに土壌呼吸量が減少，亜熱帯・熱帯林では増加という傾向は認められるものの，その一般化には土壌有機物や根の現存量の相対割合を明らかにする必要があると指摘している．

　Ohashiら（1999）は，間伐が土壌呼吸速度に与える影響を調べるため，熊本のスギ林で調査を行い，間伐区で2.6〜3.1 tC/ha，対照区で1.8〜2.2 tC/haの値を得た．両区での違いは間伐区で死根の分解が促進されたこと，残った生根の呼吸活性が高まったことが原因であると考えられた．

3-3　土壌有機物の炭素動態

　初めに述べたように，土壌に供給された植物遺体は微生物による分解を受け，その一部をDOM（dissolved organic matter：溶存有機物）や二酸化炭素として系外に放出しつつ，様々な形態の有機物に変換される．結果として，土壌には分解程度の大きく異なる有機物が存在している．森林生態系でのDOMの主な供給源は落葉落枝であり，落葉落枝から雨水により直接溶出したものと落葉落枝の微生物的分解により生成したものからなる．DOMには低分子の鎖状脂肪酸から高分子のフルボ酸・腐植酸に至るまで多くの化合物が含まれており，その存在量は土壌固相にある有機物と比べてきわめて少ないものの反応性・移動性が高く，炭素・窒素・リンの収支，土壌生成，重金属の移動において重要な役割を果たす．Michalzikら（2001）は，欧米の森林生態系での42の研究例から，林床からのDOMの流量が年降水量に比例し，土壌有機物量・落葉落枝量とは関係がみられないこと，濃度が林床やA層で最も高いのが一般的であることを報告している．

　微生物による有機物の変換は，微生物が物理的に近づけない場所に有機物が入り込むか，鉱物表面と化学的に固く結合するまでつづく．このように有機物が微生物によって分解をうけず安定な画分（腐植物質と呼ばれる）へと変化する過程を炭素の固定（carbon sequestration）とよび，温暖化問題における炭素の森林吸収にとって重要な過程である．腐植物質はその定義から，難分解性と一括りにされているので，その抽出・精製方法，化学的組成，光学的性質の解明に重きが置かれ，分解されやすさといった観点からはあまり研究がなされていない．

　土壌有機物の動態を予測するモデルでは，土壌有機物を分解されやすさの観点からいくつかの画分に分ける．たとえば，CENTURYモデル（Partonら，1987）では，土壌有機物を，活性画分（active：微生物やその代謝物質で滞留時間は1〜5年），遅効画分（slow：物理的あるいは化学的に保護され分解されにく

い画分で滞留時間は20～40年),抵抗画分(passive:化学的に不活性であり,滞留時間は200～1500年)に分けている.また,植物残渣は,リグニンを多く含む構造成分(structural)と代謝成分(metabolic)に分けられている.これらの画分のうち,土壌有機物の画分は概念的なものであり,分析によって求められるものではない.しかし,植物残渣量,リグニン含量,土性,地温,水分のデータを与えることで,有機物分解速度,蓄積速度をシミュレートしている.

一方,微生物によって分解されやすい土壌有機物(labile soil organic matter)を実験操作によって定義し,その画分の特性を明らかにしようとする研究もある.この画分は,土壌環境の様々な変化に敏感に反応すると考えられる.Khanaら(2001)が,森林土壌における土壌有機物の分画法について解説しているので,ここではその内容を簡単に紹介したい.

分画する手法は,物理的分画,化学的抽出,生物的手法に分けられ,さらに物理的分画は粒径による分画と比重による分画の2つに分けられる.粒径による分画からは,粒径が小さくなるほど,有機物が物理的に保護され分解されにくくなることがわかった.比重による分画では,土壌有機物を低比重画分(LF:light fraction)と高比重画分(HF:heavy fraction)に分ける.LFは,土壌の無機画分に固く結合しておらず,おもに新鮮な植物遺体からなる.HFはより腐植化が進んだ不定形物質からなり,鉱物表面に吸着している.LFとHFを分ける溶液には,比重を1.6～$1.7\,g/cm^3$に調整したポリタングステン酸ナトリウムやヨウ化ナトリウムが使われることが多い.ここで集められた森林土壌での36の研究例では,LFの平均値は全炭素の28%であった.LFのC/N比はHFに比べ高く,LFが分解されるにつれ炭素が無機化される一方で窒素は不動化すると考えられる.

樹齢とLFの関係を調べた研究(Entry and Emmingham, 1998)では,樹齢が高い林分ではLFのリグニン含量が増加し,糖類やセルロースの含量が低下しており,分解速度の低下が示唆された.Gaudinskiら(2000)は,マサチューセッツ州の温帯落葉混交林で目視と比重により分画した土壌有機物に対して1960年代初期の核実験により増加した^{14}Cを標識として利用し,各画分の滞

留時間を算出している．ここで彼らは土壌有機物を，視認できる新鮮な植物遺体（葉と根），それ以外の腐植化した画分を比重2.1以下の低比重画分とそれ以上の高比重画分に分画し，その存在量と滞留時間は，3.8 tC/ha で 2〜5 年（葉），3.6 tC/ha で 5〜10 年（根），40.3 tC/ha で 40〜100 年（低比重画分），40.2 tC/ha で 100 年以上（高比重画分）であった．さらに，これらの画分の分解が土壌呼吸量に占める割合を計算した結果，根や微生物によって 1 年以内に同化された炭素が土壌呼吸の 59％を占めた．残り 41％が土壌有機物の分解によるもので，そのうち 80％が葉や根の植物遺体由来であり，残りが腐植化した画分由来であった．

このように比重によって分解速度が異なることはよく知られているが，その違いは何に由来するのであろうか．Swanston ら（2002）は，オレゴン州とワシントン州の森林土壌 7 点について比重分画した土壌有機物を室内で長期培養し，各画分の分解特性を議論している．比重1.65 で分画した低比重画分（LF），高比重画分（HF），全土壌（WS），LF と HF を混ぜ合わせたもの（RF）を 300 日間培養し呼吸量を測定した．その結果，重量当たりの呼吸量は，LF＞RF＞HF となった．しかし，培養開始時の炭素当たりに換算すると，LF と HF で有意な差はなかったことから，LF と HF では分解のされやすさは変わらないと考えられ，微生物の近づきやすさや物理的な保護の程度が LF と HF で異なるために，重量当たりの呼吸量に違いがあったことが示唆された．LF と HF の呼吸を足し合わせたものは，WS と同程度であったが，RF の呼吸は WS より小さくなり，WS では棲み分けていた LF と HF を分解する微生物が，RF では拮抗作用を起こしたと考えられた．

化学的抽出法に使用される抽出剤には，酸化剤・酸・水がある．分解されやすい土壌有機物は，容易に酸化されたり加水分解されると考えられるので，穏やかな酸化剤や酸が用いられる．酸化剤としては過マンガン酸，二クロム酸，過酸化水素が利用される．酸としてはトリクロロ酢酸，硫酸が利用される．熱水による抽出も用いられることがある．

生物的手法には，微生物バイオマスの測定と培養による易分解性炭素の評価

がある．Khana ら（2001）が文献から集めた 292 の測定例では森林土壌の鉱質土層の微生物バイオマスは平均で全炭素の 1.6% 程度であった．全炭素の 0.5% 以下というきわめて低い値も散見された．このように少量しか存在しない微生物が有機物の分解を司っており，森林の炭素動態のエンジンである点に注目されたい．培養法では，培養中に微生物によって無機化される炭素を一次反応式にあてはめることが多い．

$$C_t = C_o(1-\exp(-k \cdot t))$$

C_t：時間 t までに無機化する炭素量
C_o：易分解性炭素量
k：無機化速度定数

C_o は全有機炭素量の 1 割程度と小さく回転速度の速い画分である．C_o に対する微生物バイオマスの比が k に比例することから，微生物バイオマスが C_o と比べて相対的に大きいときには回転速度が速いことがわかる．Paul ら（2001）は，この生物的手法に化学的抽出法を加え，有機物のプールを 3 つの画分に分ける方法を提案している．

$$dC/dt = C_a \cdot k_a \cdot \exp(-k_a \cdot t) + C_s \cdot k_s \cdot \exp(-k_s \cdot t) + C_r \cdot k_r \cdot \exp(-k_r \cdot t)$$

dC/dt：時間 t での炭素無機化速度
C_a：活性な有機炭素量
k_a：C_a の無機化速度定数
C_s：遅効性の有機炭素量（$C_{soc} - C_a - C_r$ で定義される）
C_{soc}：全有機炭素量（測定値）
k_s：C_s の無機化速度定数
C_r：抵抗性の有機炭素量（6 N HCl による抽出残渣炭素として測定する）
k_r：C_r の分解速度定数（^{14}C を用いた年代測定により決定するが，1/1000（1/年）と便宜上考えてもよい）

無機化速度の温度依存性については，温度が 10℃ 変化したときの無機化速

度の変化率（Q_{10}）が2であると仮定し，現場での無機化量を推定している．このように，生物学的手法の大きな利点は，実際の呼吸量をシミュレートできることにある．CENTURYモデル（Partonら，1987）やRoth-Cモデル（Jenkinsonら，1991）といった土壌有機物のシミュレーションモデルでは，Q_{10}は温度とともに変化すると仮定している．CENTURYモデルでは，実験室での培養実験の結果を用いてQ_{10}を温度から推定する式を導いている（Kirschbaum, 2000）．

3-4 地球温暖化に伴う土壌有機物量の変化予測

Nakane (2001) は，3-2で紹介した中根（1980）のコンパートメント・モデルを利用して，過去30年間（1965～1995）の土壌有機物量の増減を熱帯から寒帯までの9林分で算出した．算出にあたっては，この期間に二酸化炭素濃度が320 ppmから360 ppmへ増加したことによる施肥効果のため一次生産量・落葉落枝量が10%増加した，気温が過去100年で0.6℃上昇した，植物バイオマス量増加による炭素の蓄積は考えない，の3つを仮定した．気温の上昇は，O層と鉱質土層の有機物分解速度を増加させる要因としてモデルに取り込まれている．その結果，過去30年で土壌有機物量はどの林分でも増加し，その増加割合は年平均の土壌表層温度と比例し，熱帯多雨林で大きく寒帯のトウヒ林で少なかった．つまり，二酸化炭素の施肥効果による落葉落枝の増加の方が，気温上昇に伴う土壌有機物の分解の加速を上回っていたということになる．Nakane (2001) はさらに今後100年間について，二酸化炭素の施肥効果は過去30年間と同様，気温上昇は100年で4℃，と仮定して，土壌有機物量の増加は今後緩やかになり，温帯林は今世紀半ばにはシンクからソースへと転じるという予測結果を示した．ただしここでは，土壌有機物の分解速度は，温度と水分にのみ依存すると仮定し，落葉落枝の質が変化することは想定していないが，Cotrufoら（1998）は高二酸化炭素濃度下で生育したセイヨウトネリコと

セイヨウカジカエデの葉では，C/N 比とリグニン含量が高くなり，分解速度が遅くなったことを報告しており，二酸化炭素濃度増加に伴う落葉落枝の質の変化が分解速度に与える影響について詳細な研究が待たれるところである．

　Kirschbaum (2000) は，地球温暖化によって温度と二酸化炭素濃度が上昇したとき，土壌有機炭素は正と負のどちらのフィードバックを受けるかを CENTURY モデルによってシミュレートしている．このモデルでは植物生産や窒素の動態に関するモジュールも含まれており，植物生産が二酸化炭素濃度，温度，無機態窒素濃度に依存することになっている．ただし水分による制限はない．温度上昇とともに有機物の分解は進むが，二酸化炭素施肥効果による光合成促進の程度は高温域で大きいため，高温域では土壌炭素は蓄積する．しかし，その量は地温 15°C の地域で今後 100 年にせいぜい 150 kgC/ha 程度であると予測された（図3-2）．炭素の土壌への蓄積は窒素の不動化を伴うので，植物に供給される窒素が減り生育が抑えられるためである．一方，植物は窒素利用効率を上げることができるので，生育の抑制は起こらないという報告も多い (Prentice ら，2001)．とはいうものの森林における積極的な炭素の蓄積を考える際には，窒素をはじめとする他の養分を与えてやる必要がある．あるいは，化石燃料の燃焼により放出された窒素酸化物の降下（anthropogenic nitrogen deposition）が植物の成長を促進させた例も多く報告されている（Prentice ら，2001）．もちろん，窒素の添加には上限があり，ヨーロッパやアメリカ合衆国では窒素飽和による地下水への窒素流入，土壌酸性化，森林衰退が報告されている．また，森林で窒素を施肥した試験を取りまとめた Schlesinger and Andrews (2000) によると，施用した窒素のうち，10～20％のみが樹木に蓄積し，残りの大部分は土壌有機物として蓄積していた．これによって C/N 比が下がると，土壌有機物の無機化が促進される可能性もあるので，窒素の施肥が炭素の蓄積に効果があるかどうか議論の余地は大いにある．また，窒素肥料を生産するにはエネルギーが必要であるし，リンは有限な資源である点にも留意が必要であろう．

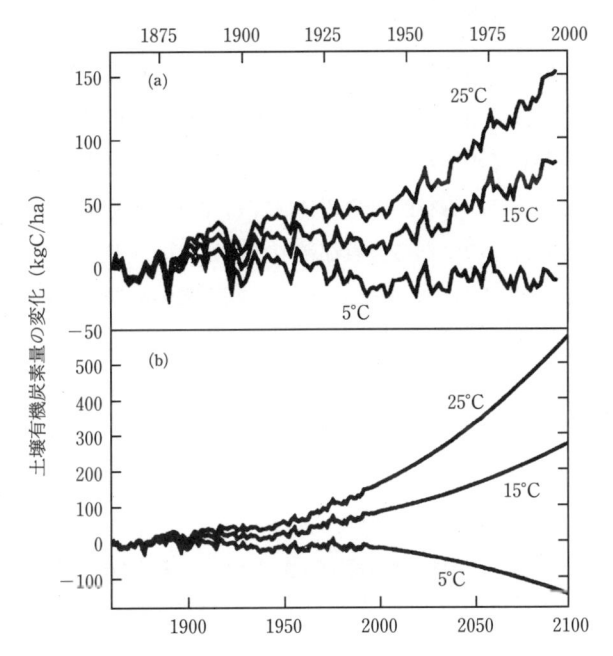

図 3-2 モデルにより予測された土壌有機炭素量の変化 (Kirschbaum, 2000, Springer Science and Business Media のご好意により転載)
(a) 1860 年以来の観測された温度と CO_2 濃度の変動に対応.
(b) IPCC 92 a のシナリオをもとに 2100 年まで予測. シミュレーションは, 3 つの基本温度 (5・15・25℃) で行った. 3 つの基本温度には全球での温度変動が加えてある. 温度の年較差は 10℃ とした.

3-5 地球温暖化対策としての森林吸収の問題点

そもそも森林吸収を温暖化対策として認めることには,批判もある.人間の産業活動の結果として温室効果ガスを大量に排出してきたことが温暖化の原因であるから,自然現象である森林吸収を温暖化防止に利用するのではなく,化石燃料からの排出や人工化学物質の使用を削減すべきであるとする批判であ

る.そのような根本的な問題に加え,実務上の問題としては,森林による吸収量の測定精度の低さを残念ながら挙げざるをえない.精度の高い化石燃料からの排出量と同列に扱うと,数値目標自体が意味のないものになってしまう.しかも,森林吸収として誤差が大きいながらも算出されているのは,実は材に蓄積された炭素であって,森林生育や森林伐採に伴う土壌貯留炭素の変化は現時点では実質上考慮外なのである.京都議定書には,吸収源として土壌が含まれているにも関わらずである.今後のデータの蓄積,精度の向上が切に望まれる.

いずれにせよ忘れてならないのは,土壌が蓄積できる炭素量には上限があるということである.二酸化炭素の施肥効果や施肥によるバイオマスの増産によって蓄積量を増加させることができたとしても,土壌有機物の分解もそれに応じて増加し,森林土壌が炭素の収支において釣り合う時期が必ずやってくる.しかも,そのように有機物が蓄積した土壌は,その後の管理を誤れば,大きなソースになる危険性が高いという点にも注意が必要である.

引用文献

Batjes, N. H. : Total carbon and nitrogen in the soils of the world. *European Journal of Soil Science*, **47**, 151-163 (1996)

Cotrufo, M. F., Briones, M. J. I. and Ineson, P. : Elevated CO_2 affects field decomposition rate and palatability of tree leaf litter: Importance of changes in substrate quality. *Soil Biol. Biochem.*, **30**, 1565-1571 (1998)

Entry, J. A. and Emmingham, W. H. : Influence of forest age on forms of carbon in Douglas-fir soils in the Oregon Coast Range. *Can. J. For. Res.*, **28**, 390-395 (1998)

Ewel, K. C., Cropper, Jr., W. P. and Gholz, H. L. : Soil CO_2 evolution in Florida slash pine plantations. I. Changes through time. *ibid.*, **17**, 325-329 (1987)

Gaudinski, J. B., Trumbore, S. E., Davidson, E. A. and Zheng, S. : Soil carbon cycling in a temperate forest: radiocarbon-based estimates of residence times, sequestration rates and partitioning of fluxes. *Biogeochemistry*, **51**, 33-69 (2000)

Hanson, P. J., Edwards, N. T., Garten, C. T. and Andrews, J. A. : Separating root and soil microbial contributions to soil respiration: A review of methods and observations. *ibid.*, **48**, 115-146 (2000)

第3章 森林生態系の炭素循環と土壌有機物　67

Houghton, J. T., Filho, L. G. M., Bruce, J., Lee, H., Callander, B. A., Haites, E., Harris, N. and Maskell, K. (ed) : *Climate change 1994, radiative forcing of climate change and an evaluation of the IPCC IS92 emission scenarios*. 339pp., Cambridge University Press, Cambridge (1995)

Jenkinson, D. S., Adams, D. E. and Wild, A. : Model estimates of CO_2 emissions from soil in response to global warming. *Nature*, **351**, 304-306 (1991)

Khana, P. K., Ludwig, B., Bauhus, J. and O'Hara, C. : Assessment and significance of labile organic C pools in forest soils. in *Assessment Methods for Soil Carbon*, ed. R. Lal, J. M. Kimble, R. F. Follett, B. A. Stewart, pp. 167-182, CRC Press LLC, Boca Raton (2001)

Kirschbaum, M. U. F. : Will changes in soil organic carbon act as a positive or negative feedback on global warming? *Biogeochemistry*, **48**, 21-51 (2000)

Kirschbaum, M. U. F. and Fischlin, A. : Climate Change impacts on forests. in *Climate Change 1995 - Impacts, adaptations and mitigation of climate change : Scientific-technical analyses*, ed. R. T. Watson, M. C. Zinyowera, R. H. Moss, pp. 95-129, Cambridge University Press, Cambridge (1996)

Michalzik, B., Kalbitz, K., Park, J. -H., Solinger, S. and Matzner, E. : Fluxes and concentrations of dissolved organic carbon and nitrogen - a synthesis for temperate forests. *Biogeochemistry*, **52**, 173-205 (2001)

Morisada, K., Ono, K. and Kanomata, H. : Organic carbon stock in forest soils in Japan. *Geoderma*, **119**, 21-32 (2004)

Nakane, K. : Quantitative evaluation of atmospheric CO_2 sink into forest soils from the topics to the boreal zone during the past three decades. *Ecological Research*, **16**, 671-685 (2001)

Ohashi, M., Gyokusen, K. and Saito, A. : Measurement of carbon dioxide evolution from a Japanese cedar (Cryptomeria japonica D. Don) forest floor using an open-flow chamber method. *Forest Ecology and Management*, **123**, 105-114 (1999)

Parton, W. J., Schimel, D. S., Cole, C. V. and Ojima, D. S. : Analysis of factors controlling soil organic matter levels in great plains grasslands. *Soil Sci. Soc. Am. J.*, **51**, 1173-1179 (1987)

Paul, E. A., Morris, S. J. and Böhm, S. : The determination of soil C pool sizes and turnover rates : Biophysical fractionation. in *Assessment Methods for Soil Carbon*, ed. R. Lal, J. M. Kimble, R. F. Follett, B. A. Stewart, pp. 193-206, CRC Press LLC, Boca Raton, USA (2001)

Prentice, I. C., Farquhar, G. D., Fasham, M. J. R., Goulden, M. L., Heimann, M., Jaramillo, V. J., Kheshgi, H. S., Le Quere, C., Scholes, R. J. and Wallace, D. W. R. : The carbon cycle and atmospheric carbon dioxide. in *Climate Change 2001 : The Scientific Basis. Contribution of Working Group I to the Third Assessment Report of the Intergovenmental Panel on Climate Change*, ed. J. T. Houghton, Y. Ding, D.

J. Griggs, M. Noguer, P. J. van der Linden, X. Dai, K. Maskell, and C. A. Johnson, pp. 183-238, Cambridge University Press, Cambridge and New York (2001)

Raich, J. W. and Schlesinger, W. H. : The global carbon dioxide flux in soil respiration and its relationship to vegetation and climate. *Tellus*, **44B**, 81-99 (1992)

Schlesinger, W. H. and Andrews, J. A. : Soil respiration and the global carbon cycle. *Biogeochemistry*, **48**, 7-20 (2000)

Swanston, C. W., Caldwell, B. A., Homann, P. S., Ganio, L. and Sollins, P. : Carbon dynamics during a long-term incubation of separate and recombined density fractions from seven forest soils. *Soil Biol. Biochem.*, **34**, 1121-1130 (2002)

Tans, P. P., Fung, I. Y. and Takahashi, T. : Observational constraints on the global atmospheric CO_2 budget. *Science*, **247**, 1431-1438 (1990)

酒井正治・堤 利夫：温帯落葉広葉樹林の2タイプの土壌における炭素収支（II）土壌呼吸速度の季節変化とそれに及ぼす土壌環境要因．日林誌，**69**，41-48（1987）

下野竜志・武田博清・岩坪五郎・堤 利夫：スギとヒノキ人工林における土壌呼吸の季節変化．京大演報，61，46-59（1989）

中根周歩：三タイプの極相林における土壌有機物の循環比較と総合的考察．日生態誌，**30**，155-172（1980）

松本 聰：土壌の自然環境とその意義．『地球環境調査計測事典』竹内均監修，pp. 908-911，フジテクノシステム，東京（2002）

（真常仁志・小﨑 隆）

第Ⅱ編

森林・草地・畑・水田における炭素の循環

第4章

日本の森林における土壌呼吸の季節変動と炭素収支

4-1 はじめに

　第3章「森林生態系の炭素循環と土壌有機物」において述べたように，森林土壌に有機物として蓄積された炭素は非常に多く，その振舞いが地球温暖化に与える影響に関心が集まっている．土壌から二酸化炭素が発生する現象を土壌呼吸というが，森林における土壌呼吸は，堆積有機物層（O層）と鉱質土層（A層以下）の有機物が微生物により分解されて発生するものと，植物根の呼吸由来のものに大別できる．つまり，土壌呼吸として一括して測定されているものには，基質としての性質が異なる有機物（O層とA層）の分解や異なる主体（微生物と植物）による作用が含まれている．特に根の呼吸は，土壌に蓄積した有機物の分解とは直接関係のないものであり，森林生態系に限らず土壌の炭素収支を理解する上では，各構成要素を個別に評価する必要がある．そのような例として，日本のスギ林（Ohashi ら，2000）・コナラ林（Nakane ら，1996），フランスのブナ林（Grainer ら，2000），アメリカ合衆国の落葉樹林（Bowden ら，1993）・マツ林（Ewel ら，1987）での測定例がある．

　一方，土壌呼吸量を予測するにはそれを規定している環境要因を知る必要がある．異なる環境要因のもとでの土壌呼吸量を比較検討した研究例として，針葉樹林，落葉広葉樹林，野草地での比較（塘・杉村，1984），極相の状態を維持していると思われる冷温帯ブナ—ウラジロモミ林，暖温帯照葉樹林，熱帯多雨林での比較（中根，1980），天然生落葉広葉樹林の同一斜面上部と下部での比較（酒井・堤，1987），スギ，ヒノキ人工林での異なる林齢・斜面位置の比較

（下野ら，1989），半乾燥草地での放牧の有無による比較（Frankら，2002）などがあり，Raich and Schlesinger（1992）は，世界の174件の土壌呼吸測定例から，土壌呼吸が年平均気温，年降水量と正の相関があることを見出した．しかし，これらの研究例のうち，各構成要素を個別に，かつ環境要因の異なる地点で測定した例は，ほとんどないのが現状である．さらに，植生，気候について言及した研究は多くあるが，土壌の母材を意識して比較した研究は皆無に近い．

本章では，植生，気候，母材の異なる条件下で，森林の土壌呼吸量をO層・鉱質土層有機物の分解，根の呼吸に分けて実測し，それらに対する環境要因の影響を明確にし，森林土壌における炭素収支を明らかにした研究（Shinjoら，2004）を紹介する．

4-2 土壌呼吸の季節変動

本研究では，京都市吉田山のシイ林，丹後半島（京都府宮津市）のブナ林，ミズナラ林，スギ林の3地点，八ヶ岳山麓（長野県南牧村）の筑波大学演習林内ミズナラ林の計3地域5地点を調査地としている（表4-1）．丹後の土壌はO層が厚く堆積した褐色の土壌で，活性なアルミニウムが多く土壌酸度が高いため，非アロフェン黒ぼく土に分類された．京都の土壌は黄褐色森林土で，O層が薄く，レキが多かった．八ヶ岳の土壌はO層が薄く有機物が深くまで集積した非アロフェン黒ぼく土であった．

以上の調査地点において，2002年春から2003年冬までの約2年間，土壌呼吸量を測定した．ここで，土壌呼吸量を①根の呼吸，②O層有機物の分解，③鉱質土層有機物の分解に分けるため，3つの処理を施したチャンバーを用いた．無処理区では，チャンバーを5cm程度の深さまで埋めた．O層除去区では，無処理区と同じチャンバーを設置した後，チャンバー内のO層を取り除いた．根呼吸を排除する方法には，第3章で述べたようにいくつかの方法があ

第4章　日本の森林における土壌呼吸の季節変動と炭素収支　73

表4-1　調査地点の概要

地点名	京都	丹後ミズナラ	丹後スギ	丹後ブナ	八ヶ岳
場所	京都市吉田山	京都府丹後半島			長野県八ヶ岳山麓
母材	堆積岩	堆積岩			火山灰
主な植生	シイ・カシ	ミズナラ	スギ	ブナ	ミズナラ
土壌名[1]	典型黄褐色森林土	典型非アロフェン黒ぼく土	典型非アロフェン黒ぼく土	典型非アロフェン黒ぼく土	厚層多腐植質非アロフェン黒ぼく土
土壌名[2]	Inceptisols	Andisols	Inceptisols	Spodosols	Andisols
年平均地温（℃）[3]	14.7		10.7		8.3
年降水量（mm）[4]	1419		1739[5]		1555
海抜標高（m）	100		600		1400

1：統一的土壌分類体系（第2次案）（ペドロジー学会，2002）
2：Soil Taxonomy（Soil Survey Staff, 2003）
3：深さ10cm
4：2002・2003年の平均値
5：宮津市のデータ

るが，ここでは簡便かつ物理的攪乱が比較的小さい「溝の作成」による排除法を用いることとした．本法では，試験区全体の外側に溝を掘り，根の活動を遮断することが多いが，本研究ではより簡便な方法として，チャンバー自身を深く埋めることで根の活動を遮断する方法を採用した．これらのチャンバーを用いて二酸化炭素発生速度を測定した．

無処理区，O層排除区，根呼吸排除区での二酸化炭素発生速度をF_{ctrl}，F_{o-}，F_{root-}とし，鉱質土層有機物の分解，O層の分解，根の呼吸の各構成要素に由来する二酸化炭素発生速度（それぞれF_M，F_O，F_R）は次の計算から求めた．

$$F_M = F_{o-} + F_{root-} - F_{ctrl}$$

$$F_O = F_{ctrl} - F_{o-}$$

$$F_R = F_{ctrl} - F_{root-}$$

根呼吸排除区では，チャンバーを深く埋めた際に切断された根が，測定期間中に分解されるため，根呼吸排除区の二酸化炭素発生速度（F_{root-}）が過大評価されることになる．そのため，F_Mの過大評価，F_Rの過小評価となる．そこで測定期間中の切断根の分解量を，測定終了時の無処理区と根呼吸排除区の根現存量の差であると仮定し，基質の量と温度をパラメータとした指数関数式に

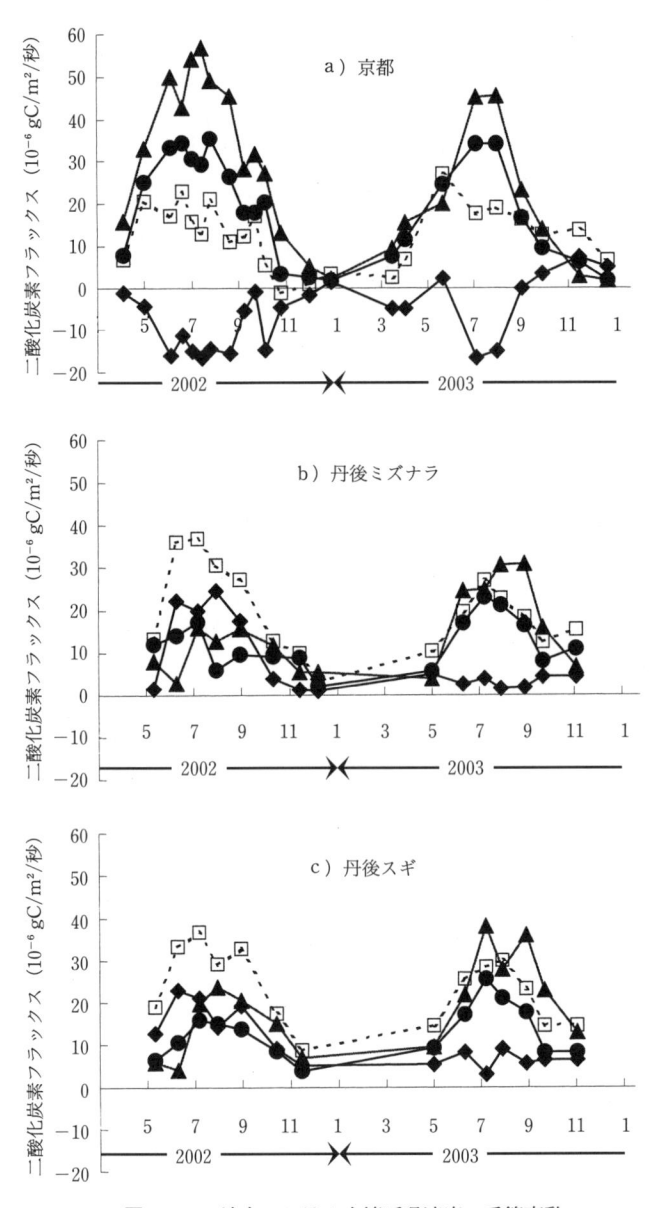

図 4-1　5地点における土壌呼吸速度の季節変動

第4章　日本の森林における土壌呼吸の季節変動と炭素収支　75

d) 丹後ブナ

e) 八ヶ岳

──▲── F_R（根の呼吸速度）
──●── F_O（O層有機物の分解速度）
──◆── F_M（鉱質土層有機物の分解速度）
--□-- F_{som}（土壌有機物の分解速度）＝$F_M + F_O$

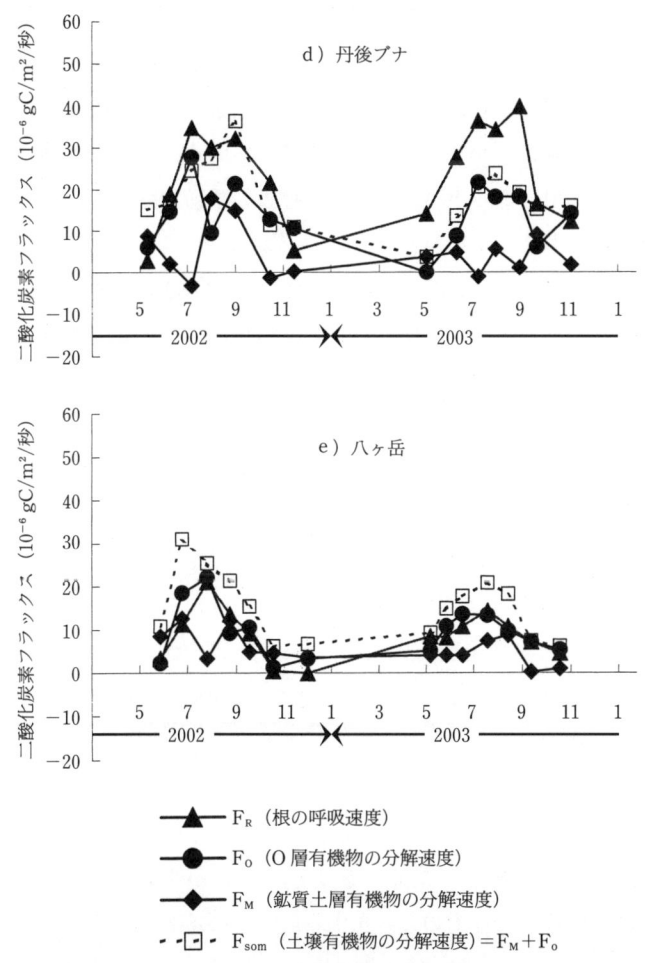

図4-1　5地点における土壌呼吸速度の季節変動（つづき）

当てはめ，各測定時の切断根の分解速度を見積もり，F_MとF_Rを補正した．

図4-1に，各地点の根の呼吸速度（F_R）・鉱質土層有機物の分解速度（F_M）・O層の分解速度（F_O）の季節変動を示した．根の呼吸，O層有機物の分解ともに夏にピークを迎える季節変動を示し，地温の季節変動と一致するものであった．各地点ごとに各処理の土壌呼吸速度と地温の関係を調べたとこ

ろ，いずれも統計的に有意で，その関係は指数関数的であった．土壌呼吸に影響を及ぼす因子には，地温のほか土壌水分がある．本調査地でも土壌水分を連続観測したが，土壌呼吸との関係は見出せず，土壌水分が土壌呼吸に影響を与えるほど大きくは変化しなかったことを示唆している．日本の森林のように年中比較的湿潤な環境にある土壌において，呼吸の季節変動をもたらす主な要因は，地温であると考えてよいだろう．

京都（図4-1a）ではF_Mが常に負の値を示した．O層排除区におけるO層の剥ぎ取りによって鉱質土層が乾燥したり，O層から鉱質土層へ有機物が供給されなくなったりしたために，O層排除区の呼吸速度が過小評価されたためと考えられた．したがって，京都以外の調査地点もその影響を免れていない．例えば，丹後ミズナラ（図4-1b）やスギ（図4-1c）で顕著に見られたように，2003年のF_Mは2002年に比べ低い値で推移していた．O層排除区においてO層で分解された有機物が鉱質土層へ供給されなかった影響が，チャンバー設置後1年が経過した2003年に顕著に現れたと考えられる．したがって，O層排除処理によりO層と鉱質土層有機物の分解速度を評価できるのは，せいぜい1年と考えられた．ところで，2002年に対する2003年のF_Mの低下の程度は，丹後ミズナラ（図4-1b）やスギ（図4-1c）に比べ，丹後ブナ（図4-1d）や八ヶ岳（図4-1e）では小さく，鉱質土層有機物の分解に対するO層からの有機物供給の寄与の程度が地点によって異なることを示唆している．丹後ブナではO層が主な有機物分解の部位であること，八ヶ岳では鉱質土層に多量の有機物が含まれていることがその違いを生み出していると考えられた．

4-3 年間の炭素のフローとストック

前節で述べたように，地温と土壌呼吸の間には，指数関数的な比例関係があったので，20分から1時間おきに連続自動記録した地温から年間の呼吸速度を推定した（表4-2）．鉱質土層有機物の分解が常に負の値となった京都で

表4-2 炭素の年間のフローとストックに関する測定結果

		京都	丹後			八ヶ岳
			ミズナラ	スギ	ブナ	
フロー (tC/ha/年)						
リターフォール		2.9	2.1	2.0	2.1	1.7
土壌呼吸量	a	8.8	7.7	11.2	9.8	4.9
根の呼吸	b	5.9	3.4	5.2	5.6	1.7
O層有機物の分解	c	2.9	2.8	3.7	3.6	1.6
鉱質土層有機物の分解	d	0.0	1.6	2.3	0.6	1.7
土壌有機物の分解	c+d	2.9	4.4	6.0	4.3	3.2
根の呼吸/土壌呼吸	b/a	0.67	0.43	0.47	0.57	0.34
鉱質土層/O層	d/c	0.00	0.55	0.63	0.17	1.08
ストック (tC/ha)						
地上部現存量		115	104	184	83	78
根現存量 (20cm深まで)		6.4	2.1	2.0	6.7	2.7
O層総計		3.4	11	18	31	3.6
Oi層		3.4	3.9	3.9	5.9	3.6
Oe層		-	4.5	8.8	13.3	-
Oa層		-	2.6	5.1	11.4	-
土壌総計		98	231	136	176	293
0〜10cm		43	63	34	48	65
10〜20cm		16	39	32	20	69
20〜60cm		39	129	70	108	160

は，土壌有機物の分解はすべてO層で起こったとみなし，根呼吸排除区の年間推定値をO層の分解量とした．また，表4-2にあるように，炭素のストックとして植生の地上部現存量，根現存量，土壌有機物量，フローとして落葉落枝量（リターフォール）も測定した．

　O層分解に対する鉱質土層有機物の分解の比は，京都で最も低く，次いで丹後3地点，八ヶ岳となった．これは，土壌温度の高低と一致していた．京都での鉱質土層有機物分解量が0と見積もられたのは前述の測定誤差によるとしても，かなり小さいことは確かであろう．京都は他の調査地より土壌温度が年間を通して高く，落葉落枝の分解が速やかであるためO層の分解の寄与が大きく，さらに鉱質土壌への有機物の移行が少ないため鉱質土層有機物の分解の

寄与が小さいと考えられた。一方、八ヶ岳と丹後では、土壌温度が低いため落葉落枝の分解が進み難く分解途中の有機物がA層に集積しており、それが徐々に分解されているために土壌有機物の分解の寄与が大きいと考えられた。さらに丹後の3地点で比較してみると、その値には大きなばらつきがあり、ブナ林が他の2地点に比べ圧倒的に小さい値となった。ブナ林におけるO層の炭素ストックは、31 tC/haと他の2地点の約2倍であったことから、O層の炭素ストックの違いを反映していると考えられる。このような炭素ストックの違いは、調査地点によって異なる土壌動物の活動形態に起因すると推察される（森ら、2003）。

　鉱質土層有機物の分解とO層の分解の和である土壌有機物の分解量は、京都、丹後のミズナラ・スギ・ブナ、八ヶ岳でそれぞれ2.9, 4.4, 6.0, 4.3, 3.2 tC/haとなり、地温の高低とは同じ順番にならなかった。中根（1980）は極相林における年間土壌有機物分解量として、年平均地温13.1°Cの奈良照葉樹林と年平均地温7.0°Cの大台ヶ原ブナ林の測定例を報告している。京都（年平均地温14.7°C）の2.9 tC/haは、似た地温を持つ奈良照葉樹林の5.4 tC/haに比べ小さかった。土壌中の炭素ストックを比較すると、京都で98 tC/ha、奈良も85〜109 tC/haとほぼ同一であったが、落葉落枝量は京都の2.9 tC/ha/年に比べ奈良は4 tC/ha/年と多く、有機物供給量に差があった。つまり、土壌有機物の分解速度は有機物供給量に規定されていると考えられた。一方、八ヶ岳（8.3°C）の年間土壌有機物分解量（3.2 tC/ha）は、似た地温を持つ大台ヶ原ブナ林（2.9 tC/ha）より少し多かった。八ヶ岳の落葉落枝量は1.7 tC/ha/年で、大台ヶ原の2.0より少し少なかったにもかかわらずである。したがって大台ヶ原の土壌炭素ストックが147 tC/haであったのに対し、八ヶ岳は293 tC/haと2倍であったことが原因と考えられたが、炭素ストックの違いほどには分解量の違いが大きくなかった点は注目に値する。

　根の呼吸量は八ヶ岳で最も少なく、ついで丹後、京都となり、地温の高低と同じ順番であった。気温に応じた植物の生理活性の高低によると考えられた。全土壌呼吸に占める根の呼吸の割合も、八ヶ岳で最も低く34％であり、次い

で丹後ミズナラ (43%), スギ (47%), ブナ (57%) となり, 京都では 67% に達した. 根の呼吸は植物の生理現象であり主に気温に依存するのに対し, 土壌有機物の分解量は地温のみならず土壌炭素ストックにも依存するために, 冷涼な気候下で多量に有機物が蓄積した土壌では, 低い地温の割には有機物分解量が多いと考えられた.

4-4 シンクかソースか

京都を除くすべての地点で, 土壌有機物分解量は落葉落枝量よりも大きな値となった. 定常状態にある系であれば, 土壌有機物の分解量は土壌に供給される有機物量と等しいはずである. だからといって, これらの地点の土壌が二酸化炭素の大きな発生源 (ソース) となっているとは考えにくい. 落葉落枝量の約半分に達することもある枯死根の供給量 (中根, 1980) を計測しておらず, 考慮に入れていないからである[1].

ただし, 八ヶ岳が定常状態にある系になっているかどうか議論の余地のあるところである. 先に見たように, 同程度の地温, 落葉落枝量の大台ヶ原に比べ, 八ヶ岳の土壌有機物分解量は多かった. 一般に, 八ヶ岳の土壌である黒ぼく土に含まれる非晶質酸化物は多量の有機物を吸着固定し, 難分解性にしているといわれている. しかし, そのような多量の有機物の集積は, イネ科草本が優占していた過去の植生に由来するものと考えられており, そのうちの少なくとも一部は現植生下では分解され二酸化炭素発生に寄与していることを示唆している. 田村ら (1993) は, 長野県菅平の黒ぼく土においてススキ草原からアカマツ林への植生遷移に伴う土壌有機炭素量の減少を観察している. したがっ

---

[1] 一年生の作物であれば, 収穫期に存在する根をすべて土壌への供給量とみなせばよいが, 多年生の樹木ではそういうわけにはいかず, 樹木の根の枯死による有機物の投入量を実際に測定するのはきわめて困難であるが, 現在いくつかの方法が考案されつつある (Fahey ら, 1999).

て，日本の特徴的な土壌の1つである黒ぼく土は，草原から森林への転換によっても二酸化炭素の発生源となる可能性が否定できない．ただし，生態系全体で見れば，草地から森林への転換による土壌有機物の減耗の少なくとも一部は，樹木中への炭素の固定により補償されていると考えられる．

4-5 地球温暖化の影響

それでは，地球温暖化によって温度が上昇すると，森林土壌では何が起こるのだろうか．これまで見てきたように，森林土壌からの二酸化炭素発生量は，地温，毎年の有機物供給量，土壌に蓄積した有機物量に依存している．このことは，温度上昇の効果が土壌によって一様でないことを意味する．これまで比較的温暖で分解が速やかに進み，有機物蓄積量の小さい京都のような場所では，温度上昇による二酸化炭素発生の促進は，より冷涼な地域に比べ小さいといえるだろう．つまり，これまで冷涼で有機物の分解が抑えられた地域，特に大量の有機物を蓄積している黒ぼく土が広がる森林では，温度上昇による二酸化炭素発生増加の危険性が大きいと予想される．

引用文献

Bowden, R., Nadelhoffer, K., Boone, R. D., Melillo, J. M. and Garrison, J. B.: Contributions of aboveground litter, belowground litter, and root respiration to total soil respiration in a temperate mixed hardwood forest. *Can. J. For. Res.*, **23**, 1402-1407 (1993)

Ewel, K. C., Cropper, Jr., W. P. and Gholz, H. L.: Soil CO_2 evolution in Florida slash pine plantations. II. Importance of root respiration. *ibid.*, **17**, 330-333 (1987)

Fahey, T. J., Bledsoe, C. S., Day, F. P., Roger, W. R. and Smucker, A. J. M.: Fine root production and demography. in *Standard Soil Methods for Long-Term Ecological Research*, ed. G. P. Robertson, C. S. Bledsoe and P. Sollins, pp. 437-455, Oxford University Press (1999)

Frank, A. B., Liebig, M. A. and Hanson, J. D.: Soil carbon dioxide fluxes in northern

semiarid grasslands. *Soil Biol. Biochem.*, **34**, 1235-1241 (2002)
Grainer, A., Ceschia, E., Damesin, C., Dufrene, E., Epron, D., Gross, P., Lebaube, S., Le Dantec, V., Le Goff, N., Lemoine, D., Lucot, E., Ottorini, J. M., Pontailler, J. Y. and Saugier, B. : The carbon balance of a young beech forest. *Functional Ecology*, **14**, 312-325 (2000)
Nakane, K., Kohno, T. and Horikoshi, T. : Root respiration rate before and just after clear-felling in a mature, deciduous, broad leaved forest. *Ecological Research*, **11**, 111-119 (1996)
Ohashi, M, Gyokusen, K. and Saito, A. : Contribution of root respiration to total soil respiration in a Japanese cedar (Cryptomeria japonica D. Don) artificial forest. *Ecological Research*, **15**, 323-333 (2000)
Raich, J. W. and Schlesinger, W. H. : The global carbon dioxide flux in soil respiration and its relationship to vegetation and climate. *Tellus*, **44B**, 81-99 (1992)
Shinjo, H., Mori, K., Kato, A., Fujii, K., Mori, K., and Kosaki, T. : Seasonal changes of soil organic matter decomposition and root respiration in some Japanese forest soils under different settings of climate, vegetation and parent materials, *Soil Sci. Plant Nutr.*, to be submitted (2005)
Soil Survery Staff: Keys to Soil Taxonomy, Ninth edition, USDA, Washington, D. C. (2003)
酒井正治・堤 利夫：温帯落葉広葉樹林の2タイプの土壌における炭素収支（II）土壌呼吸速度の季節変化とそれに及ぼす土壌環境要因．日林誌，**69**, 41-48（1987）
阪田匡司：9 地表面のガスフラックス．『森林立地調査法』森林立地調査法編集委員会編, pp. 209-211，博友社，東京（1991）
下野竜志・武田博清・岩坪五郎・堤 利夫：スギとヒノキ人工林における土壌呼吸の季節変化．京大演報，**61**, 46-59（1989）
田村憲司・永塚鎮男・大羽 裕：黒ボク土の一般理化学性に及ぼす植生遷移の影響．**64**, pp. 166-176（1993）
塘 隆男・杉村 昭：3種類の植被下での土壌呼吸について．玉川大学農学部研究報告，**24**, 62-72（1984）
中根周歩：三タイプの極相林における土壌有機物の循環比較と総合的考察．日生態誌，**30**, 155-172（1980）
日本ペドロジー学会第四次土壌分類・命名委員会：日本の統一的土壌分類体系――第二次案（2002），博友社，東京（2003）
森 圭子・小﨑 隆・Nicolas Bernier：2つの森林植生下における有機物堆積様式の比較――マクロ形態と有機物の質，日本土壌肥料学会神奈川大会講演要旨集，112（2003）

謝辞

本研究の実施にあたっては，京都大学大学院農学研究科土壌学研究室の教員および多くの学生に手伝っていただいた．特に，森圭子氏，森健太郎氏，加藤綾子氏，藤井一至氏には試験地の設定，呼吸速度の測定や解析に尽力していただいた．また，吉田神社，農林水産省近畿中国森林管理局，筑波大学八ヶ岳演習林には，試験地としての利用を許可していただいた．記して謝意を表する．

(真常仁志・小﨑　隆)

第5章

南関東の森林における土壌呼吸

5-1 土壌呼吸測定の重要性

　1997年に採択された京都議定書で，わが国は1990年度比6％の削減を約束しているが，2002年度におけるわが国の温室効果ガスの総排出量は13億3,100万トン（二酸化炭素換算）で，前年度比2.2％増であり，削減よりむしろ増加しているのが現状である．温室効果ガスの総排出量は，それぞれの温室効果ガスの排出量に地球温暖化係数[1] (global warming potential: GWP) を乗じて，合算して算出する．13億3,100万トンの総排出量の中で，二酸化炭素 (CO_2) が総排出量の94％を占める（環境省，2004）．地球温暖化に対して，いかに二酸化炭素の寄与が大きいかが理解されよう．

　さて，2002年度の二酸化炭素総排出量は，12億4,761万トンで，基準年である1990年度（11億2,228万トン）の2.8％増となっている．産業，運輸，業務その他，家庭，工業プロセス（石灰石消費など），廃棄物（プラスチック，廃油の焼却），その他（燃料の漏出など）およびエネルギー転換の各部門別では，製造業（工場），農林水産業，鉱業，建設業などの産業部門からの排出量が4億6,800万トンで最も多く，二酸化炭素総排出量の37.5％を占める．産業部門のうち，農林業部門からの二酸化炭素総排出量について見ると，1990年度

---

[1] 地球温暖化係数とは，二酸化炭素，メタン，一酸化二窒素，代替フロンなどの温室効果ガスごとに定められる「温室効果」の程度を示す値で，この係数値は温室効果を見積もる期間の長さによって変化する．たとえば期間を100年とすると，メタンは二酸化炭素の約20倍，一酸化二窒素は約310倍，フロン類は数百〜数千倍である．

は2,025万トンで，二酸化炭素総排出量の1.8%であったが，2002年度は1,959万トン（二酸化炭素総排出量の1.6%）に微減している（環境省，2004）．農林業部門からの二酸化炭素排出量に対して，農林業部門への吸収量がどの程度であるかは，環境省からの資料では，明確ではない．

　土壌表面から大気に二酸化炭素が放出されている様子は，あたかも土壌が酸素を吸収して二酸化炭素を放出している呼吸のように見えることから，これを土壌呼吸（soil respiration）と呼ぶ．土壌呼吸は地球規模の炭素サイクルの中で最も大きなフラックスの1つであり，地球上の炭素収支を求めるためには土壌呼吸を精度よく計測する必要がある．土壌呼吸は，植物根の呼吸により放出される二酸化炭素と，土壌動物・土壌微生物による有機物分解に伴って放出される二酸化炭素とからなる．

　これまで，土壌呼吸に関する多くの研究は土壌呼吸速度をより正確に計測することを目的として，いくつかの定量法・計測法が提案されてきた．提案された方法は，大別して3つの方法があり，それぞれ長所と短所を持ってはいるが，それらの特徴を生かして，今日まで利用されている（表5-1）．第一の方法としては，地表面にチャンバーを設置するチャンバー法で，微量に通気して二酸化炭素を連続測定する方法（通気法）と，チャンバーを密閉し，一定期間経過後，チャンバー内に集積した二酸化炭素濃度を定量する方法（密閉法）が

表5-1　二酸化炭素フラックス測定法（岡崎ら，2003）

測定方法	定量法	分析条件など	文献
チャンバー法			
通気法	赤外線二酸化炭素分析計	連続測定・自動計測可能	古川（1981）
			Widen and Lindroth (2003)
密閉法	ガスクロマトグラフィー	初期濃度の決定やや困難	吉江（1980）
	アルカリ吸収法	日単位のフラックス計測	桐田（1971）
オープントップチャンバー法	赤外線二酸化炭素分析計	連続測定可能	Iizuka and Okazaki (2002)
オープンパス法	FT-IR変換型赤外分析装置	連続測定可能	Auble and Meyers (1992)

ある．第二の方法は，オープントップチャンバー（筒状のチャンバーで上下は密閉されていない）を地表面に置き，その内側に 2 台の赤外線二酸化炭素分析計などの二酸化炭素計測器を地表面とある高さに 1 台ずつ設置して，両者の二酸化炭素濃度差および拡散からフラックスを求めるものである．第三の方法は，オープンパス法と呼ばれ，FT-IR 変換型赤外分析装置を用いて二酸化炭素濃度を計測し，渦相関法を用いてフラックスを求めるものである．

森林下の地表面からの二酸化炭素フラックスは，気候，地形，植生，土壌中の有機物含量などによって影響を受けるが，温帯地域で，土壌呼吸は数百 $mgCO_2/m^2$/時程度と見積もられている．わが国における種々の植生下での土壌呼吸速度の計測は，桐田（1971），中根（1975，1978），井上（1986），片桐（1988），阪田ら（1996），細渕・波多野（1999）によってなされ，最近では土壌呼吸のうち，植物根の呼吸による二酸化炭素ガスの寄与と微生物・土壌動物による有機物分解に伴う二酸化炭素ガスの生成とを区別することができるようになった（波多野，2002；本書第 3・4 章を参照）．その結果，微生物・土壌動物による二酸化炭素ガスの生成の方が，植物根の呼吸による二酸化炭素ガスの生成よりもやや大きく，30〜70% であるとされているが，一定の値は得られていない．

すでに述べたように，土壌呼吸速度は季節的にも，また 1 日のうちでも変動するために，連続計測が求められ，年間を通してどの程度の二酸化炭素が生成しているのかをより正確に見積もる必要がある．それは，種々の植生下における地表面からの二酸化炭素ガス発生量を明確にするための第一歩であるからである．

そこで，本章では，まず，二酸化炭素フラックスの測定法を述べ，次に，南関東地域における森林林床から生成する二酸化炭素をいくつかの測定法を用いて計測し，それらを相互に比較した研究結果を示し，最後に，南関東の森林植生として，常緑針葉樹林（ヒノキ人工林）および落葉広葉樹林（コナラ二次林）を，また土壌タイプとして褐色森林土 Inceptisols（Soil Survey Staff, 1999）および黒ぼく土 Andisols（Soil Survey Staff, 1999）を代表として選択し，二酸化

炭素濃度およびフラックスを測定して，南関東地域の森林植生から発生する二酸化炭素フラックスを求め，これまで知られている大気圏と地表面との間の循環速度と比較した．

5-2 二酸化炭素フラックス測定法

森林林床からの二酸化炭素フラックスは，拡散（濃度勾配）とマスフロー（圧力勾配）によるが，一般的には拡散によって二酸化炭素が移動する．したがって，二酸化炭素フラックスは，濃度勾配によって移動する二酸化炭素をどのように捕捉し，どのように定量するかを組み合わせ（表5-1）て計測される（阪田，1999）．

チャンバー法のうち，通気法は自動計測，連続測定に適している．しかし，通気することによって，二酸化炭素フラックスをやや過大評価する特徴がある．他方，クローズドチャンバーを用いる密閉法は精密な二酸化炭素濃度の定量に適しているが，連続的な計測は困難である．

5-2-1 クローズドチャンバーを用いたアルカリ吸収・酸滴定法

桐田（1971）の方法に準じて，二酸化炭素ガス吸収用の2ないし4M水酸化ナトリウム溶液を含ませたスポンジを地表面から12cmの位置にある台に乗せ，チャンバー内部に24時間設置して，二酸化炭素ガスを吸収させた（図5-1）．スポンジを実験室に持ち帰り，水酸化ナトリウム溶液を搾り出し，0.1M塩酸溶液を用いて残存するアルカリをフェノールフタレインとブロムクレゾールグリーンの2種類の指示薬を用いて2段階で滴定し，現場で水酸化ナトリウム溶液に取り込まれた二酸化炭素量をブランクとして差し引いて二酸化炭素吸収量を求めた．二酸化炭素吸収量は，

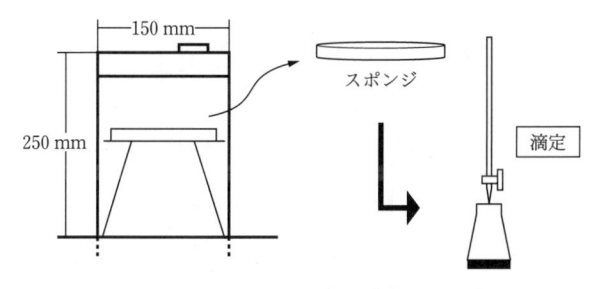

図 5-1 チャンバー・アルカリ吸収酸滴定法（岡崎ら，2003）

$$mgCO_2 = (X - B) \times 44 \times N \times 23/5$$

によって求めた．ただし，X：試料滴定量（ml），B：ブランク値（ml），N：塩酸溶液モル濃度（mol/l），23：使用した水酸化ナトリウム溶液量（ml），5：採取試料量（ml）である．

さらに，二酸化炭素フラックスは，水酸化ナトリウム溶液に吸収された二酸化炭素量から求め，$mgCO_2/m^2$/時で表示した．

5-2-2 クローズドチャンバーを用いたガスクロマトグラフ定量法

Rolston（1986）の方法に準じて，ステンレス製円筒にシリコンパッキンを敷き，ふたを取り付けた（図5-2）．ふたにはガス採取用コネクター（セプタム），ガス圧調節用アタッチメントを装着させた．チャンバーを土壌表面から数cmの深さとなるように押し付けて設置し，ふたをした後，三方コックを通して，マイクロシリンジにガスを採取した．採取したガスを減圧したバイアルビンに移し変えて，実験室に持ち帰り，熱伝導度検出器（TCD）付ガスクロマトグラフに導入して定量した．二酸化炭素ガス濃度の定量には，二酸化炭素標準ガス（99.9%）を用いて検量線を作成して行った．チャンバー内の二酸化炭素の増加速度から二酸化炭素フラックスを求め，$mgCO_2/m^2$/時で表示した．

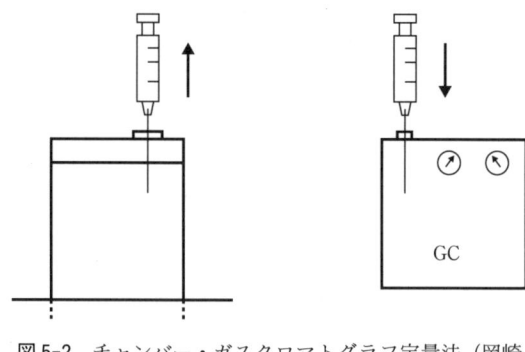

図5-2　チャンバー・ガスクロマトグラフ定量法（岡崎ら，2003）

5-2-3　オープントップチャンバーを用いた小型赤外線二酸化炭素分析計定量法

アクリル製円筒を土壌表面に押し付けて設置し，土壌表面と80ないし90 cmの位置にそれぞれ小型赤外線二酸化炭素分析計を設置し，30秒ごとに少なくとも1時間にわたり二酸化炭素ガス濃度，気温を計測し，二酸化炭素濃度の平均値を求めた（図5-3）。なお，小型赤外線二酸化炭素分析計の二酸化炭素濃度のキャリブレーションには，99.9％二酸化炭素標準ガスを適宜希釈して用いた。チャンバー内の二酸化炭素は，拡散のみによって移動するものとして取り扱い，クローズドチャンバーを用いたガスクロマトグラフ定量法によって求められるフラックスとの関係式から

$$\text{Flux}(\text{mgCO}_2/\text{m}^2/\text{時}) = \triangle \text{CO}_2 \times 1/22.4 \times 44 \times 273/(273+t) \times 0.0000139 \times 1/h \times 3600 \times 14.763 + 189.11$$

によって求めた。ただし，$\triangle \text{CO}_2$：二酸化炭素濃度差（mgCO_2/l），t：温度（℃），h：2台の小型赤外線二酸化炭素分析計の高度差（m）である。

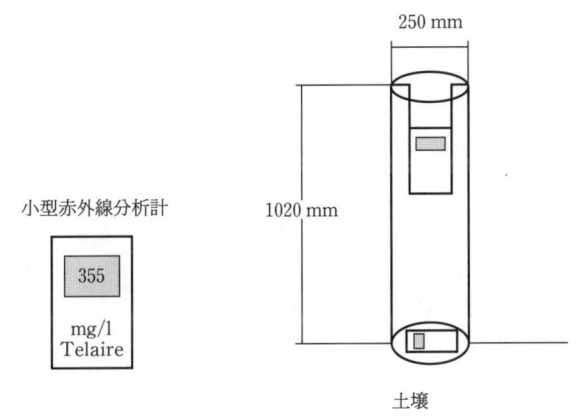

図 5-3 オープントップチャンバー・小型赤外線二酸化炭素分析計定量法（岡崎ら，2003）

5-2-4 二酸化炭素フラックス定量法の比較

八王子市堀の内のコナラ（*Quercus serrata*），ヒノキ（*Chamaecyparis obtusa*）林の林床から発生する二酸化炭素をクローズドチャンバーを用いたアルカリ吸収・酸滴定法，クローズドチャンバーを用いたガスクロマトグラフおよびオープントップチャンバーを用いた小型赤外線二酸化炭素分析計定量法（比較のためにテドラーバッグ内に小型赤外線二酸化炭素分析計を設置しておいた）の3種類の定量法によって土壌呼吸量（二酸化炭素フラックス）を算出した結果を図5-4 (Iizuka and Okazaki, 2002) に示す。アルカリ吸収・酸滴定法による二酸化炭素フラックスと他の2法によるフラックスとは，地温10〜15℃（zone A）では明瞭な差がみられなかったが，地温15〜20℃（zone B）では，700 mgCO$_2$/m^2/時を超えるようになるとやや差が認められ，地温20〜25℃（zone C）では，その差が明瞭となった。この結果は，これまで報告されたように濃度の高い水酸化ナトリウム溶液がスポンジ表面に薄膜で存在すると二酸化炭素を活発に吸収し，チャンバー内の二酸化炭素濃度を過剰に低下させることを示唆しており，クローズドチャンバーを用いたアルカリ吸収・酸滴定法の場合，二酸化

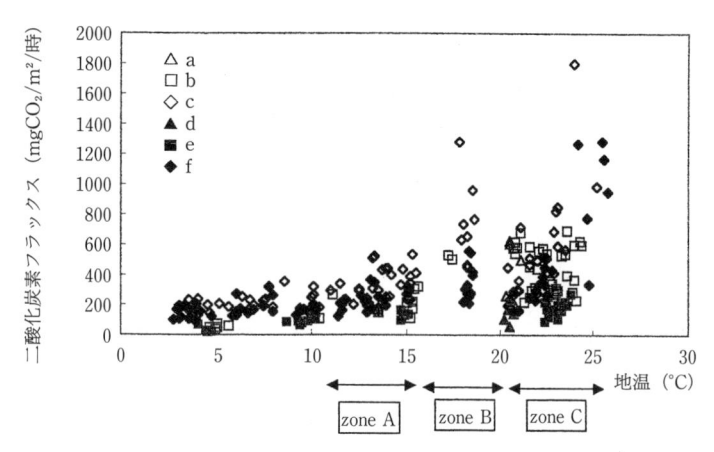

図5-4 八王子市堀の内(2000年9月〜2002年12月)における3種類のチャンバー法による二酸化炭素フラックスの定量(Iizuka and Okazaki, 2002)
a：コナラ　チャンバー・小型赤外線二酸化炭素分析計定量法，b：コナラ　チャンバー・ガスクロマトグラフ定量法，c：コナラ　チャンバー・アルカリ吸収酸滴定法，d：ヒノキ　チャンバー・小型赤外線二酸化炭素分析計定量法，e：ヒノキ　チャンバー・ガスクロマトグラフ定量法，f：ヒノキ　チャンバー・アルカリ吸収酸滴定法

炭素フラックスが大きい場合には，やや過大評価する傾向にあることを示しているといえる．

5-3 南関東地域における森林林床からの二酸化炭素フラックス

木村(1989)および鶴田(1994)は，大気圏と陸域との間の循環速度を約 1.1×10^{11} tC/年および 1.0×10^{11} tC/年と推定しているが，陸域から大気圏への炭素フラックスのうち，50%が陸上生物を経由して，50%が直接地表面から大気圏へ移行する炭素として見積もっている．

これまで，北米のオレゴン州のポンデローサ松林における夜間の二酸化炭素フラックス(クローズドチャンバー法)としては，412 mgCO$_2$/m²/時，わが国の

森林林床からの二酸化炭素フラックスでは，$160\ mgCO_2/m^2/$時（トウヒ（*Picea jeroensis*））〜$430\ mgCO_2/m^2/$時（コナラ）までの値が得られている（波多野，2002）．しかし，土壌タイプとの関係は必ずしも明確でない．

　南関東地域の東京，神奈川，埼玉における数種類の異なる植生下の地表面から生成する二酸化炭素濃度を5-2で述べた3つの方法によって経時的に計測し，二酸化炭素フラックスを求めた．これらの結果に基づいて，南関東における褐色森林土 Inceptisols および黒ぼく土 Andisols の分布と植生タイプの分布から，南関東地域の森林林床から発生する二酸化炭素総量を算出した．

5-3-1　東京都八王子市のコナラおよびヒノキ林における地表面からの二酸化炭素フラックス

　東京都八王子市堀の内のコナラ（林齢：52年）およびヒノキ（林齢：43年）林において5-2で示した3つの方法によって定量した二酸化炭素濃度の一例を図5-5（岡崎，2003）に，これらの結果から二酸化炭素フラックスを求めた結果（2000年9月〜2003年10月）を図5-6（Iizuka and Okazaki, 2002；堅田，2004）に示す．コナラ林はヒノキ林よりも二酸化炭素フラックスが大きく，二酸化炭素フラックスの年平均値は，それぞれ501および$319\ mgCO_2/m^2/$時であった．二酸化炭素フラックスは，地温の高い夏季に大きく，地温の低い冬季に低下する季節変動（図5-7）を示し，二酸化炭素フラックスが生物活動と密接に関連するものであることを推測させた．

　本研究対象地域は，多摩丘陵の北東部に位置し，表層土壌は富士火山噴出物の新期ロームを母材とする黒ぼく土 Melanudands（Soil Survey Staff, 1999）である．本地域に分布する黒ぼく土は，有効水（pF 1.8〜2.8）を十分に保持しうる土壌で，尾根部を除いて，強く乾燥されることは少ない．しかし，二酸化炭素フラックスに及ぼす土壌水分（二酸化炭素フラックス計測時1カ月前までの降水量の総計）と地温を2因子として解析した結果，図5-8にみられるように，梅雨直後の少雨期に土壌の乾燥が進行し，土壌呼吸速度の低下が観察され

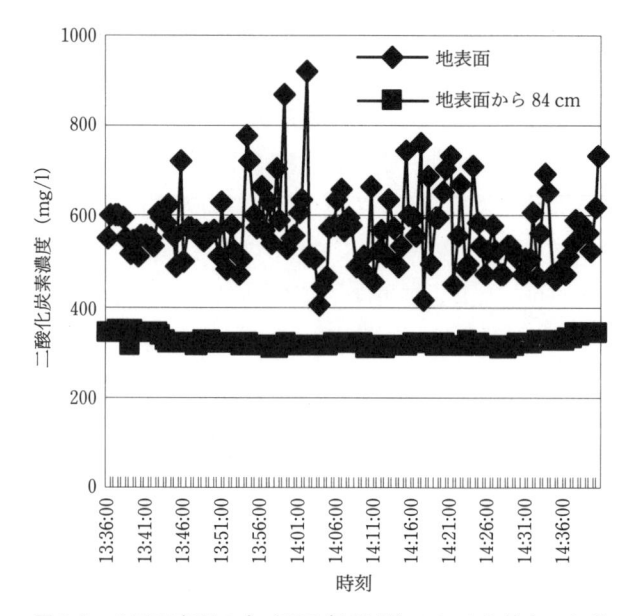

図5-5 八王子市堀の内（2002年10月）のヒノキ林内におけるオープントップチャンバー・小型赤外線二酸化炭素分析計を用いた二酸化炭素濃度の定量（岡崎ら，2003）

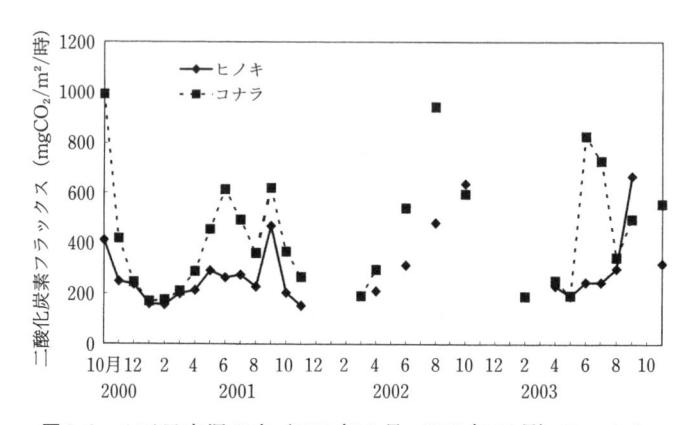

図5-6 八王子市堀の内（2000年9月〜2003年12月）のコナラ，ヒノキ林における二酸化炭素フラックスの変化（岡崎ら，2003；堅田，2004）

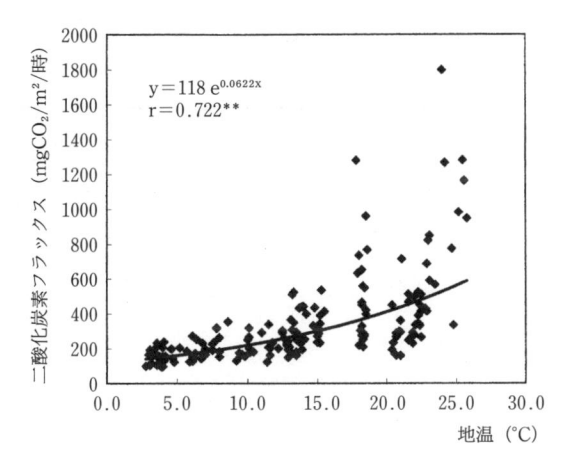

第5章 南関東の森林における土壌呼吸　93

図5-7 八王子市堀の内（2000年9月〜2001年12月）のコナラ，ヒノキ林における二酸化炭素フラックスに及ぼす地温の影響（飯塚，2002）

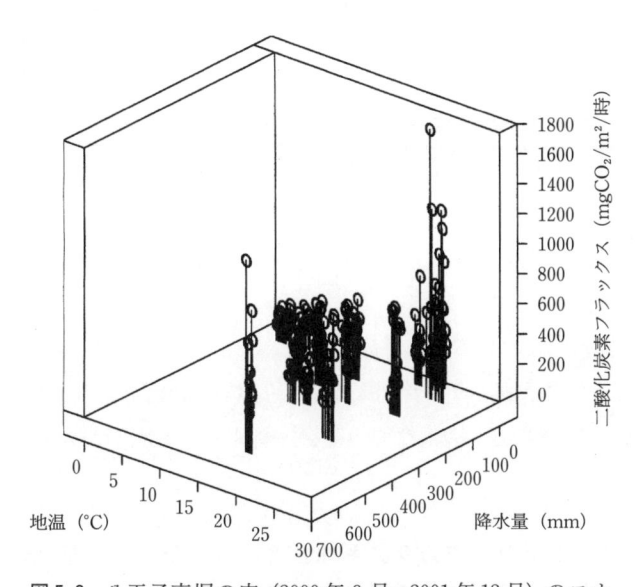

図5-8 八王子市堀の内（2000年9月〜2001年12月）のコナラ，ヒノキ林における二酸化炭素フラックスに及ぼす地温と土壌水分の影響（飯塚，2002）

表5-2 二酸化炭素計測地点の植生・土壌および二酸化炭素フラックス(岡崎ら,2003)

地点	植生	土壌	時期	フラックス mgCO$_2$/m^2/時
東京・八王子	コナラ	黒ぼく土	2000年9月〜2002年12月	501 (169〜1799)
	ヒノキ	黒ぼく土	2000年9月〜2002年12月	319 (156〜928)
東京・小金井	クヌギ	黒ぼく土	2002年8月	581
	コウライシバ	黒ぼく土	2002年8月	553
東京・府中	水稲	灰褐色低地土	2002年7, 9月	—
神奈川・津久井	シラカシ	黒ぼく土	2002年7月	789
	コナラ	褐色森林土	2002年8, 12月	188〜1040
	スギ	褐色森林土	2002年8月	886
	ヒノキ	褐色森林土	2001年6月〜2002年11月	295
埼玉・熊谷	コナラ	黒ぼく土	2002年8月	427 (231〜702)
	クズ・カナムグラ	黒ぼく土	2002年10月	506

たことは興味深い。地温の上昇は二酸化炭素フラックスを増加させるが,計測時1カ月前までの降水量の総計が400から550 mmまで増加すると二酸化炭素フラックスを増加させた。したがって,適当な土壌の水分状態が維持されている条件下では,二酸化炭素フラックスは主として地温によって規制されていると考えられる。

八王子市堀の内における森林林床からの二酸化炭素フラックスの平均値および範囲を表5-2に示す。コナラ林床から発生する二酸化炭素のフラックスは,夏季と冬季で10倍ほどの差を生じ,ヒノキ林よりも変動幅が大きかった。

5-3-2 東京都小金井市のクヌギ林およびコウライシバ草地における地表面からの二酸化炭素フラックス

東京都小金井市本町のクヌギ (*Quercus acutissima*) 林およびコウライシバ

(*Zoysia japonica*) 草地は，武蔵野台地上に位置し，立川ロームを主体とする黒ぼく土 Andisols からなる立地に形成されている．クヌギ林は，武蔵野の自然環境を大きくは変化させていない二次林を構成しているが，コウライシバ草地は，黒ぼく土を1998年に人工的に造成した基盤に植栽されたものである．オープントップチャンバー・小型赤外線二酸化炭素分析計定量法を用いて二酸化炭素濃度を測定（2002年8月30日）して図5-9に示し，フラックスを求めた結果を表5-2に示す（岡崎ら，2003）．夏季のクヌギ林床から発生する二酸化炭素のフラックスは，コナラ林のそれと類似していた．

5-3-3 神奈川県津久井郡のシラカシおよびコナラ林における地表面からの二酸化炭素フラックス

神奈川県津久井郡津久井町長竹のシラカシ (*Quercus mysinaefolia*) およびコナラ林は，愛川層群の緑色凝灰岩，泥岩，砂岩，礫岩などの堆積岩を母材とする基盤の上に富士火山由来の噴出物を乗せた地質構造を持つ基盤に形成された雨乞山山麓扇状地の急傾斜地に位置している．したがって，火山噴出物はごく表層にしか存在せず，堆積岩を母材とする褐色森林土 Inceptisols が分布する．2002年7および8月に二酸化炭素濃度をオープントップチャンバー・小型赤外線二酸化炭素分析計定量法を用いて計測（図5-10）し，二酸化炭素フラックスを求めた（表5-2）．計測時期は同一ではないが，シラカシよりもコナラ林床からの二酸化炭素フラックスが大きいと推察された．

5-3-4 埼玉県熊谷市のコナラ林および雑草群落における地表面からの二酸化炭素フラックス

埼玉県熊谷市万吉は，荒川が開析した江南台地上にあり，表層は北関東を主体とする火山噴出物の影響を受けているが，土壌の大部分は荒川沖積物との混合物からなる．研究対象地域は，和田吉野川の谷頭部にあり，表層部は浸食に

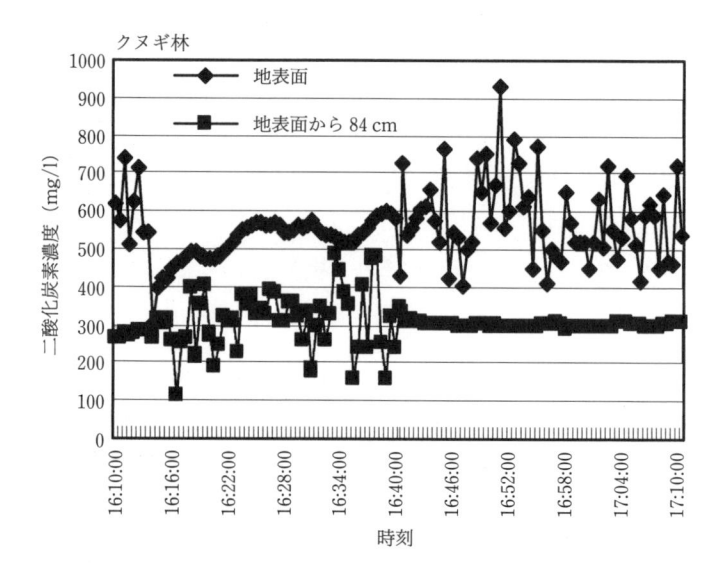

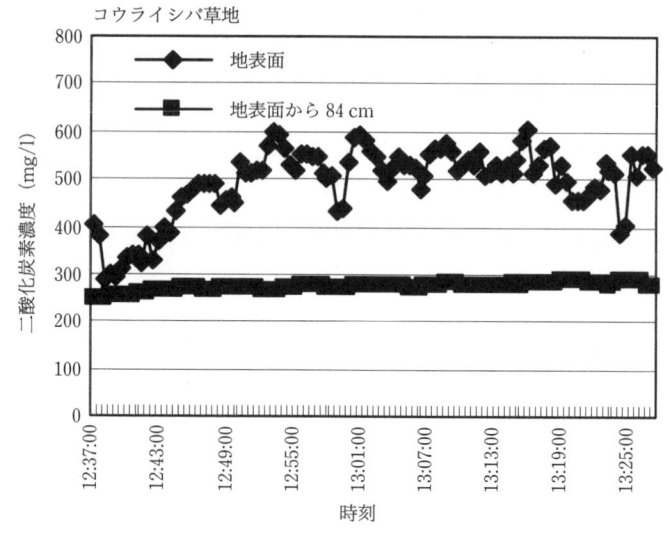

図 5-9 小金井市中町（2002 年 8 月）のクヌギ林内およびコウライシバ草地における二酸化炭素濃度（岡崎ら，2003）

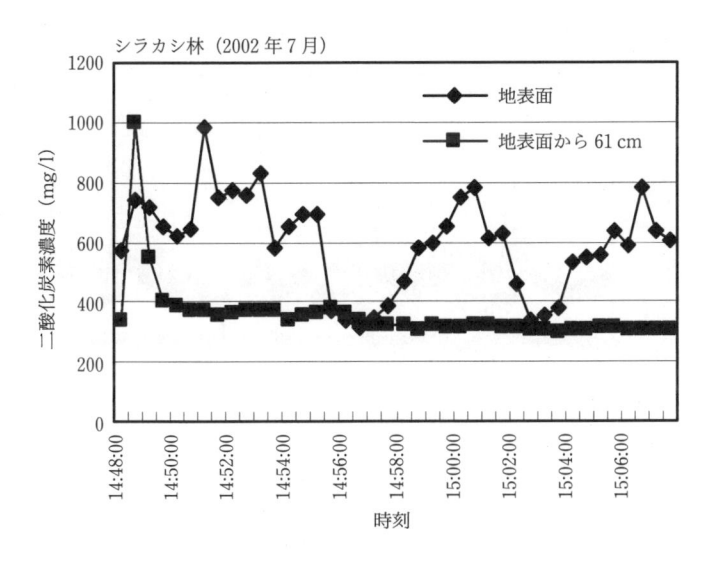

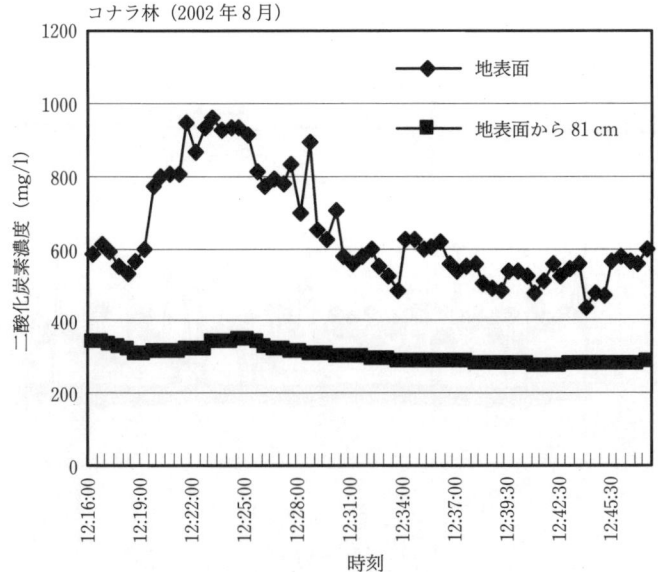

図 5-10 神奈川県津久井郡津久井町のシラカシ，コナラ林内における二酸化炭素濃度（岡崎ら，2003）

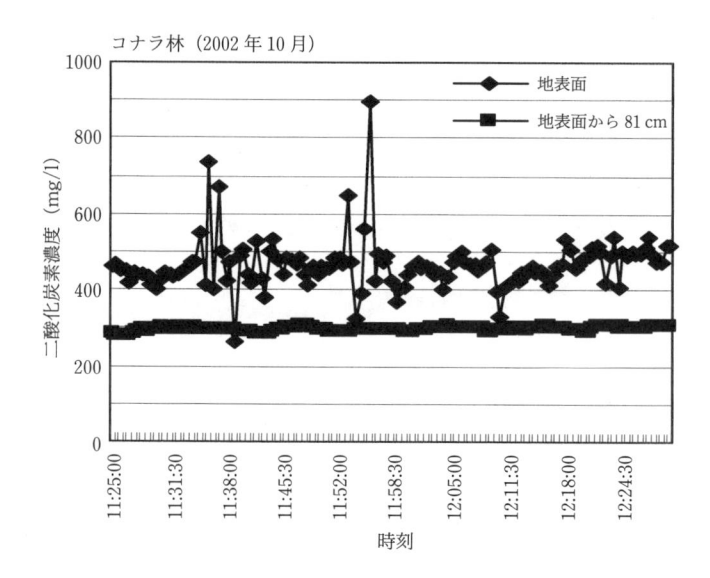

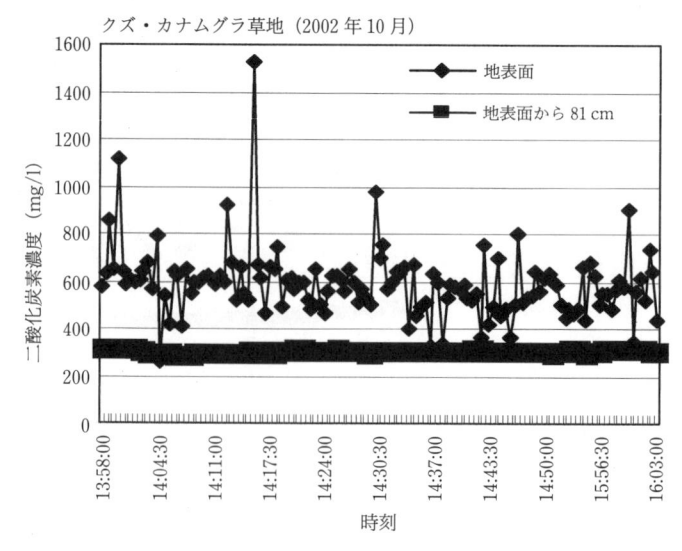

図 5-11 熊谷市万吉のコナラ林内およびクズ・カナムグラ草地における二酸化炭素濃度（岡崎ら，2003）

よって周辺上部から崩積した火山噴出物からなる．しかし，下層土は荒川の沖積物との混合物からなり，黒ぼく土 Melanudands や黒ぼくグライ土 Endoaquands を生成している．2002年8月～12月にコナラ林およびクズ（*Pueraria lobata*）・カナムグラ（*Humulus japonicus*）を主体とする雑草群落の地表面から発生する二酸化炭素濃度をクローズドチャンバー・小型赤外線二酸化炭素分析計定量法を用いて計測（図5-11）し，そのフラックス（表5-2）を求めた（岡崎ら，2003）．熊谷市万吉のコナラ林における二酸化炭素の平均フラックスは 427 $mgCO_2/m^2$/時で，八王子市堀の内のコナラ林よりもやや低い値を示した．熊谷市万吉の調査地が台地の谷頭部に位置し，やや過湿の状態にあったことが原因であると考えられる．

5-4 南関東地域における森林林床からの二酸化炭素の発生量

わが国の森林における林床からの二酸化炭素発生量の季節変動については，第4章（真常・小﨑）で述べられているように，明確な季節変動が認められる．たとえば，京都（京都市吉田山および丹後）および長野（八ヶ岳）のシイ・カシ，ブナ（*Fagus crenata*），ミズナラ（*Quercus mongolica*），スギ（*Cryptomeria japonica*）林下の土壌からの二酸化炭素発生量は，夏季に活発で，冬季には活性が低下し，130～590 $mgCO_2/m^2$/時の値を示しており，この季節変動は地温の変動に対応している．しかし，二酸化炭素発生量の季節変動の要因の一つである土壌水分は，京都および長野の調査研究地点では，土壌からの二酸化炭素発生に影響を与える大きな要因にはなっていない．

土壌タイプが明らかに異なり，植生がほぼ同一である地点における二酸化炭素発生量を明らかにした研究例が少ないために，土壌タイプが同一で，植生が異なる地点における二酸化炭素発生量と同一レベルでは比較が困難で，詳細な論議は今後の研究を待たなければならない．

しかし，これまで得られた，異なる土壌タイプおよび植生からの二酸化炭素

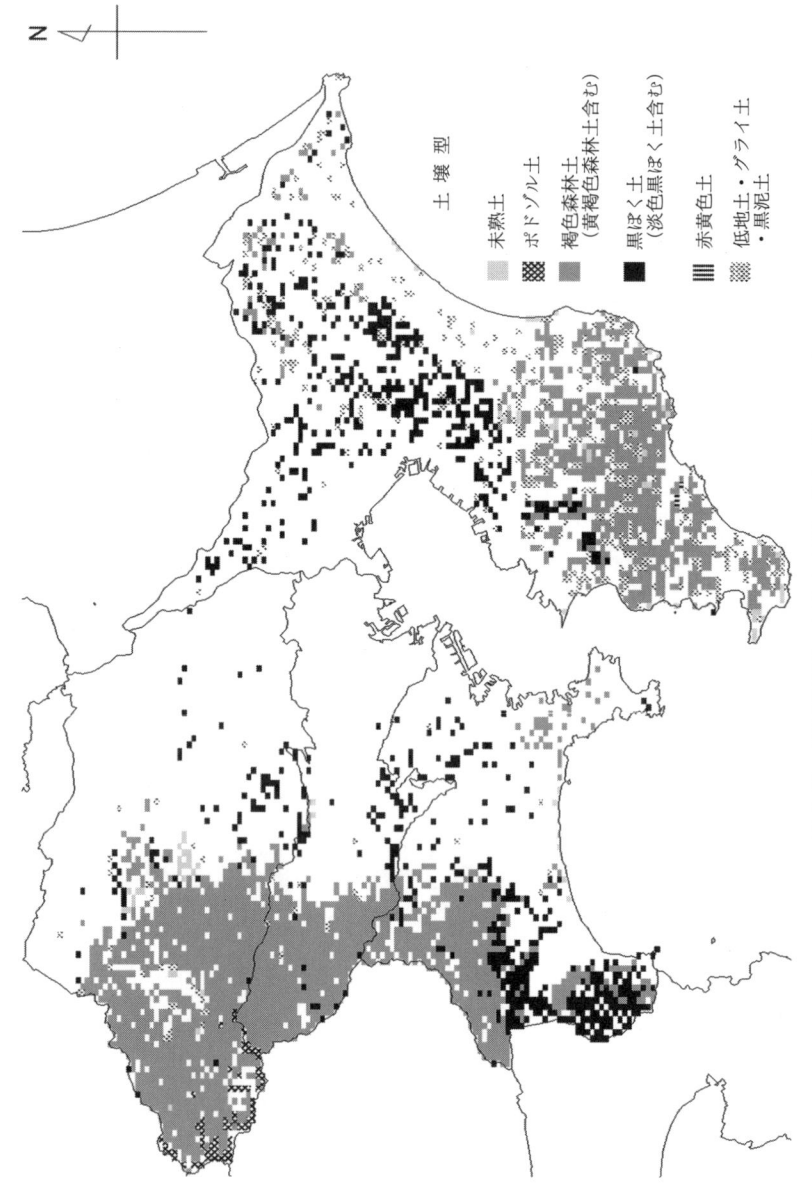

100 第Ⅱ編 森林・草地・畑・水田における炭素の循環

図 5-12 南関東地域における土壌の分布（林，2000）

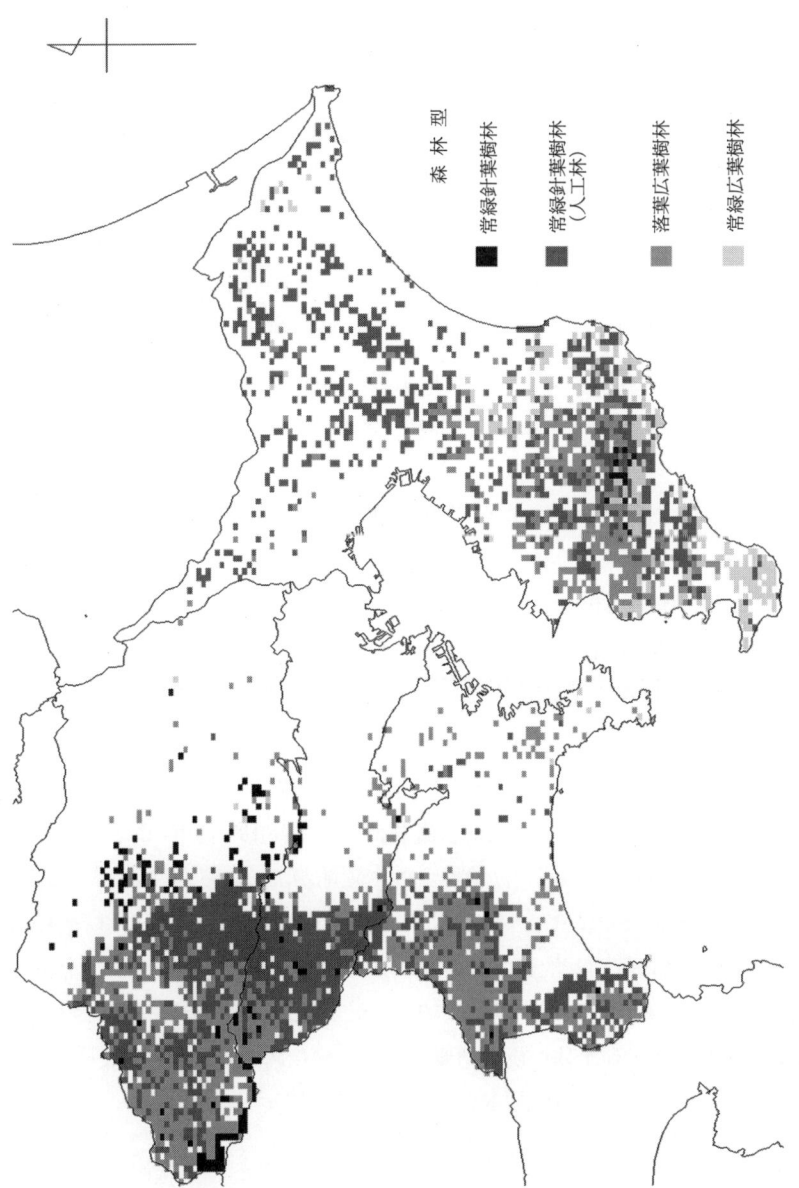

第5章　南関東の森林における土壌呼吸　101

森林型
常緑針葉樹林
常緑針葉樹林（人工林）
落葉広葉樹林
常緑広葉樹林

図5-13　南関東地域における植生の分布（林, 2000）

表5-3 南関東地域の褐色森林土および黒ぼく土から発生する二酸化炭素発生量

	褐色森林土 (黄褐色森林土を含む) km²	黒ぼく土 (淡色黒ぼく土を含む) km²	二酸化炭素発生総量 tC/年
常緑針葉樹林（人工林）	1340	476	1.3×10^6
落葉広葉樹林	1220	374	1.8×10^6
計	2560	850	3.1×10^6

発生量と南関東（東京都，神奈川県，千葉県，埼玉県）地域の土壌分布（図5-12）（林，2000），植生分布（図5-13）（林，2000）面積を集計した．南関東地域の総面積は，13,200 km² で，このうち 3,410 km²（25.8%）が褐色森林土（黄褐色森林土を含む）と黒ぼく土（淡色黒ぼく土を含む）に立地する森林植生の合計面積である（表5-3）．

表5-2に示した森林と土壌タイプ別の二酸化炭素フラックスに基づいて，八王子市堀の内（黒ぼく土）のヒノキ人工林およびコナラ二次林における年平均二酸化炭素発生量を 319 および 501 $mgCO_2/m^2/$時とし，一方，神奈川県津久井郡津久井町（褐色森林土）のヒノキ人工林およびコナラ二次林における年平均二酸化炭素発生量を 295 および 455 $mgCO_2/m^2/$時として，南関東地域の森林林床から発生する二酸化炭素量を求めた（表5-3）．

南関東の森林林床から発生する二酸化炭素の総量は，常緑針葉樹林（人工林）から 1.3×10^6 tC/年，落葉広葉樹林から 1.8×10^6 tC/年であり，合計 3.1×10^6 tC/年と見積もられた．地球上の全陸地が，これら森林および土壌タイプであるとすると，1.5×10^{11} tC/年となり，木村（1989）および鶴田（1994）が示した大気圏と地表面との間の循環速度 5.5×10^{10} tC/年の3倍ほどの値となる．このように大きな差異が生じたことは，東京都八王子市および神奈川県津久井郡が地球全体の炭素循環の中で二酸化炭素発生が活発な地域として位置づけられることを意味しているといえる．

引用文献

Auble, D. L. and Meyers, T. P.: An open path, fast response infrared absorption gas analyzer for H_2O and CO_2. *Boundary Layer Meteorology*, **59**, 243-256 (1992)

Iizuka, M. and Okazaki, M.: Carbon balance in secondary oak (*Quercus serrata*) and planted cypress (*Chamaecyparis obtusa*) forest at the Tama Hill, Tokyo. Researches Related to the UNESCO's Man and Biosphere Programme in Japan 2001-2002, pp. 38-43, Japanese Coordinating Committee for MAB, Tokyo (2002)

Law, B. E., Baldocchi, D. D. and Anthoni, P. M.: Below-canopy and soil CO_2 fluxes in a ponderosa pine forest. *Agricultural and Forest Meteorology*, **94**, 171-188 (1999)

Rolston, D. E.: *Gas flux, Methods of Soil Analysis, Part 1. Physical and Mineralogocal Methods* (2nd *Edition*), pp. 1103-1119, American Society of Agronomy-Soil Science Society of America, Wisconsin (1986)

Soil Survey Staff: *Soil Taxonomy, Second Edition*. 869pp., USDA Agriculture Handbook No. 436, Washington (1999)

Widen, B. and Lindroth, A.: A calibration system for soil carbon dioxide-efflux measurement chambers: Description and application. *Soil Sci. Soc. Am. J.*, **67**, 327-334 (2003)

飯塚麻里代:多摩地域の丘陵林における炭素循環.修士論文,p. 42,東京農工大学大学院(2002)

井上君夫:チャンバー法による土壌面CO_2フラックスの測定.農業気象,**42**,225-230(1986)

岡崎正規・飯塚麻里代・豊田剛己・林健太郎:南関東地域の森林林床から発生する二酸化炭素のフラックス.平成12〜14年度科学研究費補助金(基盤研究(A)(1))研究成果報告書,地球温暖化抑止対策のための土壌生態系炭素収支モデルの構築,pp. 67-86(2003)

片桐成夫:中国山地の落葉広葉樹2次林における物質循環の斜面による相違.日生態誌,**38**,135-146(1988)

堅田美紗子:FM多摩丘陵の丘陵林における炭素循環.卒業論文,p. 62,東京農工大学農学部(2004)

環境省:2002年度(平成14年度)の温室効果ガス排出量について.http://www.env.go.jp/earth/ondanka/ghg/index.html(2004)

木村眞人:土壌中の生物と元素の循環.『土の化学』日本化学会編,季刊化学総説No. 4,pp. 129-146,学会出版センター,東京(1989)

桐田博充:野外における土壌呼吸の測定―密閉吸収法の検討,IV.スポンジを利用した密閉法の開発.日生態誌,**21**,119-127(1971)

鶴田治雄:二酸化炭素.『土壌圏と大気圏』陽捷行編著,pp. 30-54,朝倉書店,東京(1994)

中根周歩:森林斜面における土壌有機物のダイナミックス.日生態誌,**25**,206-216(1975)

中根周歩：大台が原ブナ―ウラジロモミ林における土壌有機物のダイナミックス．日生態誌，**28**，335-346（1978）

波多野隆介：土壌植物系における炭素循環モニタリング．『環境負荷を予測する』長谷川周一ら編，pp. 175-192，博友社，東京（2002）

林健太郎：南関東における森林衰退リスクのスクリーニング．平成12～13年度科学研究費補助金（基盤研究（B）(1)）研究成果報告書，酸性沈着による生態系影響予測モデルと酸性沈着削減目標値の設定，pp. 9-76（2000）

阪田匡司：地表面のガスフラックス．『森林立地調査法』森林立地調査法編集委員会編，pp. 209-211，博友社，東京（1999）

阪田匡司・波多野隆介・佐久間敏雄：粘土質コムギ畑の土壌呼吸における根と微生物呼吸の寄与．土肥誌，**67**，133-138（1996）

古川昭雄：土壌呼吸測定法．生態学研究法講座7，植物の生産過程測定法，pp. 120-124，共立出版，東京（1981）

細渕幸雄・波多野隆介：火山放出物未熟土壌に立地する落葉広葉樹林生態系における酸性降下物の影響と塩基の循環．土肥誌，**70**，505-513（1999）

吉江洋一：ガスクロマトグラフ法．『機器分析のてびき』泉美治他編，pp. 7-23，化学同人，京都（1980）

（岡崎正規）

第6章

草地における炭素循環とルート・マット形成

6-1 放牧草地の原風景と炭素循環

　のどかな農村風景の1つとして野原で草をはむ牛たちの様子が目に浮かぶ．そこでは燦々と輝く太陽の下で，肉牛の真っ黒い「黒毛和種」や丸々太った赤毛の「日本短角」，乳牛の白黒斑点模様の「ホルスタイン」が青々と茂った牧草をただ一途に食べ続けている．しかしながらよく観察してみると，牛たちはただ黙々と草を食べ続けているのではなく少しずつ移動しながら，時々お尻から大量の糞や尿を放出していることがわかる．放牧地ではこのように台所とトイレが一緒に存在し，台所では人間が消化できない牧草(セルロース)のサラダがベジタリアンの牛たちに振る舞われ，後部のトイレでは大量の糞尿が排出され，再び土に還元されている．これが本来の土地利用型の牧畜の形態である．しかしながら，わが国では日本人好みの霜降り肉の生産に栄養価の高い濃厚飼料が振る舞われ，人間の食べる穀物の生産と競合したり，舎飼による大量の糞尿公害の発生を起こしたりしている．また，近年，畜産も経済性を追求するあまり，他の動物由来の骨粉や肉粉を給与し，BSE(いわゆる狂牛病)が発生し，大きな社会問題となっている．
　このように本来の畜産は野外の放牧を主体とし，自然生態系の物質循環を基本としている．また，冬の厳しい地域では干し草やグラスサイレージを生産する採草地が造成される．そして，近年牛肉の安全性や人間の健康，環境問題を考慮した，牧草を中心とする飼養形態である草地畜産が再び注目されている．
　そこで本章では，物質循環を基本とする放牧草地における炭素循環，つまり

炭素のストックとフローについて解説するとともに，草地生態系で特徴的に見られる炭素ストックである牧草根によるルート・マット形成について述べることにする．

6-2 草地における炭素循環

6-2-1 放牧草地におけるエネルギーの流れ

　放牧草地においては生産者である牧草が太陽のエネルギーと土壌からの無機成分や水分，空気中の二酸化炭素を利用して光合成を行い，炭水化物（化学エネルギー）を生産する．その化学エネルギーは植物体内でタンパク質や脂肪などにも変換され，消費者である家畜に流れる．家畜はタンパク質などの体内成分にエネルギーを変換するが，そこでは同時に呼吸としての二酸化炭素の大気中への放出や糞尿として有機物の土壌表面への還元が行われる．この土壌表面には牛の採食や冬の寒さによって枯死した牧草の茎葉が加わり，リターとしてルート・マットの形成に加わる．またこのリターは分解者である土壌微生物によって，分解，無機化され，さらには縮重合した安定な土壌有機物である腐植に変換され土壌に蓄積される．また牧草地上部からは根へ炭水化物などの体内成分が転流，新根形成に貢献するとともに，一部は根の呼吸として消費されたり根分泌物として土壌中へ放出され土壌微生物の餌となる．土壌微生物によって分解され，無機化して土壌中へ放出された無機成分は再び牧草によって吸収され光合成やタンパク質合成，脂肪合成が行われる．

　このように放牧生態系では，呼吸と家畜（動物食品）としてのエネルギーの系外への持ち出しはあるものの，循環利用やルート・マットあるいは土壌腐植としての蓄財も行われる．これらエネルギーの流れの概念図がShiyomiら（1992），塩見ら（1991）により図6-1のようにまとめられている．ここでは長方形に囲まれた10個の変数（コンパートメント）は時間(t)による連立微分方程

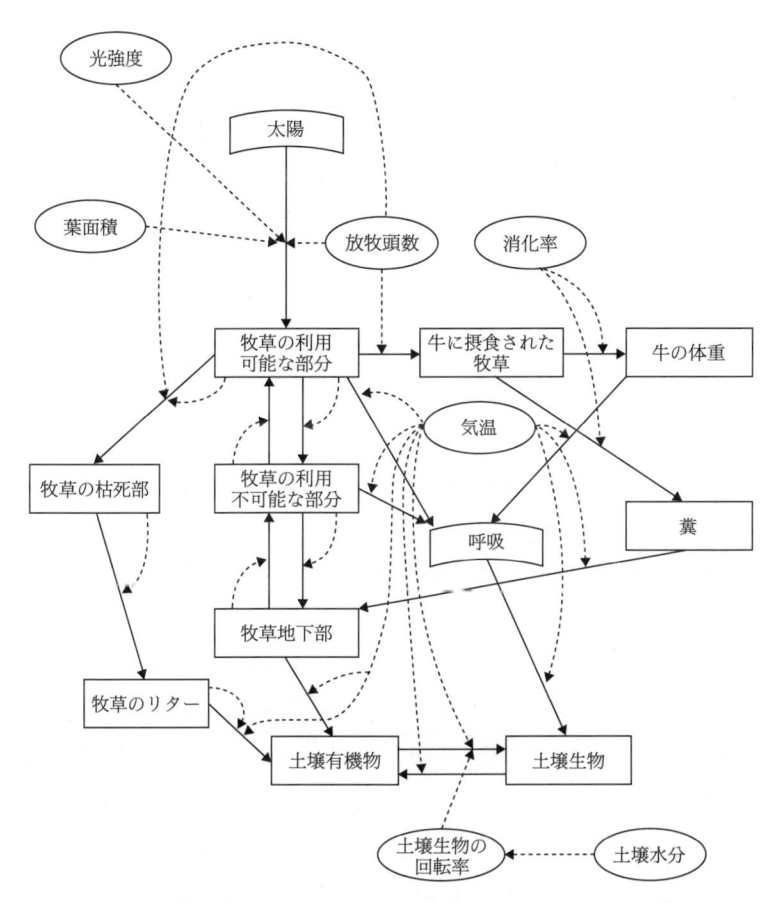

図 6-1 放牧草地のエネルギーの流れのコンパートメント・モデル（Shiyomi ら, 1992）
実線はエネルギーの流れを, 点線は情報の流れを示す. これらのコンパートメント間におけるエネルギーの流れの時間的変動が微分方程式で表された.

式で表され, コンピュータプログラム BGS-1 で解析される.

太陽エネルギーの牧草による利用効率あるいは牧草から牛体あるいはミルクへの利用効率は極めて低い. これをエネルギー面から計算すると表 6-1 のように, 日射エネルギーから牧草の化学エネルギーへの利用効率は期待値で 0.58%, 実測値で 0.2%, 日射エネルギーから牛体エネルギーへの利用効率は

表6-1 草地の生産性：期待値と現実値の違い

日射エネルギーの利用効率	期待値（%）	現実値（%）
植物群落の光合成による生産	0.8 ⎫ 0.58	0.2
可食部の割合	74 ⎭	
牛による採食率	70	(50)
採食された草の消化率	65	55
消化された餌の生産効率（牛乳）	24	
（牛肉）	12	(6)
日射エネルギーから　　　（牛乳）	0.062	
畜産物エネルギーへの利用効率（牛肉）	0.031	0.0034

期待値で0.031%，実測値で0.0034%である．これに対して日射エネルギーから牛乳エネルギーへの利用効率の期待値は牛体の利用効率の期待値の2倍である0.062%と言われる．期待値は実験室規模のアルファルファー草地で得られた技術目標であるが，実際の値は牧草エネルギーの場合は期待値の3割余，牛体エネルギーの場合は期待値の1割しかならない．その原因としては草地から飼料供給〜需要(採食)の不均衡，草地生産力の季節的偏りや草質の低さ，家畜の粗生産効率の低さが考えられている(大久保，1996)．このように牛体あるいは牛乳への日射エネルギーの利用効率の低さにも関わらず，畜産振興が必要なのは，人間の栄養面あるいは牛肉を食べたい，牛乳を飲みたいという強い要望があるからで，タンパク質や脂肪に富んだ動物性食品の生産は不可欠である．

6-2-2 放牧草地における炭素ストックとフロー

放牧草地の植生—土壌系における炭素の蓄積(ストック)と炭素の循環，流れ(フロー)が桐田ら(1984, 1988)，Shiyomi ら (1992)によって明らかにされている．この炭素の流れは中根の森林生態系の植生—土壌系における炭素の流れ図を草地の生態系のエネルギー・フロー(図6-1)を考慮しながら改変し，作り上げたものである．すなわち森林では数%以下であるとして無視される植食動物(家畜)の採食量は極めて大きく，採食された植物の不消化部分(糞)の循環も極

めて重要である．また表面流去水や地下水による系外への炭素の流れも森林生態系より大きいと考えられる．そこで森林生態系の炭素収支モデルにこれら3つの流路が追加され作られたのが図6-2,3である．

これらの点を考慮し，栃木県那須郡西那須野町(独立行政法人)畜産草地研究所内藤荷田山耕起造成放牧試験草地の弱放牧圧区において1981年2月から翌年2月までの1年間，各コンパートメントの大きさと各流路の速度の測定値から試算した有機物収支が図6-2である．1981年の牧草地上部の純生産量は1,138 g/m²/年で，このうち470 g(41%)が家畜に食べられ，食べられなかった緑葉の大部分648 g(57%)は枯死し，前年から持ち込まれた立ち枯れ量332 gと合流する．そのうち422 gが家畜に食べられ，265 gが枯死葉となるので，この枯れ草プールは39 g減となり293 gとなる．枯死葉と糞プールには265 gの枯死葉と305 gの糞尿が足されるが，分解で二酸化炭素として232 gが大気に

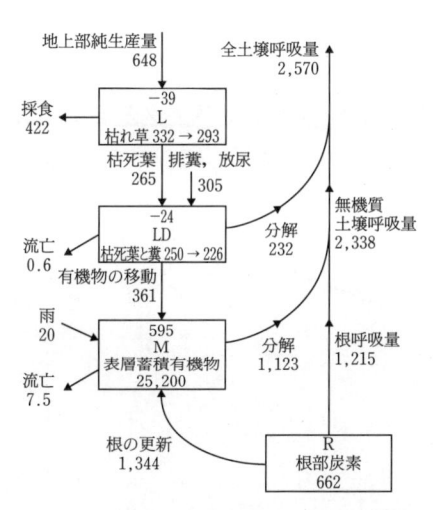

図6-2 放牧草地（藤荷田山，耕起草地弱放牧圧区，1981年）の植生—土壌系における有機物収支の試算（桐田ら，1988）
蓄積量：g/m²，循環量：g/m²/年．

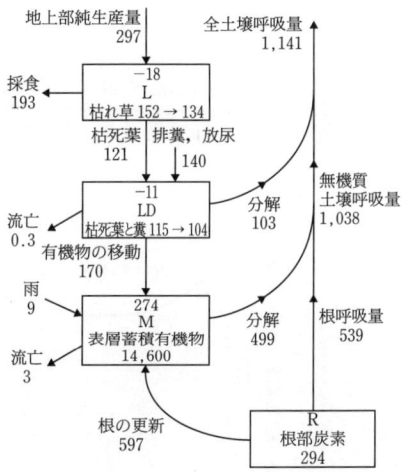

図6-3 放牧草地（藤荷田山，耕起草地弱放牧圧区，1981年）の植生—土壌系における炭素収支の試算（桐田ら，1988）
蓄積量：gC/m²，循環量：gC/m²/年．

放出され0.6gが系外に表面流去する．そして361gが表層蓄積有機物プールに移動し腐植となる．したがってこの枯死葉と糞プールは250gから226gとなり24gの減となる．表層蓄積有機物プールは最大で25,200gの有機物を貯蔵している．ここには枯死葉と糞プールから361g，雨水などから20gの有機物が入り，逆に系外に7.5g流亡するが根部炭素プールから1,344gが加わる．分解による二酸化炭素発生が1,123g起こるので全体としては595gが増加する．この増加量は無機質土壌の深さ50cmまでの有機物蓄積量25 kg/m^{2}の約2％に相当する．根部炭素プールからは牧草根の呼吸で二酸化炭素が1,215g発生し，腐植層の分解(1,123 g)，枯死葉と糞層の分解(232 g)で合わせて2,570gの二酸化炭素が土壌から空気中に放出される．

これらの有機物を炭素収支で表したのが図6-3である．この場合土壌腐植の炭素含有率を58.1％，有機物の炭素含有率を45.8％とした．

6-2-3 草地造成と土壌炭素蓄積量

わが国の草地の多くは黒ぼく土であり，大量の有機物をストックしている．この貯蔵有機物は草地造成によって分解し減少することが知られている．図

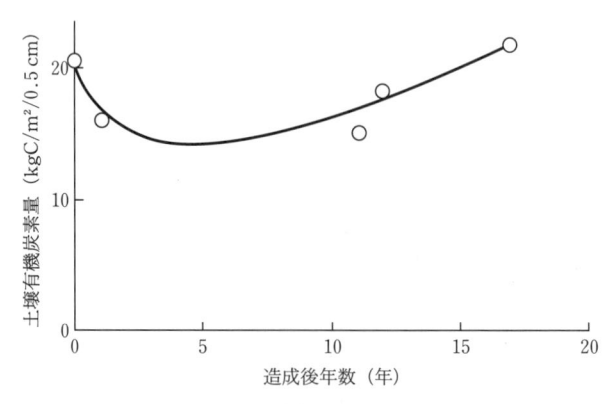

図6-4 草地造成後の土壌炭素蓄積量の推移（芝原（福牧），不耕起造成草地）（桐田ら，1988）

6-4 は草地化する前の植生が同じであったと考えられる地域内で造成年次の異なる草地での炭素蓄積量を示したものである．これを見ると土壌有機物は草地造成後，約5年間は減少を続けるがその後回復に転じ，約15年後に漸く元の蓄積量に回復する．それゆえ草地の炭素循環を精密に評価するには造成後年数を考慮して行う必要がある．

6-2-4 採草地の土壌呼吸と炭素蓄積量

東北大学附属農場における牧草の純生産量は，過去12年間の平均生草量 4,682 g/m²/年に乾物率（新鮮重に占める乾物重の割合）0.25 をかけると 1,171 g/m²/年であり，桐田らの放牧地の 1,138 g/m²/年に極めて近似している．また図 6-5 にはチャンバー法で測定した土壌呼吸(Y)と地温(X)の関係を示したが，両者には $Y=651\ln(X)-1330$, $r^2=0.694$ の関係が得られた．栽培期間中の表層土壌の地温と平均気温の間には密接な関係があるので，旬別平均気温から土壌呼吸を求めると図 6-6 のような旬別二酸化炭素のフラックスが得られる．またこれを積算した年間二酸化炭素フラックス量は 2,297 g/m²/年となり，桐田ら(1988)の放牧地における年間土壌呼吸総量 2,570 g/m²/年と近似している（図 6-2）．

一方，わが国の典型的厚層多腐植質黒ぼく土の炭素蓄積量は，アロフェン質黒ぼく土で 35,050 g/m²，非アロフェン質黒ぼく土で 49,610 g/m² と非アロフェン質黒ぼく土で高い値である(Saigusa ら，1991)．これに対して桐田らの西那須野黒ぼく土は表層腐植質黒ぼく土であることから，上記データの表層(0〜25 cm)における炭素含量を計算するとアロフェン質黒ぼく土，非アロフェン質黒ぼく土それぞれ，14,650 g/m²，16,700 g/m² となり，桐田ら(1988)のアロフェン質西那須野黒ぼく土(0〜50 cm)の炭素蓄積量 14,600 g/m² とほぼ同じレベルである．土壌呼吸がほぼ同じレベルであった事を考えると蓄積腐植は表層 25 cm 程度が土壌呼吸に関係し，下層 25 cm 以下は不活性とも考えられる．

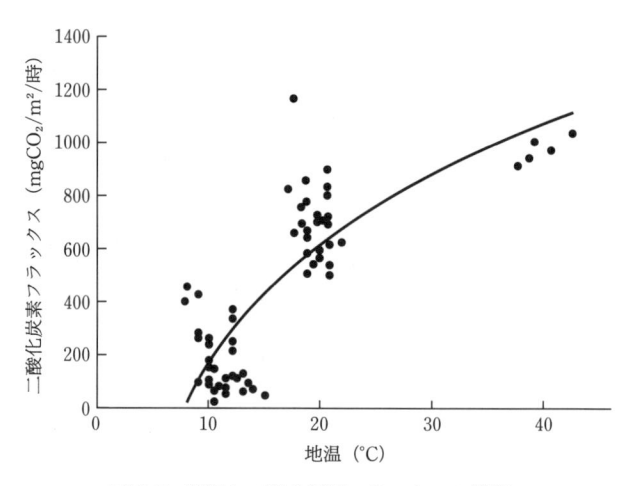

図6-5　地温と二酸化炭素フラックスの関係

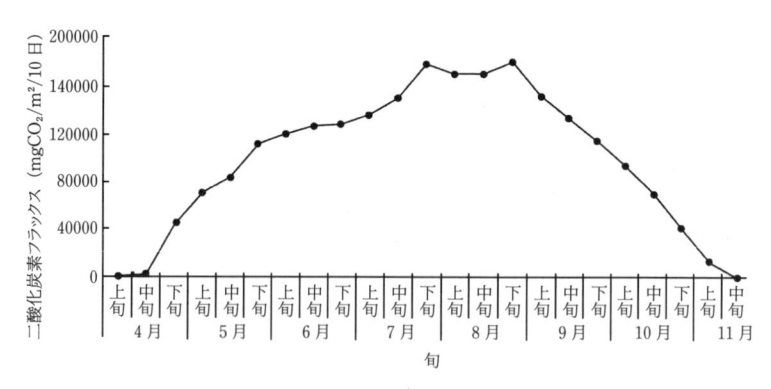

図6-6　草地における二酸化炭素フラックスの旬別推移

6-3　草地におけるルート・マットの形成について

　永年草地，特にオーチャードグラス草地では，造成後は毎年，牛の踏圧，あるいは不耕起状態で繰り返し行われる刈り取りや集草，施肥，薬剤散布などで，下層土に緻密な層が形成される．また草地における施肥は表層施用にならざるを得ないため，表層土壌に根系が集積する傾向がある．このような表層数

cm の土壌中に根系あるいは，枯死根や地下茎が集積しルート・マット（Root Mat 或いは Sod-bound）が形成され，草地の生産力の低下，或いは維持年限の短縮などの一因となることは古くから知られている．ルート・マットの形成による影響として，落下種子の発芽阻害，栄養分の透過性(下層への移動)の阻害，および表層土壌還元から起こる硝酸態窒素の脱窒揮散による窒素欠乏の発生(阿江・土屋，1981)などが報告されている．

　ルート・マット形成は牧草収量向上には必ずしも好ましくないが，土壌の侵食防止，追肥利用効率の向上，炭素ストックとしての役割をもつ．ルート・マットはオーチャードグラス草地などでは数 cm 以上にも発達し，草地の炭素循環を論ずるには根部炭素，表層蓄積有機物プールの一部として特に重要である．

　このルート・マット形成に関係する要因としてはこれまで，①頻繁な刈り取りによる植生密度の増加に伴う根量の増加と刈り取りによる枯死根の堆積が起こるが，土壌の物理性が不良のため分解が進まない結果ルート・マット形成が起こる，②土壌の固層率の増加で空気孔隙量(あるいは空気透過率)の減少に伴った酸素不足に起因(大崎・奥村，1988)，③土壌の硬度(硬盤形成)が関係，④家畜の踏圧による土壌の堅密化(緻密度の増加)や土壌動物の種類や頭数の減少による集積枯死根の分解遅延(Sugiura ら，1988)が起こる，などが知られている．

　一方，植物根の生育に最も関係する要因として土壌の酸性状態と窒素肥沃性が知られている．しかしながらこれまで草地のルート・マット形成と土壌の酸性状態や施肥法，施肥形態に関する研究は全く報告されていない．そこで本節では酸性度の異なる黒ぼく土の種類と施肥法，施肥形態がオーチャードグラスのルート・マット形成に及ぼす影響を述べることにする．

6-3-1 コロイド組成を異にする黒ぼく土における牧草の生育とルート・マット形成

わが国の平地は主として稲作に利用され，牧草地は一般に山間地や丘陵地あるいは段丘上に広く分布している．これら地域の多くは火山の降灰の影響を受け，黒ぼく土(国際分類ではAndosolあるいはAndisol)が広く分布している．最近この黒ぼく土には，弱酸性でAlの過剰障害が問題とならないアロフェン質黒ぼく土と，強酸性でAlの過剰障害が問題となる非アロフェン(2：1型鉱物)質黒ぼく土が存在することが明らかにされている(Shoji and Ono, 1978；Saigusaら，1991)．

そこで気象条件は全く同じでコロイド組成(アロフェンの有無，腐植の多少)や土壌の酸性度を大きく異にする黒ぼく土精密圃場でオーチャードグラスを栽培し，その生育とルート・マット形成を見たのが表6-2，図6-7，8である．

図6-7を見ると，2001年度の地上部乾物収量は970〜1,240 g/m² で寡腐植質，非アロフェン質黒ぼく土の色麻区が970 g/m² とやや劣ったが，その理由は発芽，苗立ち不足で1番草の収量が286 g/m² と他の区の約半分であった．しかし施肥窒素が2：1型鉱物層間に保持された2番草収量が優って他の区と収量差が少なくなった．2002年度の地上部乾物収量は716〜1,376 g/m² で寡腐植の蔵王，色麻区が716〜827 g/m² と著しく劣った．その理由は腐植の少ない両区での前年度の窒素無機化量が少なく，1番草収量が296〜347 g/m² と腐植の多い川渡，岩手区の半分前後であったためである．

表6-2を見ると，2001年度の1番草刈り取り時の根乾物重は511〜886 g/m² であり，色麻区が優った．根系分布は寡腐植でアロフェン質の蔵王区以外，表層5 cmに75〜83％と局在し，特に強酸性の川渡，色麻区での表層集中度が大きかった（図6-8）．これは耐酸性の強いオーチャードグラスも少なからず，川渡，色麻区で下層土酸性の影響を受けた結果と思われる．これに対して弱酸性で有機物の少ない蔵王区は窒素無機化量が少ないため，窒素不足となり窒素を求めてより下層に多く分布した．

表6-2 各種黒ぼく土におけるオーチャードグラスの根乾物量

(g/m²)

深さ（cm）	川渡 非アロフェン質 多腐植質黒ぼく土			岩手 アロフェン質 多腐植質黒ぼく土			蔵王 アロフェン質 寡腐植質黒ぼく土			色麻 非アロフェン質 寡腐植質黒ぼく土		
	01年秋	02年春	02年秋	01年秋	02年春	02年秋	01年秋	02年春	02年秋	01年秋	02年春	02年秋
0〜5	407	1106	1151	409	1081	1090	295	613	612	733	1100	1118
5〜10	34	79	85	44	102	114	69	129	143	59	73	75
10〜20	41	73	75	54	78	83	81	119	122	64	81	84
20〜30	14	30	41	24	31	38	69	66	68	18	30	33
30〜40	15	9	13	18	33	35	12	48	44	12	10	12
40〜50		4	4		8	16		31	33		10	9
50〜60		1	2		8	6		15	15		2	1
	511	1302	1371	549	1341	1382	527	1021	1037	886	1306	1322

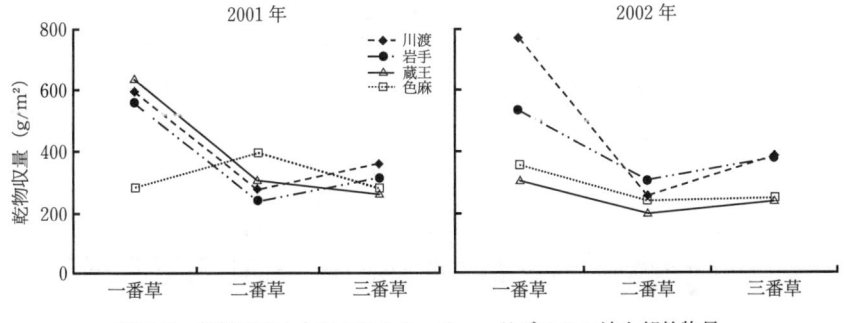

図6-7 各種黒ぼく土におけるオーチャードグラスの地上部乾物量

　2002年度の1番草刈り取り時の根乾物収量は著しく増大し，1,021〜1,341 g/m²と寡腐植の蔵王区でやや劣るものの良好な生育を示した．蔵王区は葉色から見てやや窒素欠乏状態を示した．根系分布は蔵王区(60%)を除いて表層5 cmに81〜85%と更に集中度を高め，その順序は下層土の酸性の強さ(KCl-Al)を良く反映している(川渡≒色麻>岩手)．蔵王区では前年よりやや表層に集中したものの依然として下層への分布が明らかに多かった．

　2002年度の3番草刈り取り時の根乾物重は1,037〜1,371 g/m²で2002年度1番草刈り取り時とほぼ同じで，根乾物重としてはほぼ一定の値に達している．また蔵王区は他の3区より明らかに2割程度少ない値である．これに対し

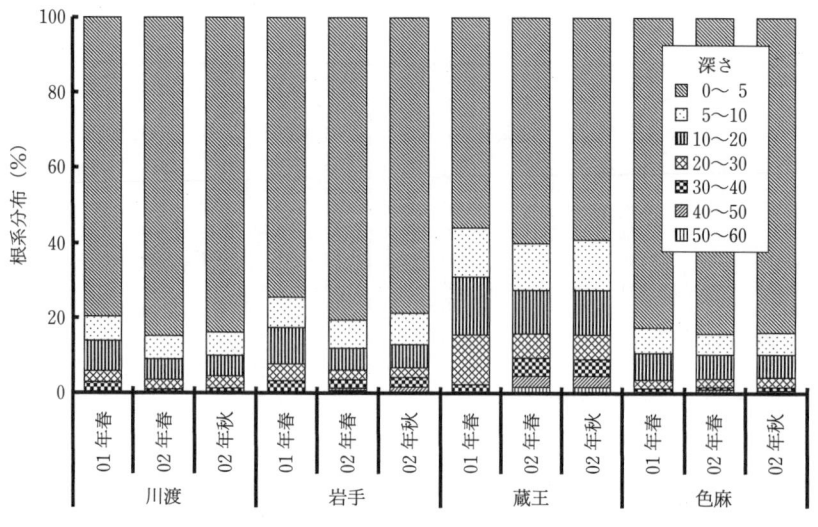

図6-8 各種黒ぼく土におけるオーチャードグラスの根系分布割合

て最表層0〜5cmの根系分布割合は59〜84%で2002年1番草刈り取り時とほぼ同じ分布割合であった．

2年間の結果を総括すると，耐酸性が強く，耐肥性の強いオーチャードグラスは窒素無機化量が多く窒素肥沃性に優る多腐植質の川渡，岩手区で収量性が優れる．また根乾物重は刈り取り2年目にほぼ一定の値に達し，蔵王区以外は1,300 g/m² 程度であった．また根系分布は土壌酸性を反映し最表層集中度（ルート・マット相当）は非アロフェン質の川渡，色麻区で高く，ついでアロフェン質の岩手区が多く，腐植の少ないアロフェン質蔵王区では明らかに下層に多く分布していた．このようにルート・マット形成には土壌のコロイド組成に起因する酸性の程度や窒素無機化量も大きく関係するものと思われる．

6-3-2 施肥法,施肥形態とオーチャードグラスの生育収量とルート・マット形成

　牧草地のルート・マット形成には大型機械や家畜による圧密が大きく関わることが報告されている(Sugiura ら,1988).近年開発された肥効調節型肥料は溶出が緩効的で肥料焼けを起こさず,しかも作物の生育速度に合わせて溶出するように肥効が調節されているので,栽培期間中必要な肥料を全量基肥施用することが可能で追肥が省略できる.このことはコスト低減であると共に施肥機による踏圧の機会を減ずることにもなる.さらに牧草の生育パターンを持続的に変える(放牧に適する生育期間を通しての均一化)ことと根系分布も変えることが期待される(三枝ら,2001).そこで2～4年間の施肥量を造成時に行うことが可能と思われる Long 360(25℃の水中で肥料成分の 80%が溶出するのに 360 日かかるタイプ)と Long 700(同様に 700 日かかるタイプ)を用いて施肥形態と牧草の生育収量,ルート・マット形成に対する影響を調べたのが表 6-3,図 6-9,10 である.土壌は多腐植質非アロフェン質黒ぼく土である川渡土壌を用い,0.05 m^2 の素焼きポットで栽培を行った.また,ポットの上部 3 cm は空間とし,その下から 20 cm(土壌として 0～20 cm)に全層施肥し,さらにその下は無施肥とした(ミニ圃場を想定).また生育を約 2 倍に促進させるために冬期は 15℃前後の温室に入れ栽培を行った.

　図 6-9 にオーチャードグラス地上部乾物収量の推移を示した.これによると 2001 年 11 月 2 日は Long 360,Long 700 の生育が化成 212 より優れていたがそれ以降は終始 Long 700＞化成 212＞Long 360 の順で Long 700 がもっとも高い収量を示した.Long 360 は化成 212 より 1 割程度収量が低下した.

　2001 年 11 月 20 日のオーチャードグラス根乾物重(表 6-3)は 151～356 g/m^2 であり,地上部乾物重を反映して Long 700＞Long 360＞化成 212 の順であった.また 2002 年 11 月 18 日の根乾物重は 616～733 g/m^2 の範囲で肥効調節型肥料区がやや高い傾向が見られた.

　一方 2001 年 11 月 20 日の根系分布(図 6-10)は最表層 0～5 cm では 66～75%

表6-3 施肥法施肥形態とオーチャードグラスの地下部（根）乾物量

(g/m²)

深さ (cm)	化成212		Long 360		Long 700	
	01/11/20	02/11/18	01/11/20	02/11/18	01/11/20	02/11/18
0～5	99.3	395.0	187.0	399.1	266.0	377.1
5～10	21.3	69.2	26.9	96.3	31.6	114.2
10～15	14.1	49.0	29.4	98.6	16.9	103.2
15～20	11.8	50.7	27.0	63.4	19.7	92.8
20～	4.2	51.9	14.2	28.3	21.7	45.6
	150.6	615.9	284.5	685.7	355.9	733.0

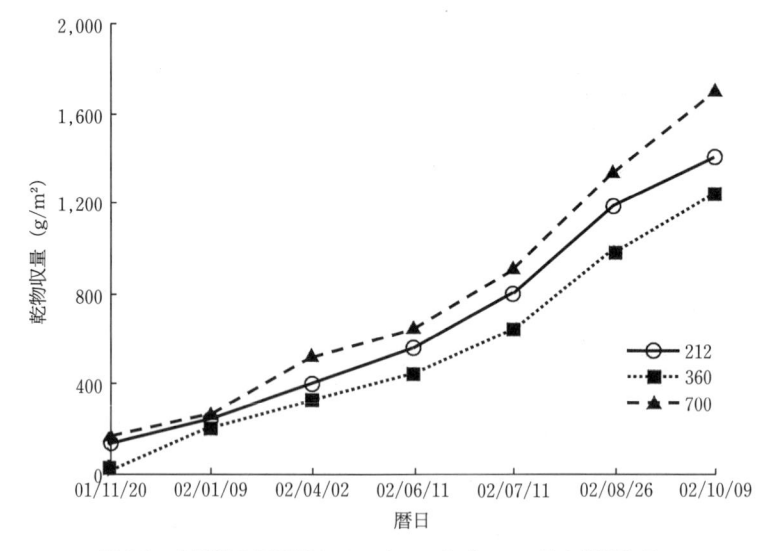

図6-9 施肥法施肥形態とオーチャードグラスの地上部乾物量
212：化成212，360：Long 360，700：Long 700．

を占めており，Long 700 で最も多かった．これに対して 2002 年 11 月 18 日の根系分布は最表層で 52～64％となり，化成212区より肥効調節型肥料のLong 700，Long 360 区で下層の分布割合が高くなった．このことは速効性の窒素肥料の表面施肥は根の表層集中を招き，土壌全体に施肥している肥効調節型区は下層の分布割合が高くなるものと推定される．また，圃場試験に比べて最表層への根の集中度が低いのはポット試験で根が底まで到達するため下層割合

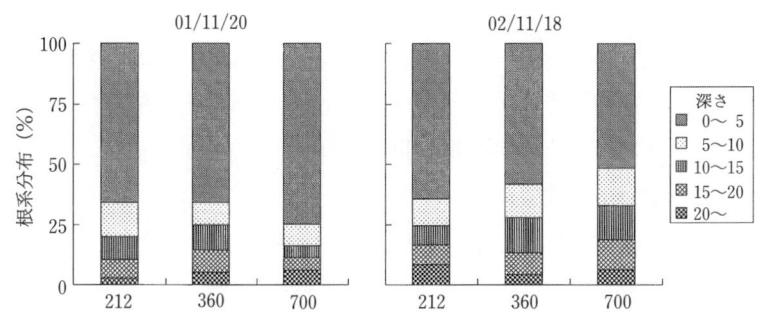

図6-10 施肥法施肥形態とオーチャードグラスの根系分布割合

が増加したものと思われる．

　以上より肥効調節型肥料 Long 700 の全量全層施肥はオーチャードグラスの収量を増大させ，かつ根張りの最表層集中(ルート・マット)を改善できるので労力軽減と収量向上が期待される．これに対して Long 360 は化成 212 より収量が1割程度低下したが，追肥が省略できることを考慮すると導入効果が期待される．

6-3-3　ルート・マットの適正管理

　このように永年牧草地では造成後不耕起状態が継続し，牛体や大型機械作業による踏圧あるいは従来の速効性肥料では追肥が表面に行われるので，他の生態系に見られない特徴的なルート・マット形成が起こる．このルート・マット形成は炭素のストックでもあるが，緻密であるがために牧草の生育障害となる場合がある．それゆえ，牧草地においてはルート・マットの適正管理が極めて重要である．

　古い根を微生物によって分解するには炭素率を低下させることが有効であり，窒素施用量を増やしたり，マメ科牧草割合を高めることなどが考えられる．窒素施用量を多くすると地上部の生育が旺盛となり，根量が減少する．また，最も簡便でよく行われるのはルート・マットの通気性を高めるためにディ

スクハローなどで地表面を部分的に切断することである。このことによって新根は下層に伸展し、またルート・マットに酸素が供給され、微生物活性が増大し、古い根の分解が促進される。ルート・マットは土壌侵食防止にも貢献するので、ルート・マットを残したまま部分的な草地の更新や、トウモロコシやソルガムの不耕起栽培が行われることがある。

引用文献

Saigusa, M., Matuyama, N., Honna, T. and Abe, T. : Chemistry and fertility of acid Andisols with special reference to subsoil acidity. in *Plant-soil Interaction at Low pH*, ed. Wright R. J. et al., pp. 73-80, Kluwer Academic Publishers Netherland (1991)

Shoji, S. and Ono, T. : Physical and chemical properties and clay mineralogy of Andosols from Kitakami Japan. *Soil Sci.*, **126**, 297-312 (1978)

Shiyomi, M., Kirita, H. and Takahashi, S.: Energy, nitrogen, phosphorus and carbon budgets at plant, animal and ecosystem levels in grazing grasslands in the Nishinasuno area Japan. NIAES, **1**, 173-188 (1992)

Sugiura, T., Kobayashi, H., Sakai, R. and Suzuki, S.: Factors affecting root mat formation in permanent grassland (1). *J. Japan Grassl. Sci.*, **34**, 178-185 (1988)

阿江教治・土屋友充:永年草地における輪作体系の導入(1)草地表層ルート・マットの利用と"ゼロ耕耘"法の検討:畜産の研究. **35**, 392-398 (1981)

阿江教治・土屋友充:永年草地における輪作体系の導入(2)草地表層ルート・マットの利用と"ゼロ耕耘"法の検討:同上. **35**, 551-553 (1981)

上野昌彦・吉原 潔・川鍋祐夫:牧草根の機能に関する研究、Ⅱオーチャードグラスのsod-bound 形成に及ぼす刈り取りの影響. 日作紀, **29**, 172-173 (1960)

大久保忠旦:陸上における動物資源の管理. 『動物生産学概論』大久保・豊田・会田編, pp. 315-339, 文永堂, 東京 (1996)

大崎亥佐雄・奥村純一:根圏土壌の理化学性が牧草生育に及ぼす影響, 第1報土壌ち密度と牧草生育との関係. 北農試集報, **27**, 77-78 (1988)

川鍋祐夫・山田豊一・上野昌彦:土壌の種類による牧草生育の差異. 日作紀, **29**, 174-175 (1960)

桐田博充・斉藤吉満・西村 格:(1)放牧草地の植生―土壌系における土壌有機物の供給・分解と蓄積. グリーンエナジー計画成果シリーズⅢ系 (生産環境) No 1, 112-122, (1984).

桐田博充・斉藤吉満・山本嘉人・西村 格:(2)放牧草地の植生―土壌系における土壌有機物の供給・分解と蓄積. グリーンエナジー計画成果シリーズⅢ系 (生産環境) No 4,

16-42 (1988)

三枝正彦・瀧　典明・渋谷暁一：肥効調節型肥料による放牧草地の窒素施肥法の改善．日本草地学会誌，**47** (2)，151-156 (2001)

三枝正彦・瀧　典明・渋谷暁一：模擬放牧草地における施肥窒素の形態と牧草の窒素吸収．日本草地学会誌，**47** (2)，184-190 (2001)

佐藤幸一：草地土壌の孔隙構造に関する研究，1 採草地におけるX線造影法で求めた粗孔隙の実態．日本草地学会誌，**37**，44-54 (1991)

塩見正衛・秋山　侃・袴田共之・森永慎介・芝山道郎：気温の季節変化の7種類型に対する牧草生育量の予測，根釧地方の例．システム農学，**7** (2)，11-23 (1991)

松中照夫・小関純一・松代平治・赤城仰哉・西陰研治：経年変化に伴う草地生産力低下の土壌間差異．日本草地学会誌，**29**，212-218 (1983)

（三枝正彦・鈴木和美）

第7章

畑地における土壌呼吸と炭素収支
──北海道道央のタマネギ畑における例

7-1　土壌呼吸の重要性

　主要温室効果ガスである二酸化炭素は，土壌生態系の炭素循環の過程で吸収されたり発生したりする．IPCC（2001）の調べでは，大気中の二酸化炭素濃度は産業革命以前の 1750 年には 280 ppm であったものが，1998 年には 365 ppm へと急激に上昇しており，しかも，そのような濃度上昇は，過去数千年から数十万年間見られなかった値であるという．1990 年から 1999 年の間の年間の放出量とその行方についてみると，大気での増加量が 3.2±0.1 GtC（1 Gt は 10 億 t），化石燃料の燃焼による放出が 6.3±0.4 GtC，海洋への取り込みが 1.7±0.5 GtC，森林など陸域への取り込みが 1.4±0.7 GtC と報告されている（IPCC, 2001）．

　一般的に土壌は有機物分解や根の呼吸により二酸化炭素を放出しており（Raich and Schlesinger, 1992），地球レベルでの見積もりでは 50～75 GtC/年（Hougton and Woodwell, 1989 ; Schlesinger, 1977 ; Raich and Schlesinger, 1992）と報告されている．これは化石エネルギー燃焼と比べて圧倒的に大きく，土壌呼吸のわずかな変化が地球レベルの炭素収支を変動させる可能性があることを示している．陸域生態系の総生産は 100～120 GtC/年 と見積もられ（Box, 1978 ; Bolin, 1983 ; Hougton and Woodwell, 1989），この総生産から植生の呼吸量を引いた純一次生産の見積もりは 50～60 GtC/年 とされている（Box, 1978 ; Ajtay ら，1979 ; Bolin, 1983 ; Hougton and Woodwell, 1989）．さらに陸域生態系

からは，純一次生産からリターとして土壌に還元された有機物が微生物分解して炭素が放出される．土壌呼吸は植物根の呼吸と有機物分解により生じているので，この両者を分けることが陸域生態系における炭素収支を見積もるのに必要である．

土壌呼吸速度はこれまでいろいろな生態系で測定されてきている．第3章でも紹介したが，Raich and Schlesinger (1992) は，171点の土壌呼吸のデータを生態系ごとに表7-1のようにまとめた．ツンドラでは$60\pm6\,gC/m^2/$年と最も低く，熱帯多雨林では$1{,}260\pm57\,gC/m^2/$年と高い値をとっている．これらの土壌呼吸速度を，Whittaker and Likens

表7-1 世界の植生帯における土壌呼吸
(Raich and Schlesinger, 1992)
($gC/m^2/$年)

植生帯	土壌呼吸		sd	n
ツンドラ	60	±	6	11
寒帯林	322	±	31	16
温帯草原	442	±	78	9
温帯針葉樹林	681	±	95	23
温帯落葉樹林	647	±	51	29
地中海性潅木林	713	±	88	13
農地	544	±	80	26
砂漠	224	±	38	3
熱帯サバンナ	629	±	53	9
熱帯季節林	673	±	134	4
熱帯多雨林	1260	±	57	10
北方泥炭	94	±	16	12
湿地	413	±	76	6

sd：標準偏差，n：観測数

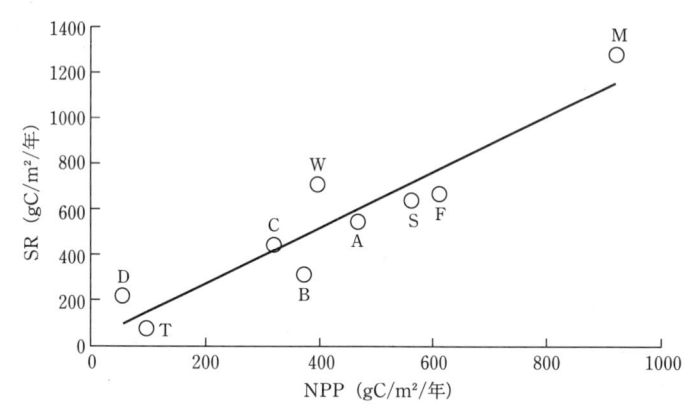

図7-1 年間純一次生産量 (NPP) と年間土壌呼吸量 (SR) の関係
(Raich and Schlesinger, 1992)
D：乾燥地潅木，T：ツンドラ，G：温帯草原，B：寒帯林，W：地中海林，
A：農地，S：熱帯サバンナ，F：温帯林，M：熱帯多雨林

(1975) および Ajtay ら (1979) が得たそれぞれの生態系の純一次生産量のデータに対してプロットしたのが図 7-1 であるが，土壌呼吸 (SR：$gC/m^2/$年) は純一次生産量 (NPP：$gC/m^2/$年) と，以下の相関関係を示すことがわかる．

$$SR = 1.24NPP + 24.5 \quad (r = 0.933) \tag{7.1}$$

そして，各生態系の面積を乗じることにより，地球規模での土壌呼吸量が $68 \pm 4\, GtC/$年と見積もられた．

土壌は $1,500\, GtC$ の炭素を貯留しているとされ，その量は大気の 2 倍，植生の 3 倍に相当する (Schlesinger, 1990)．したがって土壌呼吸量の変化は地球の炭素収支に大きな影響をあたえる．

農地では収穫物を搬出するため，土壌への有機物還元量が自然生態系に比べて低下するとともに，土壌呼吸量が増加することも報告された．合衆国ミズーリでの自然草地からコムギ畑に開墾した例では $488\, gC/m^2/$年から $640\, gC/m^2/$年 (Buyanovsky ら, 1986)，ドイツでの森林から草地に開墾した例では $470\, gC/m^2/$年から $690\, gC/m^2/$年 (Dörr and Münnich, 1987)，タイでの森林の刈払い焼畑の例でも $1,240\, gC/m^2/$年から $1,410\, gC/m^2/$年 (Tulaphitak ら, 1983)，北海道静内の例では，森林では $410\, gC/m^2/$年であったものが，草地では $767\, gC/m^2/$年，トウモロコシ畑では $500\, gC/m^2/$年 (Hu ら, 2001) と，いずれも土壌呼吸は増加していた (図 7-2)．

土壌呼吸速度は植生，温度，水分，根の活性，養分状態などにより変化する (Schlesinger and Andrews, 2000)．土壌温度の上昇は一般に土壌呼吸を増加させるが，温度が 10℃ 上昇したときの土壌呼吸の増加率である Q_{10} は 1.3〜3.3 の幅広い値を示す (Raich and Schlesinger, 1992)．さらに根の呼吸にも大きな変動があり，Raich and Tufekcioglu (2000) のレビューでは，その土壌呼吸に占める割合は，温帯森林では 33〜50％，温帯の草地では 17〜40％，畑では 12〜38％を示している．

地球規模の炭素収支の有効な見積もりのためには，さまざまな生態系におけ

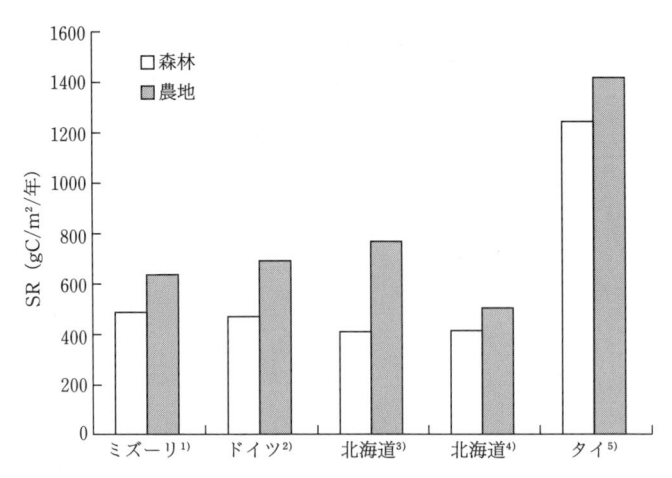

図 7-2 森林開墾による年間土壌呼吸量 (SR) の変化
1：コムギ畑 (Buyanovsky ら, 1986)，2：草地 (Dörr and Münnich, 1987)，3：草地 (Hu ら, 2001)，4：トウモロコシ畑 (Hu ら, 2001)，5：焼畑 (Tulaphitak ら, 1983)

る純一次生産量と土壌呼吸，根呼吸と有機物分解についてのデータをそろえていく必要があり，将来予測のためにその変動を把握していく必要がある．

本章では，とくに施肥と植栽が土壌呼吸速度に与える影響について，その調査方法の解説も含めて紹介する．

7-2 土壌呼吸測定と炭素収支解析方法

土壌呼吸と炭素収支の研究を行った圃場は，北海道三笠市 (43°14′N, 14°50′E) の灰色低地土のタマネギ畑である．1999年，2000年の2年間タマネギ生育期に土壌呼吸の測定を行った．圃場は水田転換畑で，10年間以上タマネギ栽培が行われており，約 300 kgN/ha の窒素施肥が4月下旬に基肥として与えられている．暗渠排水が 12 m 間隔で深さ 80～100 cm に施されており1つの排水口にまとめられている．地下水位は年間を通して 70～80 cm にある．土壌の

表7-2 三笠タマネギ畑土壌の理化学性

層位	深さ (cm)	pH H_2O	T-C (gC/kg)	T-N (gN/kg)	C/N比	粒径組成（％）			土壌構造	K_{sat} (m/s)
						砂	シルト	粘土		
Ap_1	0～10	5.8	32.1	2.8	11.5	12.1	51.2	36.7	粒状	1.0×10^{-7}
Ap_2	10～33	5.2	35.1	2.8	12.7	11.3	50.9	37.8	亜角塊状	1.8×10^{-6}
Bg	33～64	4.4	49.1	3.1	16.0	2.9	47.9	49.2	亜角塊状	4.6×10^{-6}
C	64～100+	4.7	96.6	4.4	17.4	6.1	56.3	37.6	柱状	2.2×10^{-4}

K_{sat}：飽和透水係数

理化学性は表7-2のとおりで，深さ10～33 cmにやや透水性の悪い層があり，下層に泥炭を持つ．

施肥，栽植が土壌呼吸と炭素収支に及ぼす影響をみるため，施肥栽植（T1），施肥無栽植（T2），無施肥栽植（T3），無施肥無栽植（T4）の4処理区を設けた．施肥区では，1999年はN：322, P_2O_5：380, K_2O：250 kg/haを，2000年はN：242, P_2O_5：450, K_2O：180 kg/haを4月下旬に施肥した．栽植区では5月初旬にタマネギを23個体/m^2で移植し，9月中旬に収穫した．

土壌呼吸は，クローズドチャンバー法（第5章参照）で測定した．チャンバーは，直径20 cm，高さ20 cmのステンレス円筒管と塩化ビニール製の円盤のフタからなり，フタには，ガス採取口と内部圧力調整用の袋がついている．測定時間は普通13：00にT1の測定を始め，T4の測定を15：00に終えた．二酸化炭素濃度は卓上型赤外線ガス分析計（Fuji Electric ZFP-5, Fuji電気社製）で測定した．

生態系と大気間の二酸化炭素フラックスは純生態系生産量（NEP）で表される．NEPは生態系へ吸収される総炭素量に相当する総生産（GPP）から，大気へ放出される総炭素量に相当する地上部呼吸量（Ra）と土壌呼吸量（SR）を差し引くことで得られる．すなわち，

$$NEP = GPP - Ra - SR \qquad (7.2)$$

土壌呼吸量は根呼吸（Rr）と有機物分解（Rm）の合計であるから，

$$SR = Rr + Rm \tag{7.3}$$

純一次生産量は総生産から植物の呼吸（Ra と Rr）を差し引いたものであるから,

$$NPP = GPP - Ra - Rr \tag{7.4}$$

(7.2) 式から (7.4) 式までをまとめると,

$$NEP = NPP - Rm \tag{7.5}$$

が得られる.

さらに圃場からは収穫物量（Y）が持ち出されるので, 圃場の炭素固定量 (CS) は,

$$CS = NPP - Rm - Y \tag{7.6}$$

となる.

ここでは Rm は Hanson ら (2000) に基づき, 無栽植区の土壌呼吸量とした. NPP は Osaki ら (1992) が示した, 作物の乾物重から炭素量への換算式 ($C(kg) = 0.446 \times DW(kg) - 0.00067$) を用いた.

7-3 タマネギ畑における土壌呼吸

7-3-1 土壌呼吸速度

図 7-3 に示すように, 土壌呼吸速度は気温が上昇した夏期に高く, 気温が低い春期, 秋期に低かった. 土壌呼吸速度は 1999 年度は 15〜245 mgC/m²/時, 2000 年度は 11〜307 mgC/m²/時を示した. これらの値は, Raich and Schlesinger (1992) のレビューに示された温帯での観測値である 21〜506 mgC/m²/時

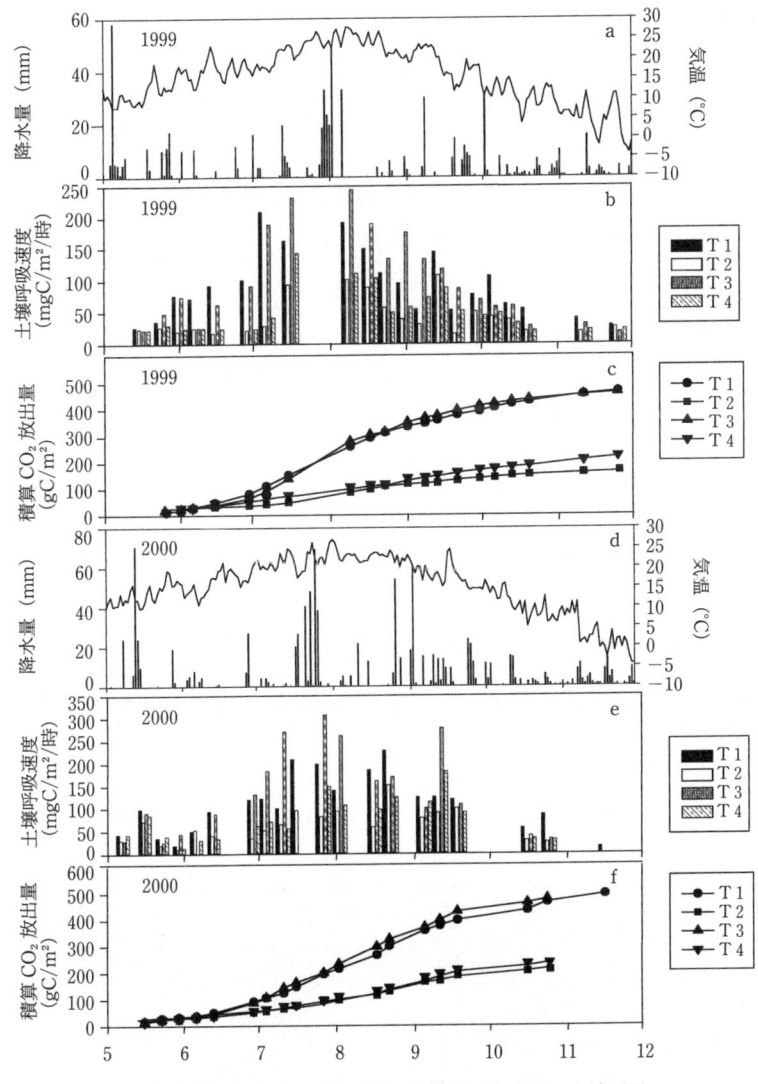

図 7-3 三笠タマネギ畑における気温，降水量，土壌呼吸

a：降水量，気温（1999）　　b：土壌呼吸速度（1999）
c：積算 CO_2 放出量（1999）　d：降水量，気温（2000）
e：土壌呼吸速度（2000）　　f：積算 CO_2 放出量（2000）
T1：施肥栽植区　　　　　　T2：施肥無栽植区
T3：無施肥栽植区　　　　　T4：無施肥無栽植区

の範囲にあった．

　5月から11月までの積算二酸化炭素フラックスは，T1，T2，T3，T4それぞれの処理で1999年度は466，188，463および210 gC/m²，2000年度は496，214，478および222 gC/m²であった（図7-3 c, f）．両年ともタマネギ栽植区のT1，T3の土壌呼吸速度は，有意に無栽植区より高かった．Raich and Tufekcioglu（2000）のレビューによれば，畑作物栽培により土壌呼吸速度は無栽植休閑地に対し20％増加したことを示している．ただし，この結果は無栽植休閑地で地温が高かったため，これを補正すると有意差が見出せなかったとしている．本研究では，5 cmの地温は無栽植区で栽植区より1℃高まったに留まり，栽植区と無栽植区の差はタマネギの根の呼吸に由来するものと考えた．化学肥料施与の影響は明らかではなかった．この結果はPaustianら（1990）が示したスウェーデンの大麦畑での結果と一致した．

　無栽植区の土壌呼吸を有機物分解によるものとし，栽植は有機物分解に影響しないと仮定したHansonら（2000）に従って，根呼吸量を求めたところ，土壌呼吸の54～60％に相当した（表7-3）．Raich and Tufekcioglu（2000）のレビューでは畑地の土壌呼吸量の12～38％が根呼吸に由来するとしている．本

表7-3　三笠タマネギ畑における年間の土壌呼吸量（SR）と植栽区（T1，T3）における根呼吸量（Rr）の見積もり

(gC/m²/年)

処理	1999 SR	1999 Rr	2000 SR	2000 Rr	平均 SR	平均 Rr
T1	466	278(60%)	496	282(57%)	481[a]	280(58%)
T2	188		214		201[b]	
T3	463	253(55%)	478	256(54%)	471[a]	255(54%)
T4	210		222		216[b]	

括弧内は土壌呼吸における根呼吸の割合．
Rrは無植栽区のSRを有機物分解量（Rm）と仮定して，Rr＝SR－Rmから求めた．
異なるアルファベットは，5％水準で有意に差があることを示す．
T1：施肥栽植区，T2：施肥無栽植区，T3：無施肥栽植区，T4：無施肥無栽植区

研究期間は5月から11月までと短いことに原因があるのかもしれないが，冬期積雪期間中の低温時の土壌呼吸は著しく小さいと思われるので，実際に根呼吸の割合が高かった可能性がある．江口ら（1997），阪田ら（1996）は実験室で，根を取り除いた試料を培養し，二酸化炭素放出量と温度と水分の関係を求め，現地の地温と土壌水分から，有機物分解量を推定した．その結果から，根の呼吸は全体の土壌呼吸のそれぞれ70％，60％に相当すると推定している．

7-3-2　土壌呼吸速度と温度の関係

土壌呼吸速度は気温の上昇とともに増加していた（図7-3）．土壌呼吸速度（SR：mgC/m²/時）と地温（T：K）の関係は，一般的にアレニウス式 $\ln(SR) = a/T + \ln(b)$ で表される．図7-3の結果もアレニウス式によく適合した（表7-4）．同様の結果は，Lloyd and Taylor（1994），Huら（2001）にも示されている．

温度が10℃上昇したときの土壌呼吸の増加率（Q_{10}値）は栽植区で2.1〜3.1であったが，無栽植区では，1.6〜1.9と低かった．これらの値はRaich and Schlesinger（1992）のレビューにより示された1.3〜5.6の範囲内にあった．栽植区で見られた高いQ_{10}は，根の呼吸が温度上昇により増加しやすいことを示している．Booneら（1998）は温帯の混合林で，同様の結果を示してい

表7-4　三笠タマネギ畑の土壌呼吸の活性化エネルギー（E_a）と Q_{10}

処理	E_a(kJ/mol)			Q_{10}		
	1999	2000	平均	1999	2000	平均
T1	55.5	52.4	54.0[a]	2.2	2.1	2.1[ab]
T2	32.3	38.7	35.5[b]	1.6	1.7	1.6[b]
T3	67.5	80.8	74.1[c]	2.5	3.1	2.8[a]
T4	46.4	42.8	44.6[ab]	1.9	1.8	1.9[b]

異なるアルファベットは5％水準で有意に差があることを示す．
T1：施肥栽植区，T2：施肥無栽植区，T3：無施肥栽植区，T4：無施肥無栽植区

る．

アレニウスプロットの傾き（a）から求めた活性化エネルギー（$E_a = -a \times R$（Rは気体定数））の値も，栽植区で無栽植区よりも高く，根の呼吸の温度反応性が高いことを示していた．二酸化炭素濃度の上昇は温暖化を招くが，一方では，植物の炭素固定量を増加させ収量の増加も生じることが期待されている．しかし，温度上昇による根の呼吸の著しい増加は，植物の炭素固定はあまり期待できないことも意味している．今後の課題である．

7-4 炭素収支

純一次生産量（NPP）は施肥区では，1999年度は215 gC/m²/年，2000年度は217 gC/m²/年であり，無施肥区では1999年度は182 gC/m²/年，2000年度は152 gC/m²/年と施肥区より低かった（表7-5）．Shinanoら（1991）は札幌の圃場で米，春コムギ，トウモロコシ，ダイズ，馬鈴薯について100 kgN/ha施肥区と無施肥区でNPPを求め，施肥区ではそれぞれ632，570，812，292，447 gC/m²/年であったものが，無施肥区では339，170，272，337，110 gC/m²/年であったと報告している．また，Paustianら（1990）は，スウェーデンの大麦のNPPが120 kgN/ha施肥区では480 gC/m²/年，無施肥区では260 gC/m²/年であったことを報告している．すなわち一般的に施肥はNPPを増加させるが，タマネギは242〜322 kgN/haも施肥されているのに他の作物に比べて，NPPがあまり増加していなかった．

純生態系生産量（NEP）は，−222〜27 gC/m²/年を示した（表7-5）．施肥栽植区だけが，正のNEP値を示した．正の値は生態系が大気中の炭素を固定していたことを示し，負の値は大気に炭素を放出していたことを示す．これらの結果から，施肥はNPPとともにNEPを増加させることがわかる．三笠のNEP値はGilmanovら（2003）が示したNEP値の範囲に入っていた．他の作物では，例えば，Koizumiら（1993）によると日本の陸稲と大麦の二毛作での

研究期間は5月から11月までと短いことに原因があるのかもしれないが，冬期積雪期間中の低温時の土壌呼吸は著しく小さいと思われるので，実際に根呼吸の割合が高かった可能性がある．江口ら（1997），阪田ら（1996）は実験室で，根を取り除いた試料を培養し，二酸化炭素放出量と温度と水分の関係を求め，現地の地温と土壌水分から，有機物分解量を推定した．その結果から，根の呼吸は全体の土壌呼吸のそれぞれ70％，60％に相当すると推定している．

7-3-2 土壌呼吸速度と温度の関係

土壌呼吸速度は気温の上昇とともに増加していた（図7-3）．土壌呼吸速度（SR：mgC/m²/時）と地温（T：K）の関係は，一般的にアレニウス式 $\ln(SR) = a/T + \ln(b)$ で表される．図7-3の結果もアレニウス式によく適合した（表7-4）．同様の結果は，Lloyd and Taylor（1994），Huら（2001）にも示されている．

温度が10℃上昇したときの土壌呼吸の増加率（Q_{10}値）は栽植区で2.1～3.1であったが，無栽植区では，1.6～1.9と低かった．これらの値はRaich and Schlesinger（1992）のレビューにより示された1.3～5.6の範囲内にあった．栽植区で見られた高いQ_{10}は，根の呼吸が温度上昇により増加しやすいことを示している．Booneら（1998）は温帯の混合林で，同様の結果を示してい

表7-4 三笠タマネギ畑の土壌呼吸の活性化エネルギー（E_a）とQ_{10}

処理	E_a(kJ/mol)			Q_{10}		
	1999	2000	平均	1999	2000	平均
T1	55.5	52.4	54.0[a]	2.2	2.1	2.1[ab]
T2	32.3	38.7	35.5[b]	1.6	1.7	1.6[b]
T3	67.5	80.8	74.1[c]	2.5	3.1	2.8[a]
T4	46.4	42.8	44.6[ab]	1.9	1.8	1.9[b]

異なるアルファベットは5％水準で有意に差があることを示す．
T1：施肥栽植区，T2：施肥無栽植区，T3：無施肥栽植区，T4：無施肥無栽植区

る.

アレニウスプロットの傾き (a) から求めた活性化エネルギー ($E_a = -a \times R$ (R は気体定数)) の値も, 栽植区で無栽植区よりも高く, 根の呼吸の温度反応性が高いことを示していた. 二酸化炭素濃度の上昇は温暖化を招くが, 一方では, 植物の炭素固定量を増加させ収量の増加も生じることが期待されている. しかし, 温度上昇による根の呼吸の著しい増加は, 植物の炭素固定はあまり期待できないことも意味している. 今後の課題である.

7-4 炭素収支

純一次生産量 (NPP) は施肥区では, 1999 年度は 215 gC/m²/年, 2000 年度は 217 gC/m²/年であり, 無施肥区では 1999 年度は 182 gC/m²/年, 2000 年度は 152 gC/m²/年と施肥区より低かった (表 7-5). Shinano ら (1991) は札幌の圃場で米, 春コムギ, トウモロコシ, ダイズ, 馬鈴薯について 100 kgN/ha 施肥区と無施肥区で NPP を求め, 施肥区ではそれぞれ 632, 570, 812, 292, 447 gC/m²/年であったものが, 無施肥区では 339, 170, 272, 337, 110 gC/m²/年であったと報告している. また, Paustian ら (1990) は, スウェーデンの大麦の NPP が 120 kgN/ha 施肥区では 480 gC/m²/年, 無施肥区では 260 gC/m²/年であったことを報告している. すなわち一般的に施肥は NPP を増加させるが, タマネギは 242〜322 kgN/ha も施肥されているのに他の作物に比べて, NPP があまり増加していなかった.

純生態系生産量 (NEP) は, $-222 \sim 27$ gC/m²/年を示した (表 7-5). 施肥栽植区だけが, 正の NEP 値を示した. 正の値は生態系が大気中の炭素を固定していたことを示し, 負の値は大気に炭素を放出していたことを示す. これらの結果から, 施肥は NPP とともに NEP を増加させることがわかる. 三笠の NEP 値は Gilmanov ら (2003) が示した NEP 値の範囲に入っていた. 他の作物では, 例えば, Koizumi ら (1993) によると日本の陸稲と大麦の二毛作での

表7-5 三笠タマネギ畑における純一次生産量（NPP），純生態系生産量（NEP），収穫量（Y）と炭素固定量（CS）

(gC/m²/年)

	処理	NPP	Rm	NEP	Y	CS
1999	T1	215	188	27	174	−147
	T2	0	188	−188	0	−188
	T3	182	210	−28	150	−178
	T4	0	210	−210	0	−210
2000	T1	217	214	2	175	−173
	T2	0	214	−214	0	−214
	T3	152	222	−70	125	−195
	T4	0	222	−222	0	−222
平均	T1	216	201	15	175	−160[a]
	T2	0	201	−201	0	−201[bc]
	T3	167	216	−49	138	−187[b]
	T4	0	216	−216	0	−216[c]

Rmは無栽植区（T2，T4）の土壌呼吸量
NEP＝NPP−Rm
CS＝NEP−Y
異なるアルファベットは5％水準で有意に差があることを示す．
T1：施肥栽植区，T2：施肥無栽植区，T3：無施肥栽植区，T4：無施肥無栽植区

NEPは−99.8 gC/m²/年，落花生とコムギの二毛作でのNEPは−167 gC/m²/年であり，飼料用トウモロコシとイタリアンライグラスの二毛作では307 gC/m²/年であった．さらに，Paustianら（1990）が示したスウェーデンでの大麦畑の結果を元に計算したところ，施肥区で314 gC/m²/年，無施肥区では95 gC/m²/年と見積もられた．以上の値と比べて，本研究で得られたタマネギ畑のNEPは小さかったが，これは有機物分解量が多かったというより，むしろタマネギのNPPが小さかったためであると思われる．しかし，無栽植区のNEPは栽植区に比べて著しく小さく，裸地で畑を放置することは大気への二酸化炭素放出を助長していることは明らかである．

三笠ではタマネギの収穫により，NPPの約80％に相当する125〜175 gC/m²/年の炭素が圃場から持ち出された（表7-5）．言い換えれば，NPPの約20％の炭素が土壌に投入されたことになる．土壌有機物分解量と土壌への有機

物投入量の差である土壌の炭素固定量（CS）は，$-222\sim-147\,gC/m^2/$年であった（表7-5）。このことは，土壌有機物の分解を残渣の投入だけでは補えないことを示している。先の Koizumi ら（1993）も収穫により，圃場から炭素が消失することを示している。陸稲と大麦の二毛作での土壌の炭素固定量は$-378\,gC/m^2/$年，落花生とコムギの二毛作では$-416\,gC/m^2/$年であり，飼料用トウモロコシとイタリアンライグラスの二毛作では$-630\,gC/m^2/$年であった。やはり，残渣だけでは有機物分解は補われていないことがわかる。ところが，Paustian ら（1990）の結果を見ると，無施肥の大麦畑土壌の炭素固定は$-20\,gC/m^2/$年とやはり放出を示したが，施肥の大麦畑土壌では $16\,gC/m^2/$年と炭素固定が生じていた。

以上から，土壌の炭素固定は，作物生産と土壌有機物分解により異なることがわかる。先に見たように三笠のタマネギ畑を含め，すべての畑で，施肥により，土壌の炭素固定量は増加していた。さらに，堆肥を投入することにより，土壌の炭素固定量は増加する可能性がある。しかし，窒素施肥の増加は温室効果ガスの1つである亜酸化窒素（N_2O）放出を助長し（Bouwman, 1996），やはり温室効果ガスの1つであるメタン（CH_4）の酸化分解能を低下させる（Hu ら，2002）。N_2O，CH_4 による温暖化効果が増加してもそれ以上に炭素固定量を増大させることができれば，温暖化効果の抑制につながる可能性はあるが，N_2O は成層圏オゾン層を破壊するという問題があり，また窒素施肥量が多くなると，余った硝酸が浸透水とともに河川や地下水に流出し汚染する問題も大きい（Hayashi and Hatano, 1999）。これらの総合的な評価が大切である。今後の課題である。

引用文献

Ajtay, G. L., Ketner, P. and Duvigneaud, P.: Terrestrial primary production and phytomass. in *The global carbon cycle*, ed. B. Bolin et al., pp. 129-181, John Wiley & Sons, Chichester (1979)

Bolin, B.: Changing global biogeochemistry. in *Oceanography, The present and the future*, ed. P. Brewer, pp. 305-326, Springer-Verlag, New York (1983)

Boone, R. D., Nadelhoffer, K. J., Canary, J. D. and Kaye, J. P.: Roots exert a strong influence on the temperature sensitivity of soil respiration. *Nature*, **396**, 570-572 (1998)

Bouwman, A. F.: Direct emission of nitrous oxide from agricultural soils. *Nutr. Cycl. Agroecosys.*, **49**, 7-16 (1996)

Box, E.: Geographical dimensions of terrestrial net and gross primary production. *Rad. and Environ. Biophys.*, **15**, 305-322 (1978)

Buyanovsky, G. A., Wagner, G. H. and Grantzer, C. J.: Soil respiration in a winter wheat ecosystem. *Soil Sci. Amer. J.*, **50**, 338-344 (1986)

De Jong, E. and Schappert, H. J. V.: Calculation of soil respiration and activity from CO_2 profiles in the soil. *Soil Sci.*, **113**, 328-333 (1972)

Dörr, H. and Münnich, K. O.: Annual variation in soil respiration in selected areas of the temperate zone. *Tellus*, **39B**, 114-121 (1987)

FAO-Unesco: *Revised legend of the FAO-UNESCO Soil Map of the World.* 119pp., FAO, Roma (1988)

Gilmanov, T. G., Verma, S. B., Sims, P. L., Meyers, T. P., Bradford, J. A., Burba, G. G. and Suyker, A. E.: Gross primary production and light response parameters of four southern plains ecosystems estimated using long-term CO_2-flux tower measurements. *Global Biogeochemical Cycles*, **17**, 1071 (2003)

Grace, J., Lloyd, J., Mcintyre, J., Miranda, A. C., Meir, P., Miranda, H., Nobre, C., Moncrieff, J. B., Massheder, J., Malhi, Y., Wright, I. R. and Gash, J.: Carbon dioxide uptake by an undisturbed tropical rain forest in southwest Amazonia 1992-1993. *Science*, **270**, 778-780 (1995)

Hanson, P. J., Edwards, N. T., Garten, C. T. and Andrews, J. A.: Separating root and soil microbial contributions to soil respiration: A review of methods and observations. *Biogeochemistry*, **48**, 115-146 (2000)

Hayashi, Y. and Hatano, R.: Annual nitrogen leaching to subsurface drainage water from a clayey aquic soil cultivated with onion in Hokkaido, Japan. *Soil Sci. Plant Nutr.*, **45**, 451-459 (1999)

Hougton, R. A. and Woodwell, G. M.: Global climate change. *Sci. Am.*, **260**, 36-44 (1989)

Hu, R., Kusa, K. and Hatano, R.: Soil respiration and methane flux in adjacent forest, grassland, and corn field soils in Hokkaido, Japan. *Soil Sci. Plant Nutr.*, **47**, 621-627 (2001)

Hu, R., Hatano, R., Kusa, K. and Sawamoto, T.: Effect of nitrogen fertilizer on methane flux in a structured clay soil cultivated with onion in central Hokkaido, Japan. *Soil Sci. Plant Nutr.*, 48 797-804 (2002)

IPCC: A report of working group 1 of the Intergovernmental Panel on Climate Change, 1-83 (2001)

Koizumi, H., Usami, Y. and Satoh, M.: Carbon dynamics and budgets in three upland double-cropping systems in Japan. *Agriculture, Ecosystems and Environment*, **43**, 235-244 (1993)

Lloyd, J. and Taylor, J. A.: On the temperature dependence of soil respiration. *Functional Ecology*, **8**, 315-323 (1994)

Osaki, M., Shinano, T. and Tadano, T.: Carbon-nitrogen interaction in field crop production. *Soil Sci. Plant Nutr.*, **38**, 553-564 (1992)

Osozawa, S. and Hasegawa, S.: Diel and seasonal changes in carbon dioxide concentration and flux in an Andisol. *Soil Sci.*, **160**, 117-124 (1995)

Paustian, K., Andren, O., Clarholm, M., Hansson, A. C., Johansson, G., Laagerlof, J., Lindberg, T., Pettersson, R. and Sohlenius, B.: Carbon and nitrogen budgets of four agro-ecosystems with annual and Perennial crops, with and without N fertilization. *Journal of Applied Ecology*, **27**, 60-80 (1990)

Phillips, O. L., Malhi, Y., Higuchi, N., Laurance, W. F., Nunez, R. M., Vaxquez, D. J. D., Laurance, L. V., Ferreira, S. G., Stern, M., Brown, S. and Grace, J.: Changes in the carbon balance of tropical forests: evidence from long-term plots. *Science*, **282**, 439-442 (1998)

Raich, J. W. and Schlesinger, W. H.: The global carbon dioxide flux in soil respiration and its relationship to vegetation and climate. *Tellus*, **44B**, 81-99 (1992)

Raich, J. W. and Potter, C. S.: Global patterns of carbon dioxide emissions from soils. *Global Biogeochemical Cycles*, **9**, 23-36 (1995)

Raich, J. W. and Tufekcioglu, A.: Vegetation and soil respiration: Correlations and controls. *Biogeochemistry*, **48**, 71-90 (2000)

Schlesinger, W. H.: Carbon balance in terrestrial detritus. *Ann. Rev. Ecol. Syst.*, **8**, 51-81 (1977)

Schlesinger, W. H.: Evidence from chronosequence studies for a low carbon-storage potential of soils. *Nature*, **348**, 232-234 (1990)

Schlesinger, W. H. and Andrews, J. A.: Soil respiration and global carbon cycle. *Biogeochemistry*, **48**, 7-20 (2000).

Shinano, T., Osaki, M. and Tadano, T.: Effect of nitrogen application on reconstruction of nitrogen compounds during the maturation stages in several field crops. *Soil Sci. Plant Nutr.*, **37**, 259-270 (1991)

Soil Survey Staff: *Keys to Soil Taxonomy, 8th edition.* 600pp., Pocahontas Press, Inc, Blacksburg, Virginia (1999)

Spiecker, H., Mielikainen, K., Kohl, M. and Skovsgaard, J. P.: *Growth trends in European forest studies from 12 countries.* 354pp., Springer-Verlag, Heidelberg (1996)

Steudler, P. A., Bowden, R. D., Melillo, J. M. and Aber, J. D.: Influence of nitrogen fertilization on methane uptake in temperate forest soils. *Nature*, **341**, 314-316

(1989)

Tulaphitak, T., Pairintra, C. and Kyuma, K.: Soil fertility and tilth. in *Shifting cultivation*, ed. K. Kyuma and C. Parintra., pp. 63-83, Faculty of Agriculture, Kyoto University, Kyoto (1983)

Whittaker, R. H. and Likens, G. E.: Carbon in the biota. in *Carbon and the Biosphere*, ed. G. M. Woodwell and E. V. Pecan., pp. 281-302, CONF 720510, Springfield/Virginia: U. S. National Technical Information Service (1975)

江口定夫・阪田匡司・波多野隆介・佐久間敏雄：落葉広葉樹林土壌からの CO_2 フラックスの日変化と植生に対する CO_2 供給源としての重要性．土肥誌, **68**, 138-147 (1997)

阪田匡司・波多野隆介・佐久間敏雄：フロースルーチャンバー法を用いた土壌呼吸測定の改良法．土肥誌, **65**, 334-336 (1994)

阪田匡司・波多野隆介・佐久間敏雄：粘土質コムギ畑の土壌呼吸における根と微生物呼吸の寄与．土肥誌, **67**, 133-138 (1996)

謝辞

本章のとりまとめにあたり，中国華中農業大学の胡栄桂博士，酪農学園大学の澤本卓治博士には多大なご協力をいただいた．記して謝意を表します．

（波多野隆介）

第8章

水田における有機物の分解と炭素循環

8-1 水田生態系における特異的な有機物分解過程

　我々が農村風景を思い描く時，そこにはたわわに実った稲穂に囲まれたのどかな農村がある．水田に囲まれた農村風景は我々日本人の心象風景である．水田は，夏の間水稲が栽培され，収穫後麦が栽培されたり，あるいは翌年まで放置される間に各種の雑草が繁茂する．米や麦の収穫部分（可食部）は，植物体全量の半分以下であり，収穫後多量の植物遺体が水田に残される．加えて，水田を肥沃にするため，様々な有機物（堆厩肥，緑肥，ワラ）が施用されてきた．水田は，有機物（水稲など）の生産と植物遺体の分解が活発に行われている1つの生態系である．

　水田は，稲作期間の大部分の間土壌表面が水で覆われており，その期間の水田は，大きく①表面水の部分，②耕作の行われる表層10数cmの土壌部分（作土），③その下の土壌（下層土）に大別される．植物遺体の微生物分解にともなって，作土内は無酸素状態になる．これは，表面水が大気からの新鮮な空気の作土への侵入を阻止しているためである（水相における空気の供給速度は気相における場合の約1/10000に低下し，土壌中への新鮮な空気の供給は極わずかである）．したがって，夏の間の水田における有機物の分解は，畑と異なった嫌気的な分解である．

　本章では，どのような有機物が，いつ，どれほど，水田に供給され，その後どのような分解過程をたどるのかを，これまでに行われた多くの研究を基に紹介する．水田における有機物の供給と分解は水田の管理と密接に関連し，夏期

の湛水状態が原因となって畑とは異なった水田特有の有機物分解過程が進行している．

8-2 水田に供給される有機物の種類とその量

水田に供給される有機物の種類と量は，水田の管理方法によって異なる．ここでは，1925（大正15）年に試験が開始された旧農林水産省農業研究センター鴻巣試験地（埼玉県鴻巣市）に設けられた4種の長期肥料連用試験水田（無肥料区水田，化学肥料区水田，緑肥区水田，堆肥区水田）で行われた研究を紹介する．試験開始以来，無肥料区水田は継続して無肥料で管理され，化学肥料区水田へは化学肥料が，緑肥区水田へは化学肥料に加えてレンゲが，堆肥区水田へは化学肥料と堆肥が，それぞれ一貫して施用されてきた．表8-1は試験水田の作業管理を示したものであり，各種の農作業に伴って様々な有機物が水田に供

表8-1 供試圃場の農作業とそれにともなって水田に供給される有機物の種類（鴻巣，1980年度）

月	日	作業内容	添加有機物
5	8	レンゲ刈取り	レンゲ[1]
	9	堆肥運搬	堆肥[2]
	15	耕起	雑草（冬生）
6	6	二番耕起	雑草（春生）
	16	湛水	
	17	施肥，代かき	
	18	移植	
7	14	除草	雑草（水生）
	17	薬剤散布（バイジェット乳剤）	
	30	中干し（8月7日まで）	浮草，藻類
	31	薬剤散布（バイジェット乳剤，バリダシン乳剤）	
8	8	殺虫剤散布（ディプテレックス）	
9	5	殺菌剤散布（ヒノザン乳剤）	
	15	落水	浮草，藻類，雑草（水生）
10	20	収穫（水稲）	刈株

1：緑肥区のみ，2：堆肥区のみ

給されていることがわかる．

8-2-1 雑草量，藻類量

春の耕起によって水田に鋤き込まれる雑草の量は，水田の来歴によって，170～3,400 kg/ha と大きく異なっていた（山崎・佐伯，1980）．当水田は一毛作のため，冬の間は休閑状態で放置され，冬生・春生雑草の量が二毛作田に比べて多いのが特徴であった．

他方，水稲生育期間中の雑草重は，各種の除草作業の結果，60～490 kg/ha と休閑期の雑草量に比べて著しく少なかった（山崎・佐伯，1980）．雑草に加えて，表面水中に各種の藻類が生育し，緑肥区や堆肥区では水稲の生育初期にフシマダラの生育が旺盛で，その乾燥重量は 50～620 kg/ha に達した（山崎・佐伯，1980）．なお，当水田におけるプランクトンの量は不明であるが，その量は雑草や緑藻の量に比べて極めて少ない（5～6 kg/ha；倉沢，1956）．

8-2-2 リター量，根量

水稲は生育期間中，新しい葉と根を順次伸長させる一方，古い葉は下葉から枯死・落葉させる（図8-1）．その結果，枯死葉の総量は

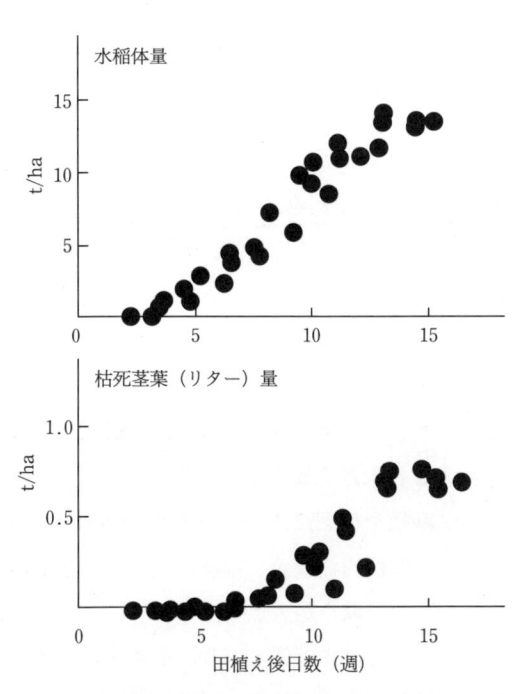

図8-1 水稲の生育に伴う水稲体重量および枯死茎葉量の経時的変化

収穫期までに700〜800 kg/haにも達し，水稲体生産量の約5％に相当していた（JIBP/PP-Photosynthesis Level I Experiment Report, 1969）．他方，根は光合成有機物の一部を土壌中に分泌し，古い根は枯死・脱落していく．Luら（2002b）は，ポット栽培した水稲に生育期間中数回 $^{13}CO_2$ を同化させ，その後収穫期に土壌から回収した各種有機物，微生物中の ^{13}C の量を基に，根によって供給された土壌中の有機物の量が光合成量の3％以上に達すると推定した．この値は，収穫期に土壌中に残存していた光合成由来の炭素の量から推定したものであり，収穫期までに土壌微生物によって分解された量は含まれていない．下限の値である．この結果を当水田に生育している水稲および雑草に準用するならば，その量は水稲で180〜330 kg/ha以上，雑草においては5〜102 kg/ha以上と推測される．

8-2-3 刈り株・残根量

収穫後水田に残される水稲刈り株と残根の総量は，600〜2,250 kg/haに達し，その約70％が水稲刈り株であった（木村ら，1980）．なお，近年は収穫にコンバインを使用する結果，細断された稲ワラが水田表面に残され，その量はおおよそ籾収量に相当することから，6 t/ha程度と推定される．

表8-2は以上の結果をまとめたものであり，各有機物について測定値の最大値と最小値で示した．本表から，次のような興味ある事実が浮かび上がる．

(1) 当水田に供給される有機物の総量は，施肥方法の違いにより，1.7〜8.8 t/haと大きく異なる．

(2) 緑肥や堆肥に由来する有機物量は1.5〜1.8 t/haであり，年間に供給される有機物総量の2割弱に過ぎず，水稲の刈り株や残根，冬生・春生雑草の割合のほうが大きい．

(3) 当水田は一毛作であり，冬生・春生雑草量が二毛作の水田より多いことが特徴である．他方，二毛作の水田では，冬生・春生雑草に代わって裏作作物の収穫残渣が水田に供給され，その量は，作物の種類と施肥・管理の

表8-2 水田における有機物供給量

(kg/ha/年)

	無肥料区	化学肥料区	緑肥区	堆肥区
雑草（冬・春生）鋤込み	170〜1100	1300〜2300	2100〜3100	3400
雑草（冬・春生）分泌物	5〜33	39〜69	63〜93	102
水生雑草（除浮草）	390	60	230	200
水生雑草（浮草）	0	0	260	30
藻類	50	290	620	100
水稲落葉（リター）	310	550	510	580
水稲根分泌物	180	310	290	330
水稲刈り株	400〜940	930〜1500	1300	1400
水稲残根	200〜470	470〜750	630	670
有機質肥料	0	0	1800	1500
計	1700〜3470	3950〜5830	7800〜8830	8310

各処理区作土中の土壌有機物量の増減（kg/ha/年）：無肥料区−160，化学肥料区＋450，堆肥区＋710．

違いによって異なるものと推察される．

このような有機物供給量の違いを反映して，各水田の土壌中の炭素の総量は毎年−71〜＋325 kgC/ha 増減した．表 8-2 の結果からするならば当水田は年間 1.9〜8.0 t/ha の有機物を分解していると推察される．水田は，有機物の循環が活発に進行している生態系であるといえる．

8-3 水田における植物遺体および土壌有機物の分解

図 8-2 は，先に紹介した旧農林水産省農業研究センター鴻巣試験地の長期肥料連用試験水田のうち，堆肥区に供給される有機物（植物遺体）の種類と供給量，その時期，また存在部位を示したものであり，有機物の種類ごとの幅の広狭は，その相対的な量を表 8-2 から計算し図示した．当水田に供給される有機物は，その存在部位から，a）浮草・藻類，リター（表面水→土壌表面→作土中），b）水生雑草，水稲刈り株（土壌表面→作土中），c）冬生・春生雑草，堆肥・緑肥，根（作土中）の 3 種類に大別される．また，各種植物遺体の供給

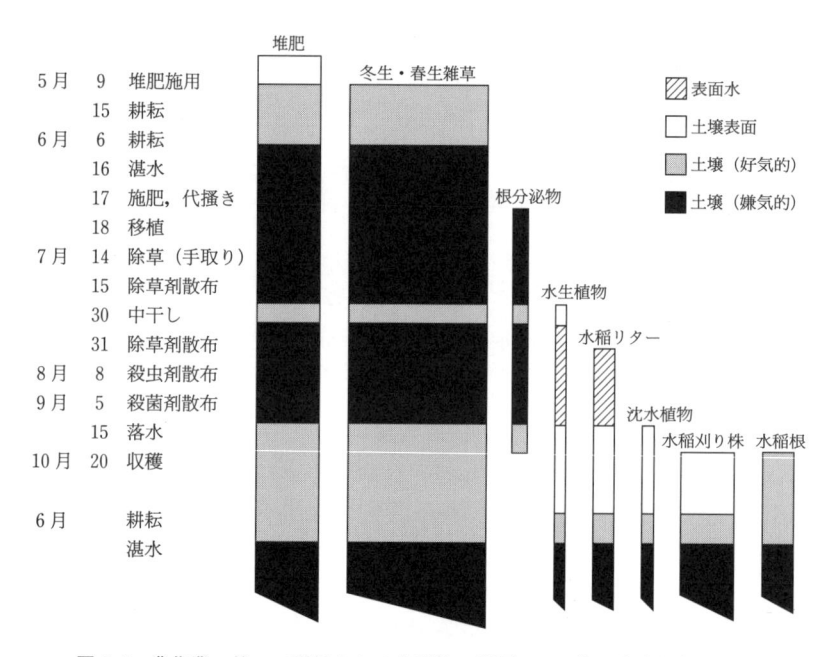

図8-2 農作業に伴って供給される有機物の種類とその後の存在部位の変化
各種有機物の幅は表8-2の相対的重量割合から求めた．

時期は5〜10月にわたって分布しており，その存在部位は圃場の管理作業によって変化した．

ところで，水田における有機物分解の観点から図8-2を眺めるならば，分解の主要な部位が，表面水，土壌表面，作土中に大別され，上述したa），b），c）の植物遺体はおのおの異なった分解過程をたどるとともに，各植物遺体の分解環境が季節によって変化することがわかる．また，表8-2や図8-2から，冬生・春生雑草，堆肥・緑肥，水稲刈り株が主要な植物遺体であることも納得できる．

8-3-1 植物遺体の分解過程に見られる規則性

先に紹介した旧農林水産省農業研究センター鴻巣試験地の長期肥料連用試験

表8-2 水田における有機物供給量

(kg/ha/年)

	無肥料区	化学肥料区	緑肥区	堆肥区
雑草（冬・春生）鋤込み	170〜1100	1300〜2300	2100〜3100	3400
雑草（冬・春生）分泌物	5〜33	39〜69	63〜93	102
水生雑草（除浮草）	390	60	230	200
水生雑草（浮草）	0	0	260	30
藻類	50	290	620	100
水稲落葉（リター）	310	550	510	580
水稲根分泌物	180	310	290	330
水稲刈り株	400〜940	930〜1500	1300	1400
水稲残根	200〜470	470〜750	630	670
有機質肥料	0	0	1800	1500
計	1700〜3470	3950〜5830	7800〜8830	8310

各処理区作土中の土壌有機物量の増減（kg/ha/年）：無肥料区−160, 化学肥料区＋450, 堆肥区＋710.

違いによって異なるものと推察される．

このような有機物供給量の違いを反映して，各水田の土壌中の炭素の総量は毎年−71〜＋325 kgC/ha 増減した．表8-2の結果からするならば当水田は年間1.9〜8.0 t/ha の有機物を分解していると推察される．水田は，有機物の循環が活発に進行している生態系であるといえる．

8-3 水田における植物遺体および土壌有機物の分解

図8-2は，先に紹介した旧農林水産省農業研究センター鴻巣試験地の長期肥料連用試験水田のうち，堆肥区に供給される有機物（植物遺体）の種類と供給量，その時期，また存在部位を示したものであり，有機物の種類ごとの幅の広狭は，その相対的な量を表8-2から計算し図示した．当水田に供給される有機物は，その存在部位から，a）浮草・藻類，リター（表面水→土壌表面→作土中），b）水生雑草，水稲刈り株（土壌表面→作土中），c）冬生・春生雑草，堆肥・緑肥，根（作土中）の3種類に大別される．また，各種植物遺体の供給

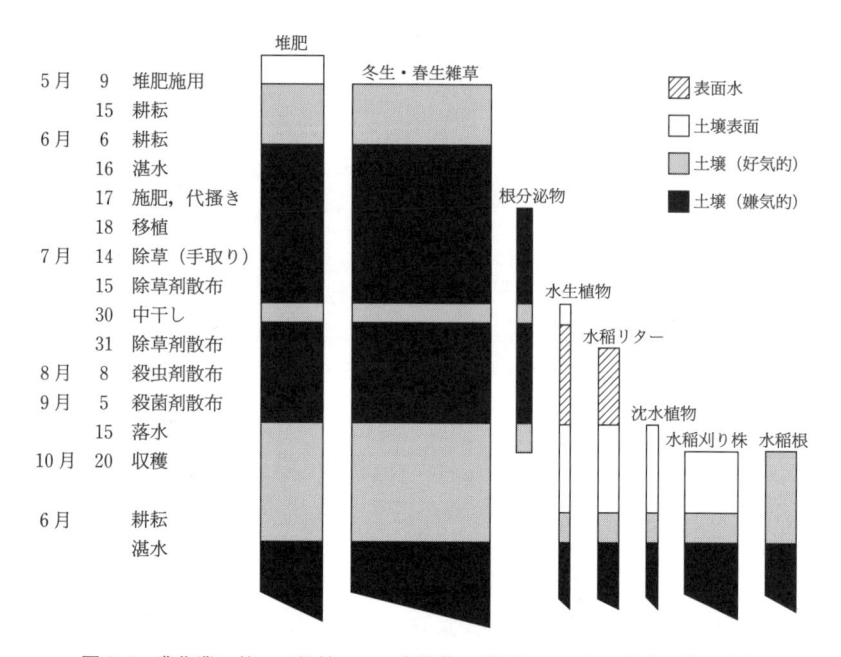

144　第II編　森林・草地・畑・水田における炭素の循環

図8-2　農作業に伴って供給される有機物の種類とその後の存在部位の変化
　各種有機物の幅は表8-2の相対的重量割合から求めた．

時期は5～10月にわたって分布しており，その存在部位は圃場の管理作業によって変化した．

　ところで，水田における有機物分解の観点から図8-2を眺めるならば，分解の主要な部位が，表面水，土壌表面，作土中に大別され，上述したa），b），c）の植物遺体はおのおの異なった分解過程をたどるとともに，各植物遺体の分解環境が季節によって変化することがわかる．また，表8-2や図8-2から，冬生・春生雑草，堆肥・緑肥，水稲刈り株が主要な植物遺体であることも納得できる．

8-3-1　植物遺体の分解過程に見られる規則性

先に紹介した旧農林水産省農業研究センター鴻巣試験地の長期肥料連用試験

水田において，1 mm 以上の大きさの植物遺体の量の季節変動は，無肥料区 0.3～2.5 t/ha，化学肥料区 1.2～3.7 t/ha，緑肥区 1.2～6.2 t/ha，堆肥区 1.4～4.8 t/ha であり，収穫（刈り株・残根）および春の耕耘（冬生・春生雑草）にともなって土壌中の植物遺体量が増加していた（木村ら，1980）．

植物遺体は分解に伴って形態が小さくなる．4 mm，2 mm，1 mm のフルイを用いて，各フルイ上に回収された植物遺体の炭素と窒素の比（C/N 比）を測定したところ，4 mm 以上の植物遺体＞2～4 mm の植物遺体＞1～2 mm の植物遺体の順に，形態が小さくなるほど C/N 比が低下した．1～2 mm の植物遺体では年間を通じて C/N 比が 15～20 の範囲で安定し，その値は，無肥料区 20.7±2.1，化学肥料区 18.8±1.2，緑肥区 17.2±1.0，堆肥区 17.5±1.3 であった（木村ら，1980）．

興味あることに，フィリピン（32点）とタイ（33点）の水田から回収した 1～2 mm の大きさの植物遺体の C/N 比も，フィリピン土壌 18.0±2.1，タイ土壌 20.3±2.6 で，日本の水田から回収した 1～2 mm の植物遺体の C/N 比の値と類似していた（Kimura ら，1990）．このように，土壌の種類，施肥・管理，試料採取時期，気候帯（熱帯と温帯）などに関し，互いに異なる多数の水田から植物遺体を回収すると，その中には，泥炭土壌，年間3回も水稲を栽培する水田，また水稲栽培期や休閑期の水田も含まれ，雑草，刈り株，稲ワラ，水稲根，元植生の植物遺体（泥炭土壌の場合）が様々な割合で混在していたにもかかわらず，1～2 mm の大きさの植物遺体の C/N 比がいずれも 17～21 であったことから，起源の異なる植物遺体も水田土壌中で共通した分解過程を辿るものと考えられる．

8-3-2　植物遺体は 1～2 mm に細分化されるまでに半量近くが分解

稲ワラのような植物遺体は，土壌中で微生物分解を受けると，その C/N 比が低下する．これは，稲ワラにはセルロースやリグニンなど炭素が多く含まれ C/N 比が 60 近い高い値であるのに比べ，微生物の体は主にタンパク質で構成

され C/N 比が 5 近い極めて低い値であるために，微生物分解に伴って稲ワラの炭素量が減少する一方，稲ワラ上に生育してきた微生物体内の窒素の量が増加し，その結果回収した稲ワラ（多くの微生物が生育）の見かけの C/N 比が低下するためである．そこで，水田土壌中に鋤き込まれた植物遺体が，1mm 程度の大きさになるまでにどれ程の微生物分解を受けたかを推定した．表 8-3 には，分解過程の植物遺体の C/N 比をできるだけ高く維持するような色々と極端な条件を挙げ，C/N 比の分解に伴う変化を計算した（木村ら，1980）．すな

表 8-3 植物遺体の分解率の求め方

C_p：植物遺体の当初の炭素量
N_p：植物遺体の当初の窒素量
B_c：微生物が植物遺体を分解する際の炭素の取込み率（%）
D_N：分解に伴い無機化される植物遺体由来の窒素量
A_b：微生物菌体の C/N 比
l：植物遺体の分解に関与した微生物のうち，植物体上に生存しているものの割合（%）

分解に伴い植物遺体由来の炭素が C_p' 分解されると，
 もとの植物遺体由来の残存炭素量 $(C_p - C_p')$ ①
  同   残存窒素量 $(N_p - D_N)$ ②
 合成された微生物中の炭素量 $B_c \cdot C_p'/100$ ③
  同   窒素量 $(1/A_b) \times ③$ ④
 植物遺体上の微生物の炭素量 $③ \times l/100$ ⑤
  同   窒素量 $④ \times l/100$ ⑥

従って，分解に伴って C/N 比は，C_p/N_p から $(①+⑤)/(②+⑥)$ に変化する．
ここで，植物遺体の C/N 比，炭素取込み率，植物遺体上の生存率，植物遺体由来窒素の利用率を，下表のように変化させ，40, 50, 60% 分解した場合に予想される C/N 比を試算する．

以下の組み合わせを考える．

C_p/N_p	60	60	60	30	30	30
A_b	6	6	6	6	6	6
B_c	30	30	20	30	30	20
l	100	100	100	100	80	80
D_N/N_p	0	0.2	0	0.5	0.3	0.3

40, 50, 60% 分解した場合の C/N は，

40%	20	22	23	20	18	20
50%	16	17	18	16	14	16
60%	12	13	14	12	11	13

注：稲ワラの C/N 比は，通常約 60 である．

わち，微生物の増殖効率（稲ワラ分解量に対する微生物体生産量の割合）を20〜30%（通常は10%以下），植物遺体の分解に関与した微生物が土壌から回収した植物遺体上にほとんど存在，植物遺体の分解に関与した微生物は必要とする窒素を主に土壌中から獲得（植物遺体中の窒素は主にタンパク質であり容易に利用可能だが）などの仮定の下で，植物遺体として稲ワラ（C/N＝60）と窒素含量の高い雑草（C/N＝30）を例に，稲ワラが40，50，60%分解されるとC/N比がどのように変化するかを試算した．

その結果，40〜50%分解した時点での各植物遺体のC/N比が，ちょうど1〜2 mmの大きさの植物遺体のC/N比に相当することが判明した（表8-3）．したがって，水田土壌中で植物遺体が分解し，1 mm程度の大きさになるまでに，植物遺体の炭素の量は（炭素量は有機物量のほぼ半量なので，有機物量も）その約50%がすでに分解されていると推察される．植物遺体が1 mm程度の大きさになる初期分解の過程は極めて活発な分解の段階である．

8-3-3　水稲栽培期間における土壌有機物の分解量

水田において，土壌有機物の分解に伴って発生する二酸化炭素量を直接測定したデータは極めて少ない．他方，土壌有機物の分解に伴って生成したアンモニア量の測定はこれまで多数実施されてきた．そこで，アンモニア生成量から二酸化炭素生成量を以下の方法で推定した（Kimuraら，1991）．まず，標準状態（30℃，10週間）における各土壌からのアンモニア生成量を，土壌の全窒素含量，交換性Ca量，遊離鉄含量および陽イオン交換容量から推定し，次いで現地水田でのアンモニア生成量を水稲栽培期間の気温から補正して求めた．二酸化炭素生成量の推定は，過去に観察された湛水状態において有機物の分解に伴って生成した二酸化炭素量とアンモニア量の比を基に行った．

全国地力保全基本調査事業総合成績書には，全国3,343地点の水田土壌の化学的性質が掲載されており，日本各地の水田において水稲栽培期間中に，土壌有機物の分解に伴って生成する二酸化炭素量の推定が可能である．ちなみに，

表8-4 日本各地の水田から発生する土壌有機物由来の推定二酸化炭素，メタン発生量

地方	二酸化炭素		メタン	
	tC/ha/年	総量(10^5 tC/年)	kgC/ha/年	総量(10^3 tC/年)
東北	1.4〜1.5	7.5〜8.2	24〜27	12.7〜14.9
関東	1.4〜1.5	7.0〜7.4	34〜37	16.7〜18.1
北陸	1.3〜1.4	3.2〜3.3	30〜31	7.3〜7.5
東海	1.3〜1.4	2.5〜2.6	37〜38	6.9〜7.2
近畿	1.5〜1.6	2.9〜3.0	40〜44	7.7〜8.3
中国・四国	1.5〜1.5	5.1〜5.2	52〜54	17.5〜18.1
九州	1.6〜1.7	5.1〜5.3	46〜48	14.1〜15.0
平均	1.5〜1.5	計 33.8〜34.4	37〜38	計 85.3〜86.7

　全国の水田から水稲作付期間中に土壌有機物の分解に伴って生成する二酸化炭素中の炭素の量は約$3.4×10^6$ tC/年，単位面積当たりの生成量は全国平均で1 ha当たり約1.5 tC/年，北陸・中部地方で低く，九州地方で高い傾向がうかがわれた（表8-4）。

　ところで，先に旧農林水産省農業研究センター鴻巣試験地の長期肥料連用試験水田においては，年間1.9〜8.0 t/haの有機物が分解されているものと推定した。他方，表8-4から，全国の水田では土壌有機物の分解に伴って1.3〜1.7 tC/haの炭素が分解しているものと推察された。有機態炭素は有機物量のほぼ半量であることを考慮しても，両者の間になお大きな開きがある。加えて，少し専門的になるが，成績書記載の分析値は，2 mm以下の植物遺体を含んだ土壌の分析値であり，かなりの二酸化炭素が土壌中の植物遺体に由来したことが考えられる。したがって，表8-4からも植物遺体の分解に伴う二酸化炭素の生成が，水田における二酸化炭素生成の主要なプロセスであることがうかがえる。

8-4　水稲によって光合成された有機物の土壌中での動態

植物根は土壌から無機養分を吸収するばかりでなく，光合成した有機物の数％を根周辺の土壌に供給する．これらの有機物は，土壌中で植物遺体とは異なった分解過程（炭素循環）をたどる．図8-3は，水稲生育期間中に数回，$^{13}CO_2$を光合成させ，収穫期における^{13}Cの分布と，^{13}Cを取り込んだ水稲の刈り株および残根を土壌に混和して培養した後の^{13}Cの消失（分解），土壌有機物や微生物体への取り込みの状況をまとめたものである．

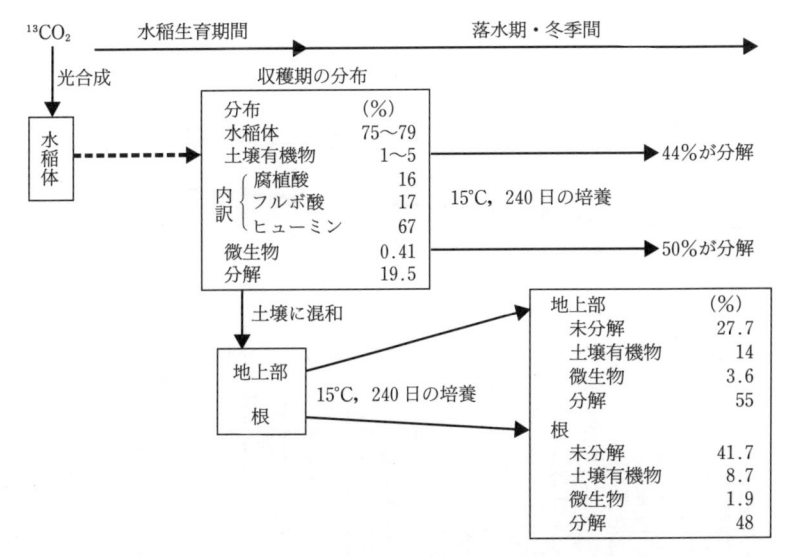

図8-3　光合成産物（^{13}C）の収穫期における分布，収穫後の土壌鋤込み240日後の分布
$^{13}CO_2$を6時間同化させた直後に^{13}Cの水稲と土壌への同化量を測定するとともに，収穫期にも各部位への分布を測定した．その結果を基に水稲生育全期間における各部位への分布を推定した．
水稲収穫期における土壌有機物，微生物中に含まれる^{13}Cの15℃, 240日間培養後の残存量から分解率を推定した．
また，水稲地上部，根を土壌に混和し，15℃, 240日間培養後の各部位における^{13}C量から，その分布割合を求めた．

8-4-1 収穫期における光合成由来の有機物の土壌中における分布

水稲のような穀類では，生育時期によって光合成産物は葉から体内各部位に異なった割合で運ばれる．図8-4は，生育各時期に$^{13}CO_2$を短時間水稲に同化させた後，収穫期における^{13}Cの水稲地上部と根部，土壌中，未回収部分（分解）への分布割合を調べたものである．$^{13}CO_2$の分布は，吸収時期によって変化し，水稲地上部45～90％，根部2～28％，土壌1～5％，分解8～33％であった（Luら，2002a）．一般に，水稲の生育に伴って水稲地上部への分配割合が増加し，その他の部位への割合が減少する．本結果からは，生育全期間におよそ 200 kg/ha の炭素が根から土壌に供給されたものと推察され，その多くがヒューミン様物質（アルカリに不溶な土壌有機物）として収穫期の土壌中に存在していた（図8-3）．

8-4-2 光合成由来の有機物を利用して増殖した土壌微生物

6時間の光合成直後に光合成された炭素の0.15～0.94％（平均0.54％）が

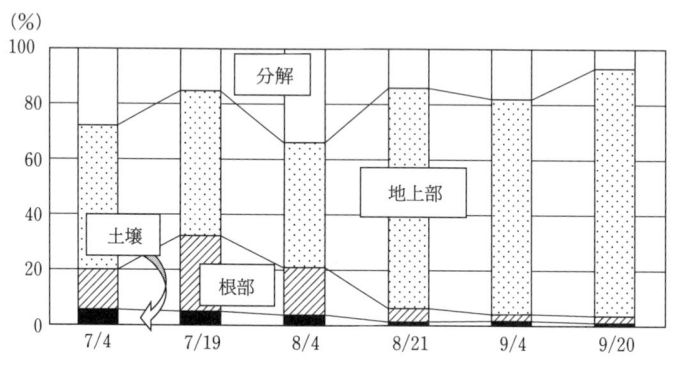

図 8-4 各時期に同化された水稲光合成産物の収穫期（10月10日）における分布割合

$^{13}CO_2$を6時間同化させた直後に^{13}Cの水稲と土壌への同化量を測定するとともに，収穫期にも各部位への分布を測定した．

すでに微生物体内に取り込まれており,収穫期に至っても0.18〜0.75%（平均0.41%）の炭素が微生物体中に残存していた（図8-3）.この結果と収穫期における土壌中の微生物の量から,収穫期の微生物の約28%が根由来の有機物を利用して増殖した微生物と推定された（Luら,2002b）.このように,水稲は生育期間中有機物を根周辺に供給し,土壌中の微生物の主要なエサとなっている.なお,同様な方法で2時間 $^{13}CO_2$ を水稲に同化させた1〜3時間後に,光合成産物に由来する $^{13}CH_4$ が水稲体を経由して大気中へ放出されていることも知られており（Minoda and Kimura, 1994）,水稲光合成産物は同化された後速やかに根部,続いて根周辺の土壌に移行し,根周辺に生育する微生物のエサとして利用されている.

8-4-3 収穫後の刈り株や残根の分解に伴う土壌微生物の増殖

収穫後,水田に残された刈り株と残根は,冬の間に一部分解し,微生物や土壌有機物に変化する.先の実験から得られた ^{13}C を多く含む刈り株と残根を土壌に1.5%の割合で混合し,15℃,240日間放置したところ,刈り株と残根はそれぞれ,72%,58%分解した.この分解に伴って,刈り株炭素の3.6%,残根炭素の1.9%が微生物体炭素に変化し,土壌中の微生物の39%（刈株添加）〜23%（残根添加）を占めるに至った（図8-3）.また,刈り株炭素の14%,残根炭素の8.7%が土壌有機物として回収された.他方,収穫期までに水稲の光合成産物を利用して増殖した微生物の50%が,240日間の培養期間に死滅するとともに,光合成産物を起源とする土壌有機物の44%が分解・消失していた（図8-3）.これらの結果は,稲刈り後の水田でも活発な植物遺体の分解が進行するとともに,土壌微生物が増殖と死滅を繰り返していることを示すものである.

8-5 二酸化炭素,有機物の作土からの溶脱と下層土への集積

収量の高い水田のほとんどは水が土壌中を降下浸透する水田であり,1953(昭和28)年富山県の川原宗市氏が1000 m²当たり995 kgの玄米収量をあげて以来,水田管理における適切な水浸透の重要性が認識されるようになった.表面水が土壌中を浸透するのに伴って,各種の無機イオンや有機物が作土から下層土に移動・集積する.有機物の最終分解産物である二酸化炭素(CO_2)は浸透水中では主に重炭酸イオン(HCO_3^-)の形態で存在し,HCO_3^-は浸透水中の主要な陰イオンである.

8-5-1 表面水中における二酸化炭素の動態

水田表面水中の二酸化炭素濃度は昼間藻類の光合成により減少し,夜間は呼吸に伴って増加する.また,表面水下の作土中で生成した二酸化炭素の一部は表面水へと拡散する.Yamagishiら(1980)は,水稲生育の全期間にわたって表面水中の二酸化炭素濃度を測定し,水稲生育初期には日没後もしばらく大気から表面水へ二酸化炭素の溶け込みが続くこと,水稲の生育に伴って,日中も大気から表面水への二酸化炭素の溶け込みが見られなくなり,1日を通じて二酸化炭素の大気への放出が起こっていることを明らかにしている.しかし,水稲生育期間における大気―表面水間の二酸化炭素の収支の詳細は現在もほとんどわかっていない.

倉沢(1956)は,生物生産量を光合成量と呼吸量の差から推定し,その量が正の値を示す時期が6月初旬より下旬にかけての短期間のみであることを見出した.6月下旬には40～70%の光が表面水まで到達し,加えてこの時期の平均水温が20～25℃と動植物プランクトンの増殖にとってきわめて良好であり,動植物プランクトンの量やその増加量がこの時期にピークを迎えたものと考えられる.

8-5-2 重炭酸イオンの作土からの溶脱と下層土への集積

浸透水には，Ca^{2+}，Mg^{2+}，K^+，Na^+，Fe^{2+}，Mn^{2+}などの各種の陽イオン，SO_4^{2-}，NO_3^-，Cl^-などの各種陰イオンが含まれ（岩田，1928），浸透水の降下によってこれらイオンが作土から失われる．水稲根の呼吸，有機物の分解に伴って生成したCO_2の一部もまた，主にHCO_3^-の形態で浸透水とともに下層土へ運ばれる．水稲栽培初期の作土が酸化的な期間はCa^{2+}が，作土の還元化が進行した後にはFe^{2+}が，浸透水中の主要な陽イオンである．他方，施肥した水田における湛水初期を除いて主要な陰イオンは終始HCO_3^-である．なお，

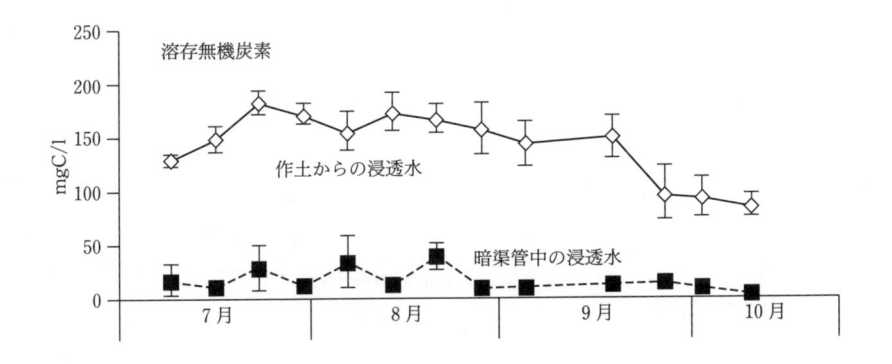

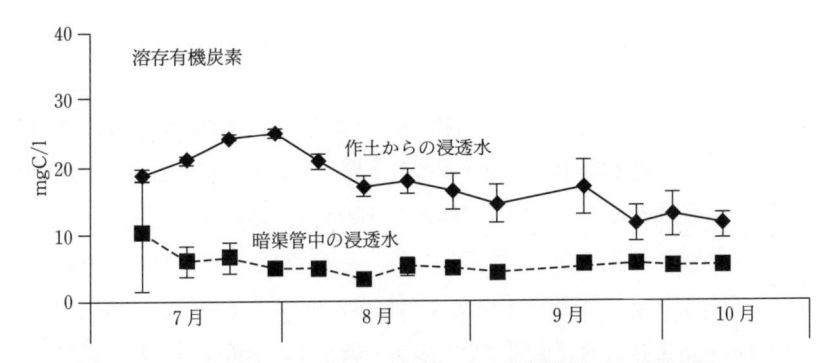

図8-5 浸透水中に溶存する無機態および有機態炭素の季節変動
無機態および有機態炭素の下層土（13～40 cm）への蓄積率は，作土からの浸透水と暗渠管（40 cm）中の浸透水に溶存する無機態および有機態炭素濃度の差から計算により求めた．

土壌中の全二酸化炭素（HCO$_3^-$などを含む）に占める水稲の光合成産物に由来する二酸化炭素の割合は，最高分けつ期以降16〜36%にも達することが明らかにされている（Minodaら，1996）．

浸透水中のHCO$_3^-$の大部分は，下層土に集積する．図8-5は，作土層直下および深さ40cmの位置から浸透水を採取しHCO$_3^-$濃度を比較したものであり，作土から溶脱したHCO$_3^-$の炭素量は1,450 kgC/haで作土中の有機物中の炭素量の約10%に相当し，その9割近い1,270 kgC/haが下層土に一旦吸着・保持されていた（Katohら，2004）．

8-5-3　有機物の作土層からの溶脱と下層土への集積

糖類，アミノ酸，有機酸，腐植様物質など各種の有機物が作土からの透水液中に検出されている．微生物もまた，浸透水とともに流下する．浸透水中の細菌相はグラム陰性細菌が優勢である（高井ら，1969）．作土からの有機物の溶脱は土壌が還元的になると促進される．それは，遊離鉄と強く結合していた有機物が，土壌の還元に伴って遊離鉄が還元される結果，容易に可溶化するようになり，その一部が，水の降下浸透に伴って溶脱されるためである（Maieら，1998）．

作土層から浸透してきた有機物の一部は下層土に吸着され，その後分解や酸化縮重合を受けた後，下層土に特有の土壌腐植に変化する．湛水期間に浸透水によって作土層から失われた溶存有機物の量は約170 kgC/haであり，その約70%に相当する有機物が深さ40cmまでの下層土に集積していることが水田圃場の調査から明らかにされている（図8-5, Katohら，2004）．

作土から溶脱した有機物は，物理的吸着，イオン結合，配位結合などの様々な結合を介して下層土に吸着される（Maieら，1998）．その際，下層土中の粘土鉱物は弱い水素結合や分子間力などの弱い結合で，水酸化鉄・酸化鉄は配位結合で，それぞれ作土からの水溶性有機物を吸着・保持していると考えられている．

8-6 メタンの土壌中での動態

8-6-1 水田からのメタン発生およびその主要な発生経路

近年，地球温暖化に対する関心の高まりに伴って，水田からのメタン発生が大きな注目を浴びている．稲作期間中，水田表面は水で覆われ，植物遺体の分解が嫌気的な分解であるために，有機物は最終的に二酸化炭素とメタンに分解される．現在，地球上でのメタンの発生量は，年間 $535\pm125\times10^6$ tC，そのうち水田からの発生量は $60\pm40\times10^6$ tC と推定されている（Prather ら，1994）．なお，水田からのメタン発生量は，水稲の存在，水稲品種，土壌の種類，肥料の種類とその施用方法，水稲生育時期，地温，水田の水管理などによって変化する．加えて，水田から発生するメタンの90%以上が，水稲体を通して土壌から大気へと放出されている（Holzapfel-Pschorn ら，1986）．水稲体は水田からのメタン発生において，ちょうど煙突のような働きをしている．

8-6-2 作土におけるメタンの分解

水田土壌の表層数 mm は酸化的な環境で，メタン酸化菌が多数生育している．これは，大気から表面水へ酸素が溶解するとともに，表面水中の水生植物が光合成過程で酸素を発生しているためである．作土中から土壌表層部に拡散してきたメタンの大部分が土壌表層部で分解されることが明らかにされている．

8-6-3 水稲根周辺でのメタンの分解

水稲根および葉鞘中には間隙（破生間隙）が存在し，メタンの大気への移送，大気から根への酸素の供給に役立っている．根とその周辺は大気からの酸

素により，酸化的な状態となっている．de Bont ら（1978）は，根とその周辺に多数のメタン酸化菌が生育していることを見出し，その後メタン酸化菌の働きを阻害するとメタン発生量が著しく増加すること，根とその周辺を無酸素状態にすることによりメタン発生量が増加すること，さらに土壌中でのメタン生成量とその大気への発生量の間に大きな開きがあることから（Holzapfel-Pschorn ら，1986），土壌中で生成したメタンの，場合によっては80％にも達する量が，水稲の根周辺で酸化分解していることが明らかとなった．根の周辺におけるメタンの酸化活性は，水稲の生育に伴って変化し，幼穂形成期には高く，他方稔実期には酸化活性はきわめて低い．

以上のように，水田におけるメタンの分解部位として，土壌表層部と根周辺が挙げられるが，土壌表層部で分解されるメタンの量は，水稲の根周辺で分解されるメタンの量に比べて極めて少なく，水田におけるメタンの分解は主に水稲根周辺で進行している．

8-6-4　大気への発生量と下層土への移行量の関係

水田では湛水期間中，メタンが一部浸透水とともに下層土へ運ばれ，浸透水中のメタン濃度は稲ワラが鋤込まれた水田では飽和濃度にまで達する．透水速度を 0, 5, 15 mm/日に設定して大気へのメタン発生量と下方への浸透量を同時に測定したところ，透水速度の増加は下方へのメタンの移行量を増加させ，浸透速度が約 15 mm/日の場合（この速度はわが国の水田で一般的な速度），下層土へのメタンの移行量は大気への放出量の約10％に相当していた（図8-6, Murase ら，1993）．なお，水稲が存在しない場合には，図8-6に示したように，大気へのメタン発生量は極めて少なく，水稲体がメタンの大気への移行を促進していることは明らかである．

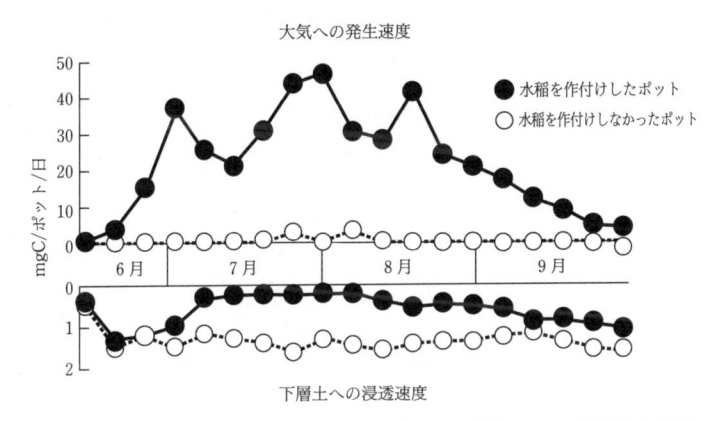

図 8-6 水田土壌中のメタンの大気への発生量と下層土への移行量の関係
ポットを用いて実験を行い，浸透速度を 5 mm/日に設定した．

8-6-5 土壌中のメタン存在量と大気への発生量の関係

　一般に，水田からのメタン発生量は 9 月以降減少する．この原因として，メタン生成速度が低下したか，または，生成したメタンの土壌からの発生速度が低下したか，のいずれかが考えられる．そこで，土壌中に存在するメタン量と大気への発生量の関係を調べたところ，図 8-7 に示すように，田植え直後，まだ水稲根系の発達が不十分な時期には，稲ワラ分解に伴ってメタンが土壌中に蓄積するにも関わらず，大気へのメタン発生は極めて少なかったが，分けつ期には，大気へのメタン発生量は増加し，同時に土壌中のメタン存在量が減少した．最高分けつ期頃にはメタン発生量がピークを迎え土壌中の存在量は最低であった．その後，生殖生長期以降土壌中のメタン存在量は収穫期まで増加したにもかかわらず，大気へのメタン発生量は 8 月下旬にピークを示した後，9 月以降減少した（Watanabe and Kimura, 1995）．以上の結果は，9 月以降のメタン発生量の減少がメタン生成量の低下によるのではなく，水稲根系を通した大気への発生量の低下に主な原因があることを示唆するものである．なお，上記の実験において，7 月中旬～8 月下旬には生成したメタンの土壌中での平均滞

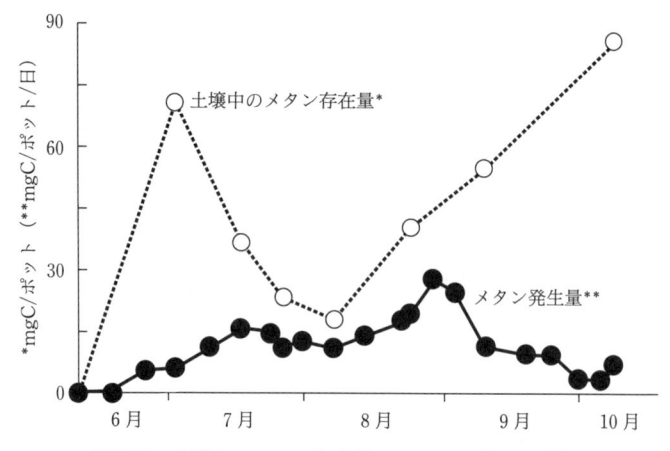

図 8-7 土壌中のメタン存在量とメタン発生量の関係

土壌中のメタン存在量は，各時期のポットを水中に沈めた後，土壌を手で十分攪拌し，出てきた気体を倒立した漏斗で捕捉し，気体の体積と気体中のメタン濃度から求めた．
メタン発生量は，ポットを短時間大型のチャンバー内に移し，チャンバー内のメタン濃度の増加速度から求めた．

留時間は2日以内と計算され，生成したメタンが速やかに大気に放出されていたものと思われる．

収穫期に水田は落水され，それに伴って土壌中に閉じ込められていたメタンは大気へと開放される．そこで，収穫期の水稲を対象に，落水過程での大気への発生量，下層土への移行量，測定期間中の酸化量，をそれぞれ測定したところ，落水開始後3日以内に大部分のメタンが土壌から大気へ放出され，その過程でのメタン酸化は極く微量であった（Watanabeら，1994b）．

8-6-6 下層土での嫌気的なメタンの分解

稲ワラを添加した作土，その作土の下に下層土を詰めたガラスカラムをそれぞれ用意し，湛水した．その後時間を追って透水液を採取したところ，作土からの透水液中にはメタンが高濃度検出され，下層土を通過中にメタン濃度が減

少するのが観察された．また，下層土に代えて作土を連結し，下の作土には稲ワラを添加しなかったところ，下層土と同様に下の作土を通過した透水液中のメタン濃度も減少していた．

加えて，水稲を土壌ポットに作付するとともに，その下に下層土を入れたカラムを連結し，水稲生育期間中ポットとその下の下層土カラムからそれぞれ浸透水を採取し，メタン濃度を比較したところ，作土から浸透してきたメタンの70％以上が下層土中で分解していた（Murase and Kimura, 1996）．

これらの実験ではメタン分解に酸素の関与は考えられず，ここで観察されたメタンの分解は嫌気的な分解である．これらの実験結果は，水田ではメタンが嫌気的に作土や下層土で分解していること，特に作土では，稲ワラなどの部位でメタンが生成するとともにその周辺の土壌で速やかに分解されていることを示唆するものであり，水田におけるメタンのダイナミックな循環を連想させる．

8-6-7　地下水の利用に伴うメタンの放出

下層土中に浸透したメタンは最終的に地下水層に到達すると考えられる．そこで，愛知県下の各地から農業用地下水131点を採取し，そのメタン濃度を測定したところ，半数以上の地下水からメタンが検出され，その平均メタン濃度は1リットル当たり炭素にして1.58 mgC（最高18.4 mgC）であった．地下水を利用すれば溶存していたメタンが大気へ放出される．その年間放出量は調査した地域（8.6万ha）の農業利用に伴って20トン，日本全体では約6,600トンに達すると推定された．また，メタンの検出された地下水の水質と検出されなかった地下水の水質は顕著に異なり，前者では酸化還元電位とNO_3^-濃度が低く，反対にCOD, Fe^{2+}, Mn^{2+}, NH_4^+濃度が高かった（Watanabeら，1994a）．

8-7 水田から発生するメタンの起源

水田におけるメタンの生成は，土壌中での有機物の嫌気的な分解に伴うものである．メタンの起源としては，①土壌有機物，②根由来有機物，③施用有機物（稲ワラ，緑肥，堆厩肥）が考えられる．水田から発生するメタンにこれら有機物はどのような割合で関与しているのであろうか．

8-7-1 土壌有機物の寄与率

湛水土壌中で土壌有機物の分解に伴って生成する二酸化炭素とメタンの割合は，土壌を酸化的に保とうとする土壌の性質（酸化容量）と，微生物の活動を介して土壌の還元化をもたらす能力（還元容量）との間のバランスによって左右される．酸化容量が還元容量に比べて大きい場合には二酸化炭素の割合が，反対に小さい場合にはメタンの割合が増加する．そこで，土壌の酸化容量と還元容量の値から，メタン生成量を推定した．すなわち，土壌の酸化容量（土壌中の遊離鉄の含量）と還元容量（アンモニア生成量）の値から二酸化炭素とメタンへの割合を求め，上述の 8-3-3 で紹介した有機物分解量から，各土壌におけるメタン生成量を推定した．推定には，同じく地力保全基本調査の土壌分析結果を使用した（Kimura ら，1991）．その結果，わが国の水田から水稲栽培期間中に土壌有機物を炭素源として生成されるメタンの総量は，炭素にして約 8.6 万トンに達すると見積られた（表 8-4）．1 ha 当たりのメタン生成量は北海道を除く全国 7 地方で炭素にして 24～54 kgC/ha/年となり，これまで世界各地で実測されたメタン発生量の数分の 1 以下に留まった．本推定においては，生成したメタンの土壌中での分解は考慮されておらず，すべての生成したメタンが大気へ放出されたと仮定した場合の発生量であり，実際の土壌有機物を起源とするメタンの発生量はこの値に比べて少ないはずである．したがって，本推定で考慮しなかった施用有機物や水稲根からの有機物が，水田におけるメタン

生成により重要な役割を果たしていると推定される．

8-7-2 根由来有機物の寄与率

そこで，水稲根由来の有機物の寄与率を推定するため，各生育時期の水稲に短時間 $^{13}CO_2$ を同化させ，その後に発生する CH_4 中に占める $^{13}CH_4$ の割合を2週間にわたって追跡したところ，水稲生育全期間における水稲根由来の有機物の寄与率は，稲ワラを施用した場合 22%，稲ワラを施用しなかった場合は 29～39%であった (Minoda ら，1996)．なお，この実験では，$^{13}CO_2$ を光合成させた後2週間の根由来有機物の寄与率を評価したものであり，一旦，根の組織内に取り込まれた後，根の老化や枯死に伴ってメタン生成菌のエサとなった有機物は含まれていない．このような老化や枯死した根を起源として生成したメタンを加味するならば，光合成産物由来のメタンの寄与率はさらに大きくなる．

8-7-3 施用有機物（稲ワラ）の寄与率

^{13}C でラベルした稲ワラを加えた土壌に水稲を栽培し，発生したメタン中に占める $^{13}CH_4$ の割合を追跡したところ，土壌に稲ワラを 1 ha 当たり 2，4，6 トン施用した場合，メタン発生量は稲ワラ施用量の増加に伴って無施用の場合に比べ 19，97，228%増加したが，この見かけの増加量中に占める稲ワラ由来の $^{13}CH_4$ の割合はそれぞれ 19%，51%，60%と，思いのほか少なかった (Watanabe ら，1998)．なお，発生したメタン中に占める稲ワラ由来炭素の割合は水稲生育の初期に高く（最大 98%），生育に伴って減少していた．

以上の結果は，水田から発生するメタンに対する水稲光合成産物と稲ワラの寄与を2つの別々の実験から推定したものであり，水稲光合成産物および添加有機物（稲ワラ）の寄与率を直接比較したものではない．そこで，^{13}C でラベルした稲ワラと，前もって ^{13}C グルコースを土壌に加え ^{13}C を多く含む土壌を

準備し，その土壌に水稲を栽培することにより，発生したメタン中に占める添加有機物（稲ワラ），土壌有機物，光合成産物を起源とするメタンの割合を同時に評価した．水稲根の寄与率は，稲ワラと土壌有機物の寄与率を1から差し引いて求めた．稲ワラを0.6％土壌に施用した場合，各寄与率は，稲ワラ42％，土壌有機物18～21％，光合成産物37～40％であり，稲ワラを施用しなかった場合は，土壌有機物15～20％，光合成産物80～85％と，土壌有機物に比べて光合成産物由来有機物の寄与が極めて大きかった（Watanabeら，1999）．また，土壌有機物の寄与率が稲ワラ添加の有無に関わらず約20％であったことより，稲ワラの添加に伴って土壌有機物由来のメタンの発生量が増

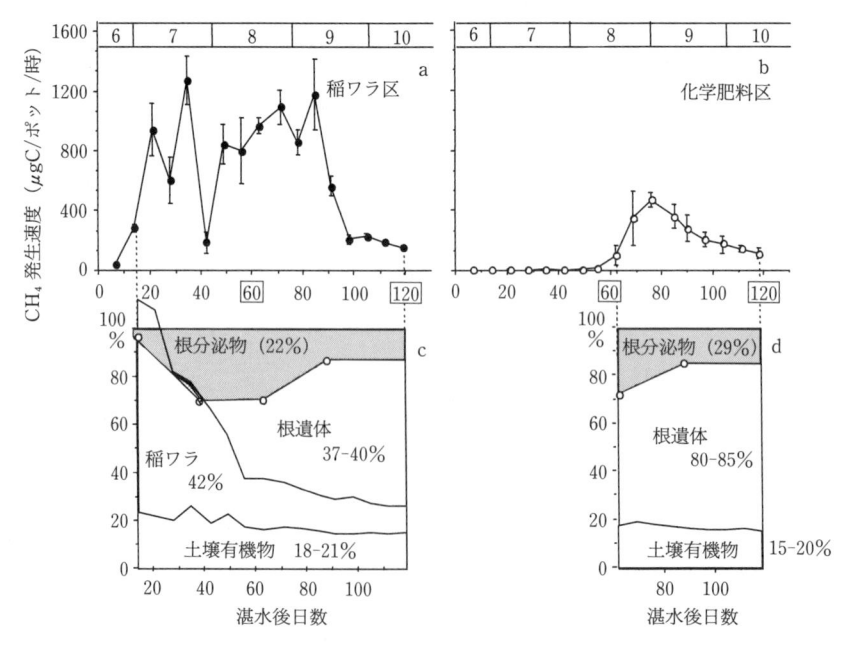

図8-8 メタン発生量の季節変動および各時期の CH_4-C の起源
a，b：各成育時期におけるメタン発生速度．c，d：各生育時期における発生メタンに対する各起源の寄与率（％）．
根由来の有機物を，同化後2週間以内にメタンとなった場合に根分泌物，それ以後にメタンになった場合に根遺体として，区別した．

加することも明らかとなった（図8-8）。

ところで，表8-2に示したように，光合成産物由来の有機物は水田に供給される有機物総量の高々10%である。したがって，水田から発生するメタンの起源として光合成産物由来の有機物がこのように高い寄与率を示したことは，光合成産物由来の有機物を起源として特異的にメタンが水稲の根近傍で生成していることが推定された。

引用文献

de Bont, J. A. M., Lee, K. K. and Bouldin, D. F.: Bacterial oxidation of methane in a rice paddy. *Ecol. Bull.*, **26**, 91-96 (1978)

Holzapfel-Pschorn, A., Conrad, R. and Seiler, W.: Effects of vegetation on the emission of methane from submerged paddy soil. *Plant Soil*, **92**, 223-233 (1986)

JIBP/PP-Photosynthesis, Local Productivity Group: Photosynthesis and utilization of solar energy. Level I Experiments. Report 2 Data collected in 1967. p. 23 (1969)

Katoh, M., Murase, J., Hayashi, M., Matsuya, K. and Kimura, M. : Impact of water percolation on nutrients leached from plow layer and their accumulation in subsoil in an irrigated rice field. *Soil Sci. Plant Nutr.*, **50**, 721-729 (2004)

Kimura, M., Ando, H. and Haraguchi, H.: Estimation of potential CO_2 and CH_4 production in Japanese paddy fields. *Environ. Sci.*, **4**, 15-25 (1991)

Kimura, M., Watanabe, I., Patcharapreecha, P., Panichsakpatana, S., Wada, H. and Takai, Y.: Quantitative estimation of decomposition process of plant debris in paddy field. II. Amounts and C/N ratios of plant debris in tropical paddy soils. *Soil Sci. Plant Nutr.*, **36**, 33-42 (1990)

Lu. Y., Watanabe, A. and Kimura, M.: Input and distribution of photosynthesized carbon in a flooded rice soil. *Global Biogeochem. Cycles*, **16**, 1085 (2002a)

Lu, Y., Watanabe, A. and Kimura, M.: Contribution of plant-derived carbon to soil microbial biomass dynamics in a paddy rice microcosm. *Biol. Fertil. Soils*, **36**, 136-142 (2002b)

Maie, N., Watanabe, A. and Kimura, M.: Origin and properties of humus in the subsoil of irrigated rice paddies. I. Leaching of organic matter from plow layer soil and accumulation in subsoil. *Soil Sci. Plant Nutr.*, **43**, 901-910 (1997)

Maie, N., Watanabe, A. and Kimura, M.: Origin and properties of humus in the subsoil of irrigated rice paddies. III. Changes in binding type of humus in submerged plow layer soil. *Soil Sci. Plant Nutr.*, **44**, 331-345 (1998)

Minoda, T. and Kimura, M.: Contribution of photosynthesized carbon to the methane emitted from paddy fields. *Geophys. Res. Lett.*, **21**, 2007-2010 (1994)

Minoda, T., Kimura, M. and Wada, E.: Photosynthates as dominant source of CH_4 and CO_2 in soil water and CH_4 emitted to the atmosphere from paddy fields. *J. Geophys. Res.*, **101D**, 21091-21097 (1996)

Murase, J. and Kimura, M.: Methane production and its fate in paddy fields. IX. Methane flux distribution and decomposition of methane in the subsoil during the growth period of rice plants. *Soil Sci. Plant Nutr.*, **42**, 187-190 (1996)

Murase, J., Kimura, M. and Kuwatsuka, S.: Methane production and its fate in paddy fields. III. Effects of percolation on methane flux distribution to the atmosphere and the subsoil. *Soil Sci. Plant Nutr.*, **39**, 63-70 (1993)

Prather, M., Derwent, R., Ehhalt, D., Fraser, P., Sanhueza, E. and Zhou, X.: Other trace gases and atmospheric chemistry. in *IPCC. Climate Change 1994. Radiative forcing of climate change and an evaluation of the IPCC IS92 emission scenarios*, pp. 73-126, Cambridge University Press, Cambridge (1994)

Watanabe, A. and Kimura, M.: Methane production and its fate in paddy fields. VIII. Seasonal variation of methane retained in soil. *Soil Sci. Plant Nutr.*, **41**, 225-233 (1995)

Watanabe, A., Kimura, M., Kasuya, M., Kotake, M. and Katoh, T.: Methane in groundwater used for Japanese agriculture: Its relationship to other physico-chemical properties and possible tropospheric source strength. *Geophys. Res. Lett.*, **21**, 41-44 (1994a)

Watanabe, A., Murase, J., Katoh, K. and Kimura, M.: Methane production and its fate in paddy fields. V. Fate of methane remaining in paddy soil at harvesting stage. *Soil Sci. Plant Nutr.*, **40**, 221-230 (1994b)

Watanabe, A., Takeda, T. and Kimura, M.: Evaluation of carbon origins of CH_4 emitted from rice paddies. *J. Geophys. Res.*, **104D**, 13623-23630 (1999)

Watanabe, A., Yoshida, M. and Kimura, M.: Contribution of rice straw carbon to CH_4 emission from rice paddies using ^{13}C-enriched rice straw. *J. Geophys. Res.*, **103D**, 8237-8242 (1998)

Yamagishi, T., Okuda, K., Hayashi, T., Kumura, A. and Murata, Y.: Cycling of carbon in a paddy field. I. Carbon dioxide exchange between the surface of a paddy field and the atmosphere. *Jap. J. Crop Sci.*, **49**, 135-145 (1980)

岩田武司：ライシメーター試験成績．農事試験場報告，**49**，1-40 (1928)

木村眞人・田中準浩・和田秀徳・高井康雄：水田圃場における粗大植物遺体の分解過程（第1報）粗大植物遺体の重量および炭素率の経時的変動．土肥誌，**51**，169-174 (1980)

倉沢秀夫：水田に於ける Plankton 及び Zoobenthos の組成並びに Standing Crop の季節変化(1). 資源科学研究所彙報，**41-42**，86-98 (1956)

高井康雄・香川尚徳・弘法健三：水田状態土壌における透水による細菌の流脱（第2報）好

気性グラム陰性細菌群の動態.土肥誌, **40**, 358-363 (1969)
山崎史織・佐伯敏郎:水田雑草と光環境.「環境科学」農地生態系における人間活動の影響評価, 研究報告 B61-R12-9, pp. 8-17 (1980)

(木村眞人)

第9章

北海道旭川地域における炭素のストックとフロー

9-1 地域における炭素循環の研究の重要性

1850年から1998年の間に化石エネルギー消費により270 ± 30 GtC（1 Gt＝10億t），陸域生態系から136 ± 55 GtCの二酸化炭素（CO_2）が大気へ放出された（IPCC, 2001）．陸域生態系からの二酸化炭素放出の内訳は，開墾による78 ± 12 GtC，土壌侵食による26 ± 9 GtC，有機物分解による52 ± 8 GtCとなっており，食料生産に伴うものが多いことがわかる．1850年以前の7800年間の陸域生態系からの二酸化炭素放出は320 GtCであったから，その放出速度は20倍に増加していることになる（Lal, 2004）．すなわち，産業革命以降の150年間の人間活動は大気の二酸化炭素濃度を上昇させつづけ，その約半分が食料生産によるものだったということである．

人間は地域社会に根付いて生活している．そこでは，人間は燃料を燃やして炭素を放出し，飲食して炭素を取り込み，呼吸と排泄で炭素を放出している．地域には，人間ばかりが住む都市部とともに，家畜が同居する農村部もある．家畜も餌を食べ炭素を取り込み，人間と同様，呼吸し，排泄して炭素を放出する．さらに牛乳や肉に含まれる炭素は出荷され人間に消費される．農村部には農地があり，ここでも，作物生産に伴う炭素固定と土壌有機物の分解，農産物の出荷といった炭素の出入りがある．そして地域には森林が含まれる場合もある．そこでの炭素の出入りは長期に及ぶが基本的には農地と同様，樹木の炭素固定，土壌有機物の分解，木材の出荷による炭素の出入りがある．これら地域の炭素の出入りを積み上げていくと，地球レベルの炭素の出入りとなる．そこ

で，地域の炭素の出入りを把握することにより，どの部分の炭素のフローが温暖化の抑止に重要であるかを考えることにした．

9-2 地域レベルにおける炭素循環モデルの構造

図9-1のように地域を森林系，農地系，家畜系，人間系の各系から構成される系としてとらえると，系間および系からの炭素フローを推定することにより，系における炭素収支が得られる．

森林と農地では植物による二酸化炭素固定と土壌有機物分解による二酸化炭素放出の過程を経て農産物と木材が生産されている．植物は地域内への炭素のインプットの大きな駆動力となっている．その他のインプットは，森林では降雨による溶存炭素の流入のみであるが，農地では降雨に加えて堆厩肥施与や灌漑によるインプットもある．アウトプットは土壌有機物分解による分解のほか

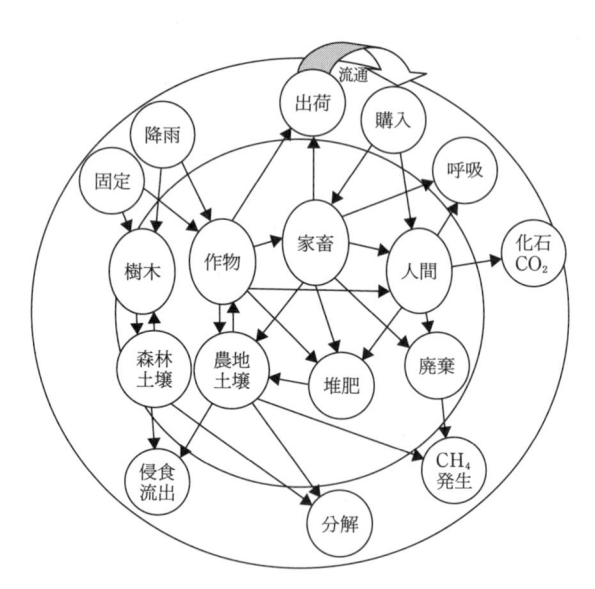

図9-1 地域の炭素循環モデル

に，土壌浸透水の流出に伴う溶脱があげられる．森林では木材が出荷され，農地では農産物の出荷がある．それに加えて，水田土壌ではメタンの放出，稲ワラの焼却による二酸化炭素とメタンの放出がある．

人間と家畜には自給食料・飼料のほかに購入食料・飼料がインプットされる．家畜には敷き料によるインプットもある．アウトプットは，呼吸と屎尿，糞尿があり，さらに糞尿からは大気へメタン放出が生じる．家畜の消化器管からもメタン放出がある．畜産物は出荷され食料となる．それに加えて，人間は廃棄物を埋めたてメタンを放出し，さらに化石エネルギーを消費して二酸化炭素を放出している．

このようなインプット，アウトプットを定量化すると，地域における炭素ストックを求めることができる．同時に，二酸化炭素とメタンの収支に注目して，これらガスによる温暖化へのインパクトを評価することもできる．

9-3 地域における炭素フローとストックの見積もり方法

9-3-1 センサスデータ

具体的に地域における炭素のフローとストックを求めるには，まず，地域の人口，土地利用面積，作物作付け面積，家畜飼養頭数に関するセンサスデータが必要である．ここでは，異なる土地利用をもつ7地区からなる北海道旭川市の農業センサスを例に述べる．

表9-1は旭川市とその7地区の人口，農地と家畜飼養の概要である．旭川市は，総面積74.8千ha，人口36万人で，人口密度は487人/km^{2}である．地区別に人口密度を見ると，旧市内地区で4032人/km^{2}と極めて高く，次いで永山地区で1327人/km^{2}であるのに対して，江丹別地区では4.3人/km^{2}と極めて低い．

旭川市の農地面積は14.1千haで全面積の18.9%を占める．その内訳は水

第II編　森林・草地・畑・水田における炭素の循環

表9-1　旭川市における人口，家畜飼養，土地利用の概要

	旧市内	神居	江丹別	永山	東旭川	神楽	東鷹栖	全体
総人口[1]	172530	34605	670	40064	48564	38232	29258	（人）363923
農家人口[2]	364	1312	410	1586	4116	1823	2364	11975
非農家人口	172166	33293	260	38478	44448	36409	26894	351948
乳牛[2]	17	799	583	29	23	276	315	（頭羽）2042
肉牛[2]	75	748	47	215	31	873	129	2118
豚[2]	270	805	4455	544	11271	3428	1537	22310
鶏[2]	0	0	10000	0	94000	0	1000	105000
馬[2]	11	32	30	9	193	142	0	417
地域[3]	4279	16447	15581	3019	15891	12689	6878	（ha）74785
農地[3]	188	1542	671	1372	4340	2837	3167	14098
水田[3]	119	918	328	1274	3989	1970	2962	11560
畑[3]	53	286	180	67	334	790	144	1854
樹園地[3]	0	59	0	0	4	0	1	64
牧草地[3]	16	260	163	31	13	77	60	620
森林[4]	257	10711	12050	—	8505	6681	2422	40626
市街地[5]	3834	4194	2860	1647	3046	3171	1289	20061

1）旭川市（1990）統計旭川，22，24-53
2）旭川市（1994）平成6年度あさひかわの農業．92p
3）農林水産省（1990）1990センサス，第1巻，01北海道（農業編）
4）農林水産省統計情報部（1980）北海道統計書（林業編）
5）市街地面積＝総面積－農地面積－森林面積

田が82％，畑が13％，牧草地が4.4％となっている．いずれの地区も水田が主要な土地利用形態であり，農地面積の49～94％を占め，とくに永山地区，東旭川地区および東鷹栖地区では水田面積は農地の90％を越えている．一方，神楽地区では畑面積が28％を占め，旭川市の全畑面積の43％を占めている．神居地区では草地面積の割合が17％と相対的に高く，江丹別地区では畑面積と草地面積の割合がそれぞれ27％と24％と高かった．

また，旭川市の家畜飼養密度は，乳牛で0.14頭/ha農地，肉牛で0.15頭/ha農地，豚で1.6頭/ha農地，鶏で7.4羽/ha農地であり，全体としては必ずしも高くない．しかし，乳牛の飼養は神居地区と江丹別地区に集中し，肉牛の

第9章　北海道旭川地域における炭素のストックとフロー　171

飼養は神居地区と神楽地区に，さらに豚と鶏の飼養は東旭川地区と江丹別地区に集中していた．

これらのことから，旧市内地区は典型的な都市部と言え，神居と江丹別地区は複合農業地帯，永山地区は都市—水田地帯，東旭川と東鷹栖地区は水田地帯，神楽は水田—畑地帯であると特徴づけられる．

9-3-2　原単位

原単位とは，単位時間あたり単位面積あたりの発生量や固定量，あるいは家畜や人1個体あたりの発生量や固定量をさす．それぞれのフローに関する原単位を用意すると，それぞれの地域のそれぞれの土地利用面積や家畜飼養頭数，人口を用いて，それぞれのフローを求めることができる．ストックの変化量は，各系のインプットに関するフローの合計からアウトプットに関するフローの合計を差し引くと得られる．正の値になればストックは増加しており，負の値はストックが減少していることを示す．ここでは旭川市の年間の炭素フローとストックを求めるための原単位を以下のように用意した．それら原単位の求め方を含めて以下にフローの推定方法を示す．

(1) 人間系のフロー

食料自給と食料購入

農家生計費統計から得た一人あたり食料消費量と炭素含有率（45%を仮定）から，一人あたり食料消費量は53.6 kgC/人/年と見積もられ，農家における自給と購入の内訳はそれぞれ32.7 kgC/人/年，20.9 kgC/人/年と見積もられる．非農家では，すべて購入によると仮定した．これらの値に各地区の人口を乗じて地区毎の炭素フローを得た．

屎尿発生

高橋（1984）が求めた屎尿排泄量（500 kg/人/年）に有機物含有率（3.4%）とその炭素含有率（45%）を乗じると，一人あたり屎尿炭素排出量は7.65

kgC/人/年と見積もられる．これに各地区の人口を乗じて地区毎の屎尿炭素発生量が得られる．屎尿の農地利用に関しては，各地区の屎尿処理方法（水洗，公共機関と個人業者によるくみ取り，自家処理）を農林水産省の統計データから調べることで，屎尿の自家処理率が得られる．これを農地還元率とみなせる．農地還元率は旧市内で0.0%，神居で7.1%，江丹別で15.4%，永山で3.4%，東旭川で2.6%，神楽で0.0%，東鷹栖で2.2%であり，この値を用いて農家からの屎尿の農地施与と廃棄に伴う炭素フローを得た．なお，非農家からの発生量はすべて廃棄量とした．

呼吸

ここでは，体重増加やメタン発生は無視し，食料消費量と屎尿排泄量の差とした．一人あたりの呼吸量は46.0 kgC/人/年である．これに各地区の人口を乗じて地区毎の炭素フローを得た．

廃棄物からのメタン発生

2002年に産業技術会議がまとめたわが国の最終処分場からのメタン総発生量を総人口で割ると，一人あたりメタン発生量は2.16 kgC/人/年と得られる．これに各地区の人口を乗じて地区毎の炭素フローを求めた．

化石エネルギー消費

購入された化石エネルギーはすべて消費されるとした．北海道庁は，北海道の一人あたり二酸化炭素排出量を3,430 kgC/人/年と見積もっている．これに各地区の人口を乗じて化石エネルギー消費による炭素フローを得た．

(2) **家畜系のフロー**

飼料自給と飼料購入

畜産物生産費調査報告による飼料消費量に炭素含有率を45%として乗じ，まず1頭あたりの全飼料消費量を乳牛1,815 kgC/頭/年，肉牛1,865.5 kgC/頭/年，豚148 kgC/頭/年，鶏14.8 kgC/羽/年，馬916 kgC/頭/年と見積もった．自給飼料消費量は品目によって農産物からの自給と副産物からの自給に分けた．農産物からの自給は，鶏にはなく，乳牛822 kgC/頭/年，肉牛81.7

kgC/頭/年，豚 0.1 kgC/頭/年，馬 916 kgC/頭/年となった．副産物からの自給は肉牛のみ 96.0 kgC/頭/年であった．購入飼料消費量は，全量と自給量の差から，乳牛 993 kgC/頭/年，肉牛 1,688 kgC/頭/年，豚 148 kgC/頭/年，鶏 14.8 kgC/羽/年とした．これらに地区毎の家畜飼養頭数を乗じて飼料の消費に伴う炭素フローを見積もった．

敷き料消費

敷き料消費による炭素フローは，消費量を畜産物生産費調査報告書から求め，これに炭素含有率を 45% として 1 頭あたり消費炭素量を求めた．肉牛と豚について金額から計算した自給率を使って自給と購入に分配した．馬の自給量は乳牛と同じとし，鶏では敷き料は使わないものと仮定した．自給による炭素量は，乳牛 4.2 kgC/頭/年，肉牛 177.6 kgC/頭/年，豚 1.5 kgC/頭/年，馬 22.2 kgC/頭/年となった．購入量は乳牛 18.0 kgC/頭/年，肉牛 223.4 kgC/頭/年，豚 4.5 kgC/頭/年であった．これらに地区毎の家畜飼養頭数を乗じて飼料消費の炭素フローを見積もった．

畜産物出荷

畜産物出荷に伴う炭素フローは，旭川市の資料から出荷量を得，炭素含有率から，1 頭あたり出荷炭素量を乳牛 283 kgC/頭/年，肉牛 6.4 kgC/頭/年，豚 36.1 kgC/頭/年，鶏 2.1 kgC/羽/年，馬 45.1 kgC/頭/年と見積もった．これらに各地区の飼養頭数を乗じて，畜産物出荷に伴う炭素フローを見積もった．

家畜糞尿

糞尿の排泄量と炭素含有率から 1 頭あたり糞尿発生量を，乳牛 1,013 kgC/頭/年，肉牛 1,013 kgC/頭/年，豚 101 kgC/頭/年，鶏 13.1 kgC/羽/年，馬 269 kgC/頭/年とした．農林水産省北海道統計情報部による北海道の平均的な糞尿利用率を用いて，農地還元と廃棄に分配した．農地還元率は乳牛で 93%，肉牛で 94%，豚で 74%，鶏 0%，馬 100% とした．これらの値に地区毎の飼養頭数を乗じて施用と廃棄に伴う炭素フローを求めた．

糞尿からのメタン発生

2002 年に産業技術会議がまとめたわが国の家畜別糞尿メタン発生量と家畜

飼養頭数から，1頭あたり発生量を乳牛6.87 kgC/頭/年，肉牛2.43 kgC/頭/年，豚0.234 kgC/頭/年，鶏0.005 kgC/羽/年，馬0.673 kgC/頭/年を得た．これらに各地区の飼養頭数を乗じて炭素フローを求めた．

家畜の消化器官からのメタン発生

2002年に産業技術会議がまとめたわが国の家畜別消化器官メタン発生量と家畜飼養頭数から，1頭あたり発生量を乳牛87.3 kgC/頭/年，肉牛61.1 kgC/頭/年，豚0.825 kgC/頭/年，鶏0 kgC/羽/年，馬13.5 kgC/頭/年と得た．これらに各地区の飼養頭数を乗じて炭素フローを求めた．

家畜の呼吸

飼料摂取量から糞尿排出量，消化器官からのメタン発生量，糞尿からのメタン発生量，および増体量を差し引き，呼吸に伴う炭素フローとした．

(3) 農地・森林系のフロー

水田灌漑水

水田への灌漑水量を15,000 t/ha/年とし（関矢，1987），河川水溶存炭素濃度を5.7 mgC/l（Shibataら，2001）として，これらに各地区の水田面積を乗じて炭素フローを求めた．

降水

旭川市の年平均降水量1,014 mmに溶存炭素濃度0.085 mgC/l（細渕ら，1999）として，これらに各地区の農地および森林面積を乗じて，炭素フローを求めた．

堆厩肥の農地還元

堆厩肥には屎尿と糞尿と家畜の敷き料および作物残渣が含まれる．作物残渣の農地還元量は，稲ワラ籾殻の焼却分を除く作物残渣量から家畜の飼料と敷き料自給量を差し引いて求めた．

作物固定

旭川の農業センサスから土地利用ごとの反収を求め，炭素含有率を乗じてまず単位面積あたり収穫部位量を求めた．水田1,361，畑1,164，樹園地706,

牧草地3,454 それぞれkgC/ha/年であり，畑のうち野菜類968（果菜類972，葉茎菜類792，根菜類1,319，軟莢類1,405），一般畑作物1,216，飼料作物1,474それぞれkgC/ha/年であった．作物残渣量は科学技術庁資源調査所による副産物/主産物比を用いて見積もった．水田1,634，畑678，樹園地1,107，牧草地0 それぞれkgC/ha/年であり，畑のうち野菜類616（果菜類582，葉茎菜類248，根菜類515），軟莢類2,046，一般畑作物877，飼料作物0 それぞれkgC/ha/年であった．これらの値に各地区のそれぞれの土地利用面積を乗じて作物炭素固定に伴う炭素フローを見積もった．

樹木固定

森林総合研究所が見積もった育成林の炭素固定量1.77 tC/ha/年を用い，これに各地区の森林面積を乗じて樹木炭素固定に伴う炭素フローを見積もった．

土壌有機物分解

土壌有機物分解に伴う炭素フローは，波多野（2002）が整理したさまざまな生態系における有機物分解量と植物の炭素固定量の関係（分解(tC/ha)＝$0.295 \times$植物炭素固定量(tC/ha)＋0.425）を用いて農地と林地の単位面積あたり有機物分解量を求め，これに各地区の農地および林地面積を乗じて求めた．

水田からのメタン発生

産業技術会議がまとめたわが国の水田からの総メタン発生量から単位水田面積あたりメタン発生量を0.162 tC/ha/年と見積もり，これに各地区の水田面積を乗じて求めた．

稲ワラ籾殻焼却

焼却に伴い放出される二酸化炭素とメタンは，産業技術会議がまとめたわが国の焼却量から，単位面積あたり発生量を，二酸化炭素ではワラから0.295 kgC/ha/年，籾殻から0.275 kgC/ha/年，メタンではワラから0.0032 kgC/ha/年，籾殻から0.0043 kgC/ha/年とした．これに各地の水田面積を乗じて求めた．

流出

国土交通省河川局による北海道の主要河川流域の降水量と流出水量から求め

た流出率 0.73 を，旭川市の年平均降水量 1,014 mm に乗じて，年平均流出水量 744 mm を得た．これに河川水溶存炭素濃度 5.7 mgC/l を乗じ，単位面積あたり炭素流出量 42.4 kgC/ha/年を求めた．これに各地区の農地面積および林地面積を乗じて，各地域における流出に伴う炭素フローを見積もった．

残渣の持ち出し

作物残渣生産量から稲ワラ籾殻焼却分を差し引いたものが持ち出し分である．

農産物出荷

作物収穫量から自給量を差し引き求めた．

木材出荷

木材出荷は伐採量とした．北海道林業統計から，伐採量/蓄材量比と単位面積あたり蓄財量を求め，それぞれの地区面積を用いて，伐採に伴い出荷される炭素フローを求められる．

(4) 農地と森林へのストック

農地と森林へのストックの変化は，土壌における炭素蓄積と，植物への炭素蓄積の両者を含む．これらの量は，それぞれの系のインプットからアウトプットを差し引いて求めた．農地でのインプットは降水，灌漑，植物固定，堆廐肥施与であり，アウトプットは土壌有機物分解，水田からのメタン発生，稲ワラ籾殻焼却，流出，農産物出荷である．農地では，作物は一年ごとに更新されるので，そのストックはすべて土壌において生じていることになる．一方，森林でのインプットは，降水と植物固定であり，アウトプットは土壌有機物分解と流出および木材出荷である．森林へのストックは樹木に固定されたものと土壌有機物となったものとして得られる．

(5) 地域全体におけるストック

インプットは，化石エネルギー購入，降水，灌漑，食糧購入，飼料購入，敷き料購入，作物固定，樹木固定である．アウトプットは農産物出荷，畜産物出

荷，木材出荷，糞尿廃棄，屎尿廃棄，溶脱，廃棄物からのメタン発生，人間・家畜呼吸，化石エネルギー消費，土壌有機物分解，稲ワラ籾殻焼却，水田からのメタン発生である．これらのインプットとアウトプットの差から，地区全体の炭素ストックを見積もった．

同時に地区と大気の間の二酸化炭素とメタンの二酸化炭素当量の収支（温暖化ポテンシャル）も求めた．この場合のインプットは，作物固定と樹木固定であり，アウトプットは廃棄メタン，人間呼吸，家畜呼吸，化石エネルギー消費，土壌有機物分解，稲ワラ焼却，水田メタンである．なお，メタン分子1つは二酸化炭素1分子の21倍の温暖化係数をもつので，二酸化炭素当量で表す場合以下のように換算した．

$$二酸化炭素当量(gCO_2-C/年) = メタン(gCH_4-C) \times (16/12) \times 21 \times (12/44)$$

ただし，(16/12) は炭素ベースからメタン分子ベースへの変換係数，21 はメタン分子の地球温暖化係数，(12/44) は二酸化炭素分子ベースから炭素ベースへの変換係数である．

9-4 地域における炭素フローとストックの実態

表9-2から表9-7は旭川市7地区および全市の炭素フローとストックである．人間，家畜，農地，森林の各系における炭素フローとストックとともに，系全体の炭素フローとストックも示されている．さらに温暖化ポテンシャルを二酸化炭素当量で表した．

人間系

主要な炭素フローは，化石エネルギーの購入と消費であり，旭川市全体で年間125万tCの炭素が購入され消費されており，全インプットとアウトプットの98.4%を占めていた（表9-2）．その47%は人口の多い旧市内地区に由来した．食料によるインプットと屎尿と呼吸によるアウトプットは全インプットと

表9-2 旭川市の人間系の炭素フローとストック

(tC/年)

サブシステム	人間	旧市内	神居	江丹別	永山	東旭川	神楽	東鷹栖	全体
インプット	食料購入	9244	1814	23	2098	2471	1991	1492	19132
	食料自給								
	農産物から	12	43	13	52	134	59	77	390
	畜産から	0	0	0	0	1	0	0	2
	化石エネルギー購入	591778	118695	2298	137420	166575	131136	100355	1248256
アウトプット	屎尿農地利用	0	1	0	0	1	0	0	3
	屎尿廃棄	1320	264	5	306	371	292	223	2781
	廃棄メタン	373	75	1	87	105	83	63	788
	呼吸	7563	1517	29	1756	2129	1676	1283	15953
	化石エネルギー消費	591778	118695	2298	137420	166575	131136	100355	1248256
ストック		0	0	0	0	0	0	0	0

表9-3 旭川市の家畜系の炭素フローとストック

(tC/年)

サブシステム	家畜	旧市内	神居	江丹別	永山	東旭川	神楽	東鷹栖	全体
インプット	購入飼料	183	2175	1463	472	3124	2253	772	10442
	自給飼料								
	農産物から	30	747	511	50	199	429	270	2235
	残渣から	7	72	5	21	3	84	12	203
	購入敷き料	18	185	41	51	58	215	41	609
	自給敷き料	14	138	18	39	27	165	27	428
アウトプット	糞尿農地利用	111	1533	934	275	943	1385	534	5715
	糞尿廃棄	13	123	292	29	1534	162	84	2238
	畜産物出荷	16	261	349	30	624	214	147	1640
	消化器官メタン	6	117	58	16	16	82	37	332
	糞尿メタン	0	8	5	1	3	5	3	25
	呼吸	75	952	340	191	206	917	249	2931
	敷き料農地利用	32	323	59	90	85	380	68	1037
ストック		0	0	0	0	0	0	0	0

アウトプットの1.6%でしかなかった．

家畜系

　主要なインプットは飼料，アウトプットは糞尿であったが，全体のフローの大きさは人間系に比べて著しく小さく，旭川市全体への年間の家畜へのインプット総量は1.4万tCであり，これは人間への食糧によるインプットの71%

であった(表9-3).総インプットの12%が畜産物として出荷され,57%が糞尿(41%農地還元,16%廃棄)となり,21%が呼吸で消費され,7%が敷き料の農地還元,2%が消化器官からのメタン発生となっていた.

農地系

総インプット炭素は6.6万tCであり,総アウトプット炭素は6.1万tCで,差し引き0.5万tCの蓄積が認められた(表9-4).主要なインプットは堆厩肥と作物固定であり,それぞれ,全インプットの38%と61%を占めた.主要なアウトプットは農産物出荷と土壌有機分解および残渣であり,これらによって,全インプットのそれぞれ30%,18%および29%が放出されていた.溶脱は1%でしかなく,水田からのメタン発生は3%,稲ワラ焼却は2%であった.その結果インプットの8%が土壌に蓄積されていることになり,農業による炭素蓄積は有意な効果をもつ可能性が示唆された.農地への蓄積は平均385 kgC/haであり,東鷹栖地区の203 kgC/haから江丹別地区の1,033 kgC/haと見積もられた.

表9-5は堆肥投入をしないと仮定した場合の個々の土地利用における土壌への炭素蓄積を示している.残渣を全て農地へ投入した場合と全て持ち出した場合の2つの場合を考えているが,残渣を持ち出す場合には,すべての農地で負の値となり,農地は炭素の放出源となる可能性を示している.また堆肥の投入により炭素蓄積が図られていることが理解できる.実際の農地には地域の有機物資源の量に依存してそれぞれ異なる管理がなされているが,旭川市での事例では,農地への炭素蓄積は各土地利用(水田,畑,樹園地,牧草地)の面積率(%)との間に,

$$炭素蓄積(kgC/ha/年) = -14.61 \times 水田(\%) - 17.20 \times 畑(\%) - 761.9 \times 樹園地(\%) + 402.0 \times 牧草地(\%) + 523.9, \ r = 0.933 \quad (9.1)$$

の関係を認めた.草地が増えると,炭素蓄積量が増加することがわかる.牧草地には家畜糞尿,敷き料由来の堆厩肥の多くが施用されていることが,このような関係を作り出したものと思われる.

180　第Ⅱ編　森林・草地・畑・水田における炭素の循環

表9-4　旭川市の農地系の炭素フローとストック

(tC/年)

サブシステム	農地	旧市内	神居	江丹別	永山	東旭川	神楽	東鷹栖	全体
インプット	降水	0	1	1	1	4	2	3	12
	灌漑	6	50	18	69	215	106	160	624
	堆厩肥								
	家畜糞尿	111	1533	934	275	943	1385	534	5715
	敷き料	32	323	59	90	85	380	68	1037
	残渣	197	1455	601	1936	6308	3303	4595	18396
	屎尿	0	1	0	0	1	0	0	3
	作物固定								
	農産物	279	2522	1219	1919	5867	3867	4408	20082
	残渣	230	1759	658	2127	6747	3754	4937	20212
アウトプット	土壌有機物分解	230	1918	839	1777	5566	3454	4103	17878
	水田メタン	19	149	53	206	646	319	480	1872
	稲ワラ焼却	12	93	33	129	403	199	300	1169
	稲ワラ焼却メタン	0	1	0	2	5	3	4	15
	溶脱	8	65	28	58	184	120	134	598
	残渣搬出	218	1665	624	1996	6338	3552	4634	19027
	農産物出荷	279	2522	1219	1919	5867	3867	4408	20082
ストック		89	1231	693	331	1161	1284	643	5431

表9-5　各種土地利用における土壌への炭素固定量*

(kgC/ha/年)

土地利用		植物固定	土壌有機物分解	収穫部位	炭素固定**	炭素固定***
水田		2995	1308	1361	325	−1308
畑		1842	968	1164	−291	−968
	野菜類	1584	892	968	−276	−892
	果菜類	1553	883	972	−302	−883
	葉茎菜類	1040	732	792	−484	−732
	根菜類	1834	966	1319	−451	−966
	軟茎類	3451	1443	1405	603	−1443
	一般畑作物	2093	1042	1216	−165	−1042
	飼料作物	1474	860	1474	−860	−860
樹園地		1813	960	706	148	−960
牧草地		3454	1444	3454	−1444	−1444
森林		1778	949	0	828	−

*農地への堆肥投入はない場合を計算
**農地残渣を投入した場合
***残渣を搬出した場合

表9-6 旭川市の森林系の炭素フローとストック

(tC/年)

サブシステム		森林	旧市内	神居	江丹別	永山	東旭川	神楽	東鷹栖	全体
インプット	降水		0	9	10	0	7	6	2	35
	蓄材		457	19039	21419	0	15118	11875	4305	72213
アウトプット	土壌有機物分解		244	10169	11440	0	8074	6343	2299	38569
	溶脱		11	454	511	0	360	283	103	1722
	伐採出荷		10	425	478	0	337	265	96	1610
ストック			192	8001	9001	0	6353	4991	1809	30347

表9-7 旭川市の全系の炭素フローとストックおよび温暖化ポテンシャル

(tC/年)

サブシステム	全体	旧市内	神居	江丹別	永山	東旭川	神楽	東鷹栖	全体
インプット	化石エネルギー購入	591778	118695	2298	137420	166575	131136	100355	1248256
	食・飼・敷き料購入	9446	4173	1526	2620	5652	4460	2306	30184
	雨灌漑	7	60	29	70	226	115	165	671
	植物固定	966	23320	23296	4046	27732	19496	13650	112506
アウトプット	農・畜産・木材出荷	263	2418	1521	1848	6494	3858	4305	20706
	糞尿・屎尿廃棄	1333	387	297	335	1905	455	307	5019
	廃棄メタン	373	75	1	87	105	83	63	788
	人間・家畜呼吸	7638	2469	370	1947	2335	2593	1532	18884
	化石エネルギー消費	591778	118695	2298	137420	166575	131136	100355	1248256
	土壌有機物分解	474	12087	12279	1777	13640	9797	6402	56455
	稲ワラ焼却	12	94	34	131	409	202	303	1184
	水田メタン	19	149	53	206	646	319	480	1872
	溶脱	19	519	539	58	544	403	237	2320
ストック		550	11773	11278	2195	14027	10219	6796	56839
温暖化ポテンシャル（CO_2-C 当量）		-598924	-109931	8349	-137098	-154818	-124029	-94639	-1211089

温暖化ポテンシャル（CO_2-C 当量）＝メタン（CO_2-C 当量）＋二酸化炭素（CO_2-C 当量）

森林系

　総インプットは7.2万tCであり，ほぼ全量が樹木固定によるものであった（表9-6）。主要なアウトプットは土壌有機物分解によるものが3.9万tCであり，これにより全インプットの53％が放出された。伐採と溶脱はそれぞれ2％を占めていた。したがって，全インプットの42％の3.0万tCが森林に蓄積されることになる。これは年間単位面積あたり747 kgC/haの蓄積に相当するものである。

地域全体の収支

総インプットは139万tCであり，その90％は化石エネルギー購入で占められていた（表9-7）．植物による固定は8％にすぎなかった．化石エネルギー消費で総インプットの90％が消費されており，農畜産物と木材出荷，人間と動物の呼吸，土壌有機物分解，水田からのメタン発生がほぼ1％ずつ合計4％を占めた．その結果，旭川市全体で総インプットの6％が耕地土壌と森林に蓄積されると見積もられた．

大気と地域間の収支

メタンを二酸化炭素へ換算した温暖化ポテンシャルの収支は地域全体で－121万tCの大幅な負の値を示した（表9-7）．すなわち当地域は温暖化を促進していることを意味する．ただし，森林が地域の77％を占め，人口密度が4.3人/km^{2}の江丹別地区では，大気から8,349 tCの炭素蓄積が生じていることを示していた．

9-5 農地，森林への炭素蓄積

旭川市の例では，農地，森林ともに炭素ストックの増加が認められた．森林での炭素ストックの増加量は747 kgC/ha/年であった．森林への炭素ストックの変化量は，伐採と生態系固定量（NEP）からなっている．生態系固定量は，温帯では，Spieckerら（1996）が，ヨーロッパのブナ林や針広混交林で1,700〜3,600 kgC/ha/年，ノルウェーのトウヒ林で2,500〜3,400 kgC/ha/年であったことを示している．表9-6によれば，旭川市での伐採出荷量は樹木固定量の2％に過ぎないので，ここで示した森林の炭素ストック747 kgC/ha/年は，これまでの報告に比べて明らかに小さい値である．今回用いた値は全国の育成林の炭素固定量に関するデータであるので，今後実際のデータを得て整理する必要がある．

一方，農地への蓄積は平均385 kgC/ha/年であり，東鷹栖地区の203 kgC/

ha/年から江丹別地区の1,033 kgC/ha/年の値を示した．これらの値は，農地を森林あるいは草地にしたり，不耕起栽培を行ったりすることによる炭素蓄積に匹敵するものである．Post and Kwon（2000）およびWest and Post（2002）らは土地利用変化と土地利用方法により最大1,000 kgC/ha/年の土壌炭素の増加が生じることを示している．

表9-4にみたように旭川市の各地区で見積もられた農地の炭素ストックは，糞尿発生量が多い地区ほど，大きかった．図9-2に示すように，農地の炭素ストック（y, kgC/ha/年）は，堆肥施与量（x, kgC/ha/年）と高い相関関係を示した（y=1.11x−1591, r=0.999）．農地の炭素ストックは堆肥施与量の平均21%を示し，地区間では12%から43%の範囲にあり，堆肥施与量が多くなるほど増加した．

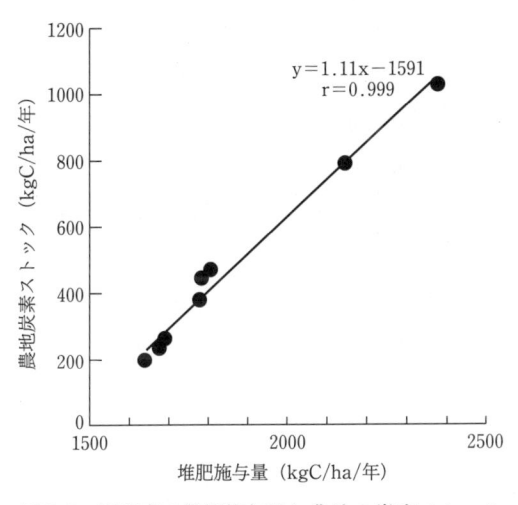

図9-2 旭川市の堆肥施与量と農地の炭素ストックの関係

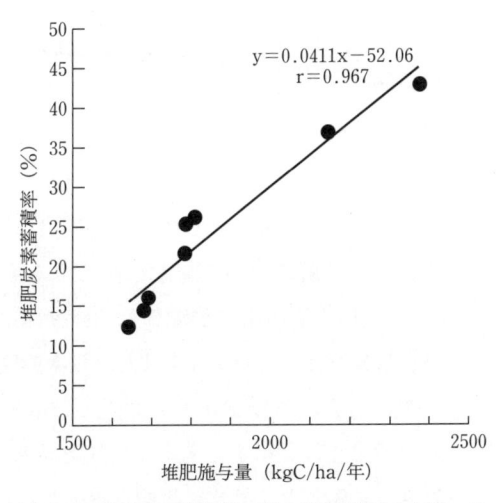

図9-3 旭川市の堆肥施与量と堆肥炭素の土壌への蓄積率の関係

この堆肥施与量に対する炭素ストックの割合は堆肥の農地への蓄積率と考えられるが，図9-3に示すように，この堆肥炭素蓄積率（y，%）と堆肥施与量（x, kgC/ha/年）の関係は，y=0.0411x−52.06, r=0.967であった．逆にいうと，堆肥施与量が多い地区ほど分解率は低下し，農地炭素固定の効率が高まっていることを示した．

ただし，ここでの有機物分解の見積もりは，植物生産量の増加に伴い有機物分解が増加するという経験的関係により得ている．したがって，堆肥施与により植物生産量が増加し，それに伴う有機物分解量が増加すれば，分解率を上昇させることになる．しかし，ここでみたように，統計データを解析した限りでは，そのようなことは起こっていないということになる．したがって，堆肥施与は作物生産を高めるというより炭素固定量を増加させる効果をもつといえる．

加藤（2003）は，土壌環境基礎調査における堆肥連用試験のデータから，4.5年以内の0～120 tC/haにわたる堆肥施用に伴い表土の全炭素含有率が増加したことを示し，全炭素含有率増加量(%)=0.199×堆肥施与量(tC/ha)+0.013, r=0.941の関係を得ている．すなわち，堆肥施与量を増加させると土壌有機物が増加することを示している．土壌有機物の増加は4.5年目までで，それ以降は未分解の粗大有機物が増加するという．Jacintheら（2002）は，窒素を施与すると，畑にすき込まれた麦ワラが分解しやすくなり，それに伴い土壌有機物が増加することを示している．麦ワラはC/N比が50以上と高く，土壌微生物はその分解のために窒素を要求するためである．Nagumo and Hatano（2000）によれば旭川市の農地には73～99 kgN/ha/年の窒素が残存している．この残存量は水圏へ10 mgN/l以上の窒素濃度をもたらす可能性のある量である．堆肥に含まれる窒素がその原因の一端も担っており，炭素固定を最大にし，窒素汚染を最低にする適正な化学肥料施与量，堆肥施与量の策定が望まれる．表9-5に示したように，堆肥を投入しなければ，農地土壌は確実に炭素放出源となる．農地への炭素蓄積が可能かどうかは，地球温暖化抑止のために重要な課題であり，今後十分に研究する必要がある．

9-6 土壌生態系の炭素循環は何人の二酸化炭素を固定できるか

　森林と農地の炭素ストックの増加量の見積もりには不備はあるが，それぞれ 747 kgC/ha/年と 385 kgC/ha/年であった．それら炭素ストックの増加量の値にもとづき，地域における二酸化炭素の収支を 0 とする人間活動の規模を考えてみる．人が排出する二酸化炭素は化石エネルギー消費で 3.43 tC/人，呼吸で 0.046 tC/人である．旭川市の人口は 36 万人であるので，旭川市全体における人の二酸化炭素排出量は 126 万 tC となる．一方，森林と農地における吸収は 4 万 tC でしかなく，収支は －122 万 tC である．明らかに人は二酸化炭素の排出源であり，農地と森林は吸収源である．

　図 9-4 に示すように，人口が減ると排出量も減少する上，市街地面積も少なくてすみ，その分，農地＋森林面積が増えて，吸収量は増加する．旭川市の市街地率は 27% である．図 9-4 では農地は農地＋森林の 25.8% を保つように計算している．炭素収支と人口の関係は，炭素収支＝－3.512 人口＋4.889 となり，収支を 0 とする人口は，現在の人口の 3.8% に相当する 1 万 4 千人となった．これは現在の農家人口の 1.2 倍である．人口密度でみると，19 人/km² である．これは北海道の人口密度 68 人/km² の 27% に相当する．

　ところで，旭川市での農地の炭素ストックは 203 kgC/ha/年から 1,033 kgC/ha/年の幅をもっていた．これは上述のように堆肥投入，残渣生産などの土地利用と深く関係していた．農地の炭素蓄積と各土地利用（水田，畑，樹園地，牧草地）の面積率（%）との間には（9.1）式の関係があった．この式に北海道全体の土地利用面積率（水田 2.89%，畑 5.13%，樹園地 0.05%，牧草地 6.40%）を代入すると，北海道の農地における炭素ストックの増加量は 2,932 kgC/ha/年と見積もられる．この値を用いて，北海道全体の人口と炭素収支の関係をみたものが図 9-5 である．現在の北海道の人口は 567 万人であり，その二酸化炭素の放出量は 1,971 万 tC である．北海道の総面積は 834.5 万 ha であり，その 18% を市街地が占めている．農地は 120.8 万 ha であり，農地＋森林面積の

18%を占める．現状の森林と農地による吸収は772万tCと見積もられ，炭素収支は−1,199万tCと炭素放出となっていた．収支が0となる人口は現在の人口の44%の250万人，人口密度は30人/km² となる．

現状の化石エネルギー消費を続ける限り，生態系の炭素循環はそれを吸収できない．化石エネルギー消費量を減らすことは当然である．先の計算から言えば，北海道全体では現状の化石エネルギー消費量を44%にすれば炭素収支を0とすることができる．それと同時に土地利用における炭素固定能を高める努力も大切である．堆肥施与により農地の炭素固定能を高める可能性が高いことが示されている．ただし家畜糞尿などの施用過多により窒素が河川や地下

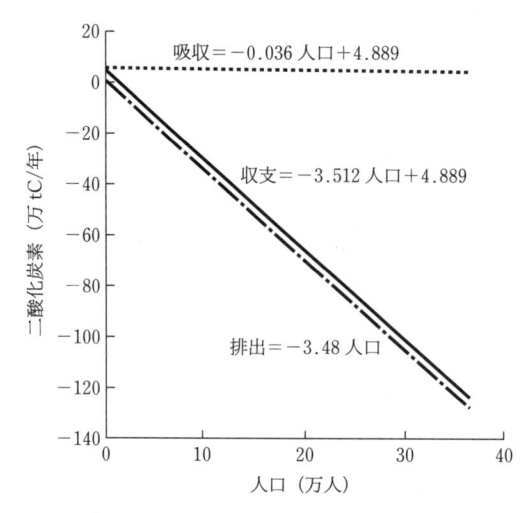

図 9-4 旭川市における二酸化炭素収支
正の値は吸収を，負の値は排出を示す．

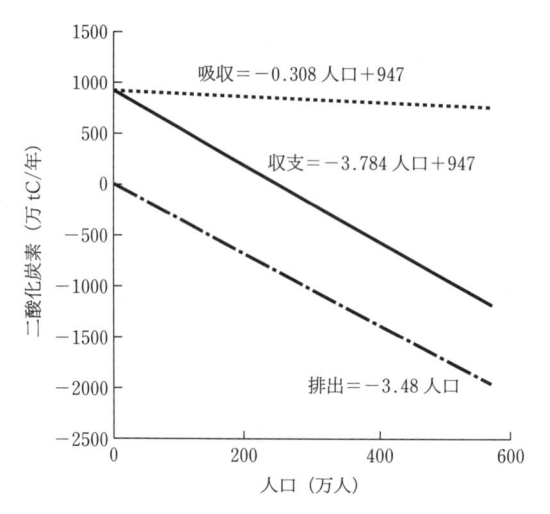

図 9-5 北海道における二酸化炭素収支
正の値は吸収を，負の値は排出を示す．

水に流出していることが指摘されているので,その施用量は留意しなければならない.この点については,今後の課題である.さらに,農地面積と同程度を占める市街地に樹木を増やし,炭素固定能の一助とするなどが考えられる.

引用文献

Houghton, R. A.: The annual net flux of carbon to the atmosphere from changes in land use 1850-1990. *Tellus*, **50B**, 298-313 (1999)

Houghton, R. A. Hackler, J. L. and Lawrence, K. T.: The U. S. carbon budget: contributions from land-use change. *Science*, **285**, 574-578 (1999)

Houghton, R. A., Skole, D. L., Nobre, C. A., Hackler, J. L., Lawrence, K. T. and Chomentowski, W. H.: Annual fluxes of carbon from deforestation and regrowth in the Brazilian Amazon. *Nature*, **403**, 301-304 (2000)

IPCC: *Land Use, Land-Use Change, and Forestry*. 375pp., Special Report of the Intergovernmental Panel on Climate Change, Cambridge University Press (2000)

IPCC: *Climate Change 2001, The Scientific Basis*. 944pp., The third assessment report of the IPCC, Cambridge University Press (2001)

Jacinthe, P. A., Lal, R. and Kimble, J. M.: Effects of wheat residue fertilization on accumulation and biochemical attributes of organic carbon in a central Ohio Luvisol. *Soil Sci.*, **167**, 750-758 (2002)

Lal, R.: Soil carbon sequestration impacts on global climate change and food security. *Science*, **304**, 1623-1627 (2004)

Nagumo, T and Hatano, R.: Impact of nitrogen cycling associated with production and consumption of food on nitrogen pollution of stream water. *Soil Sci. Plant Nutr.*, **46**, 325-342 (2000)

Post, W. M. and Kwon, K. C.: Soil carbon sequestration and land-use change: processes and potential. *Global Change Biol.*, **6**, 317-327 (2000)

Shibata, H., Mitsuhashi, H., Miyake, Y. and Nakano, S.: Dissolved and particulate carbon dynamics in a cool-temperate forested basin in northern Japan. *Hydrological Processes*, **15**, 1817-1828 (2001)

Spiecker, H., Mielikainen, K., Kohl, M. and Skovsgaard, J. P.: *Growth trends in European forest studies from 12 countries*. 354pp., Springer-Verlag, Heidelberg (1996)

UNFCCC (United Nations Framework Convention On Climate Change): http://unfccc. int/program/mis/ghg/ghgtabl90-99.zip (2000)

Vitousek, P. M., Aber, J. D., Howarth, R. W., Likens, G. E., Matson, P. A., Schindler, D. W., Schilesinger, W. H. and Tilman, D. G.: Human alteration of the global nitrogen

cycle: Sources and consequences. *Ecol. Applic*., **7**, 737-750 (1997)
West, T. O. and Post, W. M: Soil organic carbon sequestration rates by tillage and crop rotation: A global data analysis. *Soil Sci. Soc. Am. J*., **66**, 1930-1946 (2002)
科学技術庁資源調査所：バイオマス資源のエネルギー的総合利用に関する調査―わが国のバイオマス資源量―．科学技術庁資源調査所資料，第 96 号，pp. 63-74（1982）
加藤　保：有機物施用を中心とした土壌管理による土壌への炭素蓄積―愛知における圃場成績から―．土肥誌，**74**, 99-104（2003）
環境省：2000 年度（平成 12 年度）の温室効果ガス排出量について．http://www.env.go.jp/earth/ondanka/ghg/2002ghg.pdf
国土交通省河川局：http://www.mlit.go.jp/river/jiten/toukei/index.html
産業技術会議：農林水産業と環境保全，pp. 16-73，農林調査会（2002）
森林総合研究所：地球温暖化と森林の二酸化炭素吸収，http://www.ffpri-skk.affrc.go.jp/co2/
関矢信一郎：主要耕地における養分動態と養分収支，水田．農業技術体系 1．土壌肥料編，Ⅴ土壌と根圏，pp. 1-12，農山漁村文化協会（1987）
高橋英一：施肥農業の基礎．養賢堂，東京（1984）
農林水産省：地球温暖化防止森林吸収源 10ヵ年対策．http://www.rinya.maff.go.jp/puresu/h14-12gatu/1226ondanka/1.pdf
波多野隆介：土壌植物系における炭素循環モニタリング．『環境負荷を予測する―モニタリングからモデリング―』日本土壌肥料学会監修，長谷川周一ら編，pp. 175-189，博友社，東京（2002）
細淵幸雄・波多野隆介：火山放出物未熟土壌に立地する落葉広葉樹林生態系における酸性降下物の影響と塩基の循環．土肥誌，**70**, 505-513（1999）
北海道：http://www.pref.hokkaido. jp/

謝辞

本章のとりまとめにあたり，静岡大学農学部の南雲俊之博士には多大なるご協力をいただいた．記して謝意を表します．

（波多野隆介）

第III編

土壌における二酸化炭素の生成から発生まで

第 10 章

異なる土壌間での二酸化炭素発生能の比較

10-1 はじめに

　地球の表面は海洋および陸域で構成されているが，陸域の表層には約 1 m の厚さの土壌があり，土壌圏を構成している（中野ら，1997）．この土壌圏で，非常に多くの生物が生命活動を維持している．有機物や無機物などの種々の化合物は，絶えず分解と合成を繰り返し，大気圏と地上との間を循環しているが，土壌圏での生命活動は，この物質循環と深く関わっている．

　物質循環の代表的なものは炭素循環と窒素循環である．炭素循環における炭素の大気中での主要な存在形態は二酸化炭素であり，窒素循環における窒素の大気中での主要な存在形態は分子状の窒素である．

　大気中の二酸化炭素の濃度は，地上での生命活動や工業生産による二酸化炭素の生成と放出，吸収のバランスで決定されていると考えられるが，工業生産による二酸化炭素の生成と放出については正確に把握することができる．しかし，地上での生命活動による二酸化炭素の生成と放出については，土壌生態系でのフラックスが検討され始めているものの，土壌中の微生物による二酸化炭素の生成と放出については，定量的な把握はほとんど行われていない．

　そこで，本章では種類を異にする土壌を用いて，それぞれの土壌に加えられた易分解性有機物から発生する二酸化炭素の量を追跡することに加えて，二酸化炭素の発生パターンから各種土壌の有機物分解に対する特性を探る目的で室内実験を行った．言うまでもなく，土壌から発生する二酸化炭素は，土壌に加えられた有機物が主として土壌中の微生物の作用を受ける反応で生成してお

り，その反応は両者のもっとも基礎的な「素反応」であると考えられる．筆者らは土壌からの二酸化炭素の発生パターンこそが土壌の有する有機物分解の微生物による特性を表す重要な表現であると位置付け，パターン認識によってそれぞれの土壌の二酸化炭素発生能を検討することを試みた．もとより本実験は室内実験であること以外に，土壌に加える有機物試料がきわめて分解されやすく，炭素量に比べ窒素量を多く含むモデル物質を選択していること，土壌の特性を探る目的にも拘わらず，供試した土壌の試料数が1点にすぎないこと，温度変化を考えていないことなど，わが国の土壌での微生物による有機物分解の全体像を知るには種々の問題を含んでいることは明らかである．しかし，本章では先述のもっとも基本的な素反応は二酸化炭素の発生パターンで理解できるという想定のもとで実験を行った．

10-2 実験室系で土壌から発生する二酸化炭素の測定

10-2-1 供試土壌，土壌試料への有機物添加方法およびそのコンディショニング

洪積土壌，沖積土壌，水田土壌および火山灰土壌のそれぞれ表層土0～10cmの部分を供試した．これらの土壌試料は採取時に，すばやく2mmの円孔篩にかけて（水田土壌にあっては清浄なシリコン製ゴム栓を用いて円孔篩から試料を押し出すようにして調整した），通過試料を殺菌処理したポリエチレン製の容器に入れて厳封し，クーラーボックスに入れて持ち帰り，冷暗所に保存した．

土壌による有機物分解能評価のための有機物試料の添加は，粉末状酵母エキス（DIFCO社製）600 mg を 10 ml の水に溶かし，これをオートクレーブ処理した．

実験に当たっては，採取土壌試料を冷暗所から取り出し，各土壌試料当たり 0.1 ml の酵母エキス溶液を添加し，よく攪拌後，37℃で1日間培養した．

10-2-2　二酸化炭素発生量の測定

　二酸化炭素の定量は水酸化バリウム–塩化バリウム混合系による吸収法を用いた（土壌標準分析・測定法委員会，1986）．すなわち，0.1 N Ba(OH)$_2$ および 0.1 N BaCl$_2$ の混合溶液 100 ml を共栓付試薬瓶に入れておく．

　シャーレに前培養した土壌試料 10 g を入れ，これに酵母エキス溶液 1 ml を添加・攪拌後，シャーレを予め水酸化ナトリウムで二酸化炭素を除去した密栓型タッパーに入れる．次いで，先の混合溶液の入った試薬瓶をタッパーに入れ，共栓を取り去った後に，すばやくタッパーの蓋を閉じて，37℃恒温室に静置する．このようなタッパー容器（土壌試料の入ったシャーレ，混合溶液の入った試薬瓶が中にある）を土壌種ごとに，また，土壌試料を入れないで混合溶液のみが入ったタッパー容器（コントロール区）もそれぞれ多数用意し，これらをすべて37℃恒温室に入れて培養する．培養開始直後，6，12，30および36時間後にそれぞれコントロール区および土壌種ごとにタッパー容器を取り出し，0.1 N 塩酸で残余の Ba(OH)$_2$ 量を滴定（逆滴定）で求め，吸収された二酸化炭素量を算出する．

　なお，Ba(OH)$_2$ による二酸化炭素の吸収および滴定に際しての化学反応は以下の通りである．

　　　　二酸化炭素の吸収反応：$Ba(OH)_2 + CO_2 \rightarrow BaCO_3 + H_2O$
　　　　残存する Ba(OH)$_2$ を塩酸で滴定する場合の反応
　　　　　：$Ba(OH)_2 + 2HCl \rightarrow BaCl_2 + 2H_2O$

　したがって，保温静置開始直後と保温静置終了時におけるそれぞれの塩酸滴定値の差をモル数として算出すると，そのモル数の 1/2 が保温静置開始時から終了時までに発生した二酸化炭素のモル数（常温，常圧で，二酸化炭素1モルは22,400 ml）に相当することから，二酸化炭素発生量を体積として求めることができる．

10-2-3 土壌微生物の易分解性有機物添加に伴う増殖サーモグラムの測定

増殖サーモグラムは，土壌に易分解性有機物が加えられたときに発生する土壌微生物による増殖代謝熱を微生物用熱量計で測定することによって得られる．すなわち，各土壌試料 5 g を 30 ml 容ガラス製容器に入れ，次いで，酵母エキス 0.5 ml を添加し，添加後の増殖サーモグラム（g(t)）曲線を測定し，既報のアルゴリズムに基づいて解析を行い，土壌微生物群の増殖曲線および見かけの増殖速度定数（μ'）の算出を行った（Antoce ら，1996a；Antoce ら，1996b）．

10-3 土壌から発生する二酸化炭素量の比較

10-3-1 各種土壌からの二酸化炭素発生量の様相

図 10-1 には，コントロール区および各種土壌区の二酸化炭素発生量を示した．この図から以下のように考察した．

コントロール実験区における保温静置期間中の二酸化炭素発生の経時的変化

コントロール実験区での二酸化炭素は，タッパー表面に付着したり，実験操作中に侵入したりするものと考えられ，他の土壌区でもこのような二酸化炭素はまったく同量ではないにしても，ほぼ同量の二酸化炭素量が実際の測定値に加算されていると解釈される．本実験操作中にやむを得ず侵入した二酸化炭素量のバックグラウンド値は，おおむね低いレベルで推移していることがわかった．

沖積土壌区での二酸化炭素発生の経時的変化

保温静置開始後 6 時間までに急速な二酸化炭素の発生が観測され，その後は二酸化炭素の発生はわずかな量になった．すなわち，本実験で判断する限り，沖積土壌に加えられた易分解性有機物は比較的早い時間に二酸化炭素に分解さ

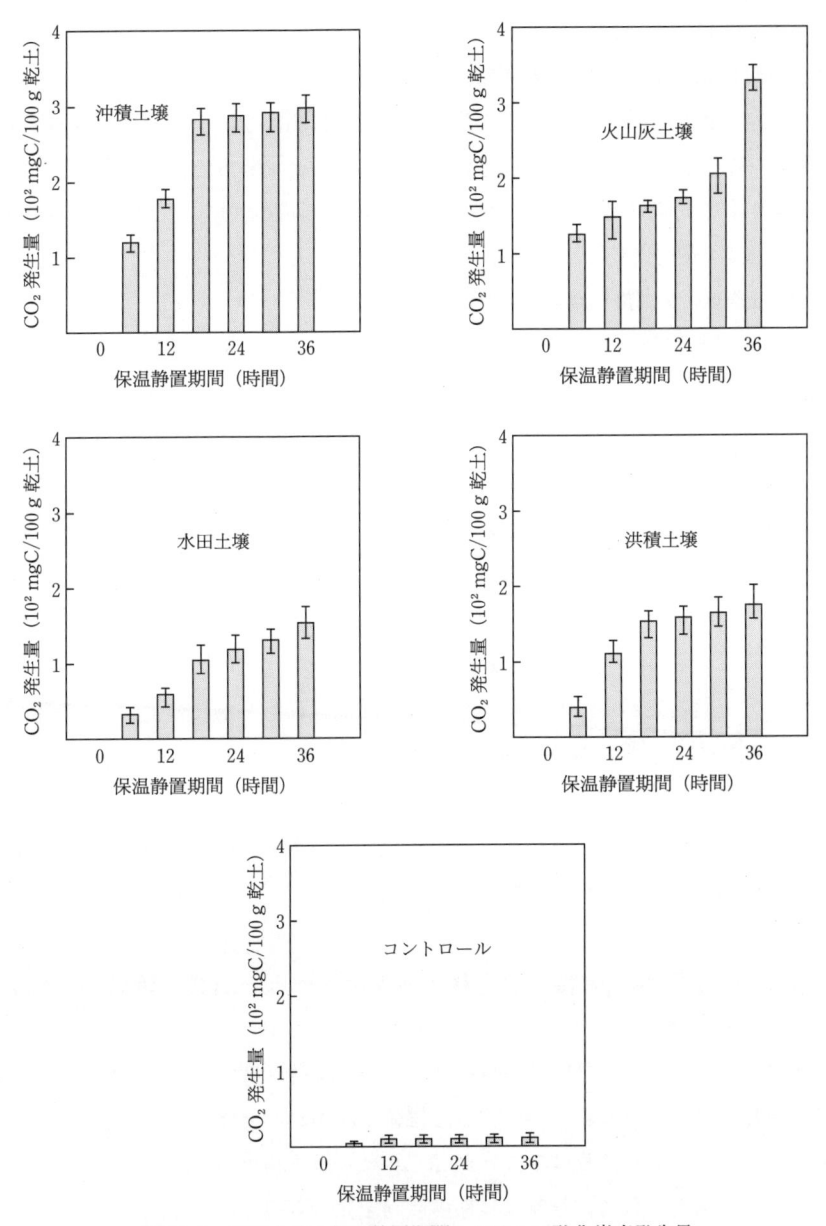

図 10-1 供試土壌の保温静置期間における二酸化炭素発生量

れると解された．

火山灰土壌区での二酸化炭素発生の経時的変化

保温静置開始後二酸化炭素の発生は早い時期に高まり，その後も高い水準で経緯している．このことは，火山灰土壌に有機物が加わると，分解が早くから開始され，その後も効率よく分解が進む結果，全期間を通して二酸化炭素の発生量は大きいことが示唆される．

水田土壌区での二酸化炭素発生の経時的変化

保温静置開始後二酸化炭素の発生は徐々に行われ，急速な発生は認められず，この傾向は保温静置終了時まで継続している．すなわち，水田土壌への有機物の添加で起こる二酸化炭素の発生速度の変化は小さいが，期間を通じて起こる二酸化炭素全量は少なくないと考えられる．

洪積土壌区での二酸化炭素発生の経時的変化

保温静置開始後二酸化炭素の発生は火山灰土壌の場合と類似している．すなわち，比較的早い時期から分解が開始され，その後も二酸化炭素量の放出が実験終了時まで継続していることが認められる．

以上の実験結果から，易分解性有機物が添加されたときに発生する二酸化炭素量の経時的変化の様相は土壌の種類によって大きく異なり，沖積土壌では有機物の添加の早い段階で急激な二酸化炭素の発生が起こること，火山灰土壌では添加の後期に急激に発生が高まるのに対して，水田土壌と洪積土壌では二酸化炭素の急激な発生は起こらないことが観測された．

10-3-2　易分解性有機物の各種土壌添加に伴う土壌微生物増殖曲線の差異

土壌に加えられた易分解性有機物は上記の保温静置期間をさらに延長したとき，各種土壌で特有の変化がその後も継続し，それが全体としての二酸化炭素発生量に大きな影響を及ぼさないかどうかという実験上の疑問が生ずる．しかし，本章で扱った有機物分解は長期の傾向を見るものではなく，短期間における傾向を土壌特性として捉えている．したがって，添加した易分解性有機物か

ら発生する二酸化炭素はそれぞれの土壌に棲息する土壌微生物の基質に対する分解特性であると考えれば，各種土壌の微生物の易分解性有機物に対する特性を短期間に何らかの方法で検出できれば，本実験における二酸化炭素発生量またはその発生の様相が土壌固有のものであることに対する一つの根拠を与えると考えられる．

そこで，易分解性有機物が添加されたときに立ち上がる土壌微生物の増殖は増殖代謝熱として現れるので，この「熱量」を検出し，この熱量変化が二酸化炭素量の発生および様相にもっとも重要に関わっていると考えた．

得られた増殖サーモグラムを図10-2に，増殖曲線を図10-3に，また，見かけの増殖速度定数を表10-1に示した．

増殖サーモグラムは土壌の種類によって，大きく異なっていた．これらの曲線の形状は同一土壌であれば，再現性はきわめてよく，ピークの高さがわずか

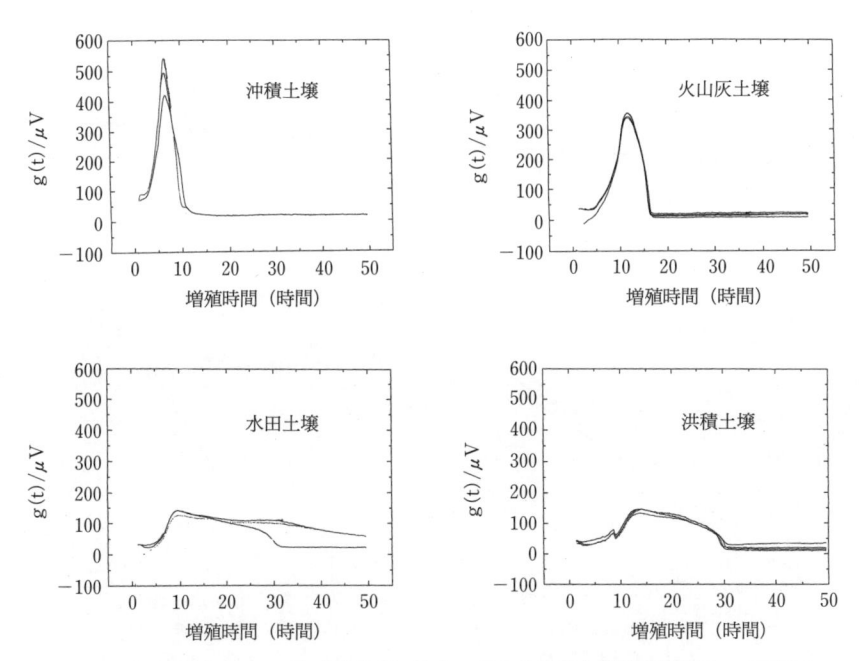

図10-2 各種土壌における有機物分解・資化に伴う土壌微生物群の増殖サーモグラム

に違うだけで，形状は同一パターンを示した．増殖サーモグラムの形状を土壌ごとに比較すると，添加した有機物の分解・資化の進行がもっとも早いのが，沖積土壌であり，次いで火山灰土壌，これらの土壌よりも遅れて洪積土壌，そして分解・資化が長く継続するのが水田土壌であった．ピーク強度も上記の順番であり，沖積土壌と火山灰土壌ではほぼ左右対称の明瞭なピークを有する曲線であるのに対して，水田土壌と洪積土壌では，明瞭なピークは現れず，幅広の曲線を示した．さらに，これらの増殖サーモグラムを増殖曲線と比較する

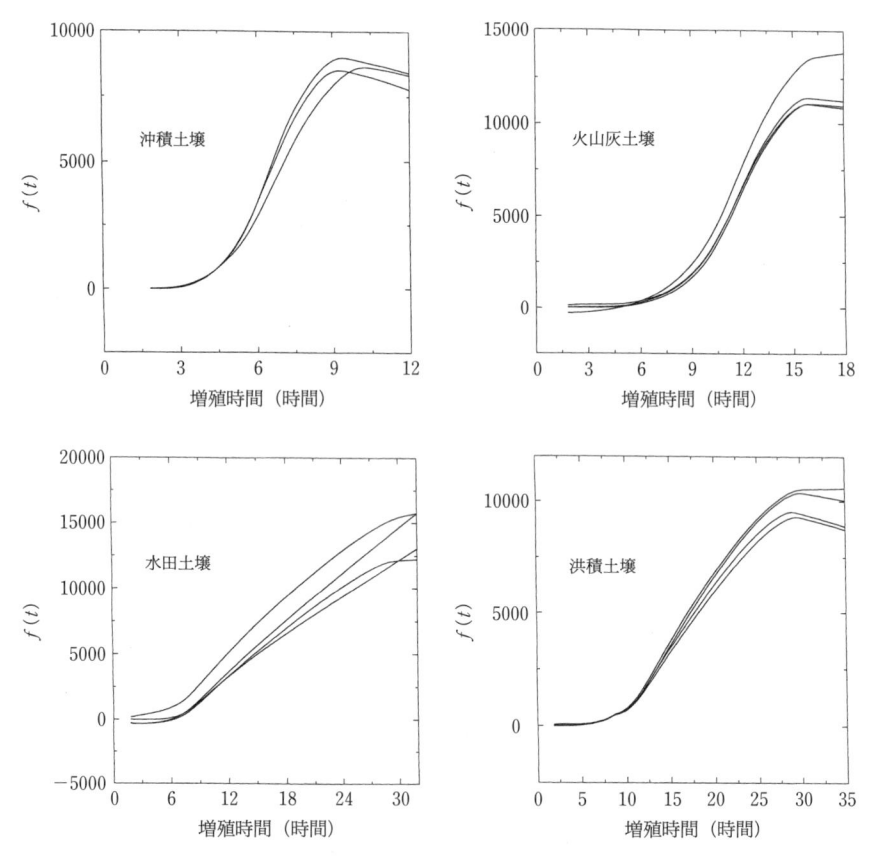

図 10-3 各種土壌における有機物分解・資化に伴う土壌微生物群の増殖曲線

と，増殖サーモグラムが描く，ピーク立ち上がりまでの時間，最大ピークに達するまでの時間，最大ピーク後にまた元の状態に戻るまでのラグフェーズ（立ち上がりまでに要する期間），ログフェーズ（対数的に増殖する期間）およびステーショナリーフェーズ（静止期間）は増殖曲線の曲線変化に対応しているだけではなく，開始時間も一致していた．そして，これらの増殖サーモグラムや増殖曲線の変化は易分解性有機物を添加したときにのみ認められ，添加し

表10-1　各種土壌の土壌微生物群の見かけの増殖速度（μ'）

供試土壌	増殖速度定数（μ'）	平均
沖積土壌	0.9578 0.9156 0.9312	0.9349
火山灰土壌	0.7167 0.5951 0.6229 0.5589	0.6234
水田土壌	0.4311 0.4446 0.4296 0.4242	0.4324
洪積土壌	0.3431 0.3489 0.3358 0.3318	0.3400

た易分解性有機物が土壌中から消失すると，増殖サーモグラムや増殖曲線は何れもラグフェーズの初期の状態に戻った．

　一方，増殖曲線の対数増殖期から求めた土壌微生物のみかけの増殖速度定数を平均でみると，沖積土壌で 0.935，火山灰土壌で 0.623，水田土壌で 0.432，洪積土壌で 0.340 であり，これらの数値は上述の増殖サーモグラムにおける最大ピークに達するまでの時間に対応していた．

　以上，易分解性有機物を各種土壌に添加したときに見られる土壌微生物の増殖曲線の差異を見てきたが，これらの差異は 10-3-1 で述べた易分解性有機物の添加に伴う各種土壌からの二酸化炭素発生パターンの違いをある程度説明しているものと思われる．すなわち，各種土壌からの二酸化炭素発生の様相を発生が開始されるまでの時間と発生量から考察すると，何れも，沖積土壌＞火山灰土壌＞水田土壌＞洪積土壌の順に早く，しかも発生量が多いことが示されている．このことは，土壌の種類によって土壌に加えられた有機物から発生する

二酸化炭素の様相は異なり，それは，主として有機物に対するその土壌の微生物活性に基づくものであると示唆される．勿論，本章で取り上げた内容は，①あくまでも実験室的条件であること，②酵母エキスという限定された有機物を対象にしていること，③供試土壌が1箇所に限られていることなど検討すべき内容は多いが，これらの問題を考慮しても，土壌の種類によって有機物の分解特性が異なることは本実験から理解されるところである．

引用文献

Antoce, O. A., Antoce, V. 高橋克忠，新田康則，深田はるみ，川崎東彦：Quantitative analysis of action of ethanol on growth activity of yeast and its theoretical background. 熱測定, **23,** 45-52 (1996a)

Antoce, O. A., Pomohaci, N., Antoce, V., Fukada, H., Takahashi, K., Kawasaki, H., Amano, N. and Amachi, T.: Application of calorimetry to the study of ethanol torelance of some yeast strains. *Biocontrol Sci.*, **1,** 3-10 (1996b)

古賀邦正・平岡　伸・金　英樹・萩原大輔・末廣康孝・坂本泰子・高橋克忠：各種土壌微生物による有機物分解能に関する熱的研究．熱測定, **28,** 54-61 (2001)

中野政詩・宮崎　毅・松本　聰・小柳津広志・八木久義：東京大学農学部編，土壌圏の科学．159pp., 朝倉書店，東京 (1997)

日本土壌肥料学会監修，土壌標準分析・測定法委員会編：土壌標準分析・測定法．博友社，東京 (1986)

（松本　聰・古賀邦正）

第 11 章

土壌中における二酸化炭素の化学

11-1 はじめに

　地球環境という視点から土壌をめぐる炭素の動態について考えるときには，どうしても植物や土壌微生物の呼吸による土壌から大気への二酸化炭素の放出や，炭素のストックとしての土壌有機物にだけ目が行きがちである．しかし，地球全体を見渡すときには，炭酸塩（主として石灰石）や水に溶存した炭酸イオンや炭酸水素イオンの動態も重要である．表 11-1 は，地球表層と表層直下から 16 km の深さまでの，炭素の存在形態と量をまとめたものである（Bohn, 1976）．地球表層では土壌有機物と大気の二酸化炭素の割合が高いが，海水や陸水の溶存炭酸として存在する炭素も大気中に二酸化炭素として存在するものに匹敵し，陸上生態系中の炭素量よりも多いことがわかる．また表層下 16 km までの炭素では，石灰石を代表とする炭酸塩類として存在するものが圧倒的に多い．

　土壌生態系においては，炭酸塩類や炭酸水素イオンとして存在する炭素の量は，植物や腐植物質として存在するものよりもはるかに少ないことが多い．し

表11-1　地球における炭素の存在形態と量（Bohn, 1976）

形　態	量 (GtC)
地球表層 1 m まで	
大気	700
生物	480
土壌有機物	3000〜5000
溶存炭酸（陸水）	250
溶存炭酸（海水表層）	500〜800
それ以下 16 km まで	
海底の有機堆積物	3000
溶存炭酸	34500
石炭と石油	10000
堆積物（主として石灰石）	20000000

かしそれでも，これらの形態の炭素の動態を把握することは，次のような理由で重要である．第一は，土壌生態系における炭素の収支をより正確に推定するためには，すべての形態の炭素の動態を把握する必要があるからである．そして第二に，炭酸塩や無機炭酸イオン類は反応性に富むため，土壌中のほかの多くの化学過程に大きな影響を与えるからである．

この章では，土壌中の生物体内での二酸化炭素の生成，体外への排出，排出された二酸化炭素の動態と反応について概説する．

11-2　土壌における二酸化炭素の発生機構

いうまでもなく最も重要な発生機構は，植物根や土壌微生物による呼吸である．好気的な土壌中，つまり分子状の酸素が豊富にある条件下では，酸素を電子受容体とし有機化合物が酸化される．たとえば有機物がブドウ糖の場合，その全反応は

$$C_6H_{12}O_6 + 6O_2 \rightarrow 6CO_2 + 6H_2O \tag{11.1}$$

であり，この反応は微生物や植物根の細胞内で進行する．発生した二酸化炭素は水和二酸化炭素（後述）あるいは炭酸水素イオンとして細胞膜直下まで移動し，そこから二酸化炭素として細胞外へ出る．この過程はほぼ完全に拡散律速であり，細胞内外の二酸化炭素分圧の差にしたがって細胞外へ拡散する．このため，無酸素状態でなくとも，土壌空気中の二酸化炭素分圧が高くなると，微生物や植物根は酸素を電子受容体とした呼吸ができなくなる（Fournier, 1999）．

土壌空気中の酸素分圧が低下すると，ある種の微生物は酸素以外のものを電子受容体として呼吸する．土壌を湛水し，溶存酸素が消失してしばらくすると2価鉄イオンが現れる．これは，微生物が3価の鉄イオンを電子受容体として有機物を酸化するからである．たとえば有機物がブドウ糖の場合，反応は

$$C_6H_{12}O_6 + 24FeOOH(s) + 42H^+ \rightarrow 24Fe^{2+} + 6HCO_3^- + 36H_2O \qquad (11.2)$$

となる．ここでFeOOHは酸化水酸化物鉱物の一種のゲータイトの組成式である．実際の反応はゲータイトから溶解したFe³⁺が微生物体に取り入れられ，そこで還元されて炭酸水素イオンとともに体外に排出される，という何段階かの過程をへて進行するが，ここではこの過程をひとまとめにして示している．湛水した土壌中でこの反応が進行すると，2価鉄イオン濃度と炭酸水素イオン濃度が平行して上昇する．また酸化鉄鉱物の溶解のために水素イオンが消費され，また炭酸水素イオンが排出されるために土壌溶液のpHは次第に上昇する．同様に，湛水された土壌中で，電子受容体が硝酸イオンである場合には，アンモニウムイオンとともに，また酸化マンガン鉱物である場合には，2価のマンガンイオンとともに炭酸水素イオンが生成する（川口ら，1988）．

図11-1は土壌試料と水を気密容器中に入れて培養し，2価鉄，2価マンガン，および炭酸の生成量を測定した結果の1例である．反応(11.2)から予想されるように，pH，2価鉄イオン濃度と炭酸および炭酸水素イオン濃度が同

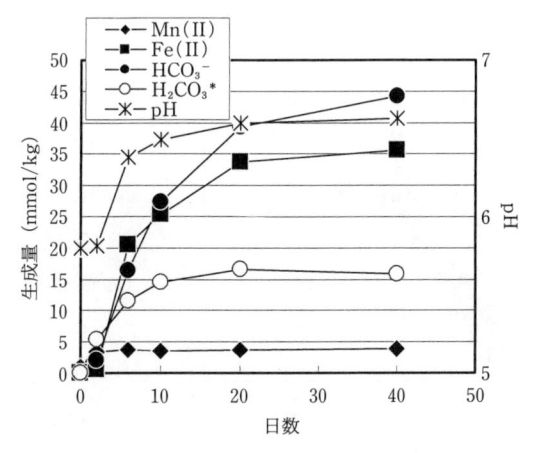

図11-1　湛水した土壌における2価鉄，2価マンガンおよび炭酸の生成（土屋ら，1986）

期して上昇していることがわかる（土屋ら，1986）．

11-3　発生した二酸化炭素の土壌内での移動

　好気的な土壌，つまり土壌内部から土壌表面までつながった孔隙の半分程度が気相で占められているような土壌においては，(11.1) 式のような呼吸によって発生した二酸化炭素の大部分はその孔隙を通じて大気へと拡散する．生物の細胞内から細胞外への二酸化炭素の移動の場合と同様，この過程も，二酸化炭素の濃度勾配に沿った拡散過程である．土壌，特に植物や微生物の生育に適した土壌では二酸化炭素が移動する通路は微細な毛管孔隙であるため，発生した二酸化炭素の拡散は大気中よりもはるかに遅く，二酸化炭素は土壌の孔隙内に停滞する．このために，土壌の孔隙中の二酸化炭素濃度は大気中よりもはるかに高いのが普通である．図 11-2 には土壌中の気体の相対拡散係数（自由空気中の拡散係数との比）と土壌の気相率との関係を示す（遅沢，1998）．この図は黒ぼく土（火山灰土）や灰色低地土（水田土）など様々な土壌について計測されたものをまとめてプロットしたものであるが，おおよその傾向としては，どのようなタイプの土壌でも，土壌が緻密で気相率が小さくなると相対拡散係数が低下す

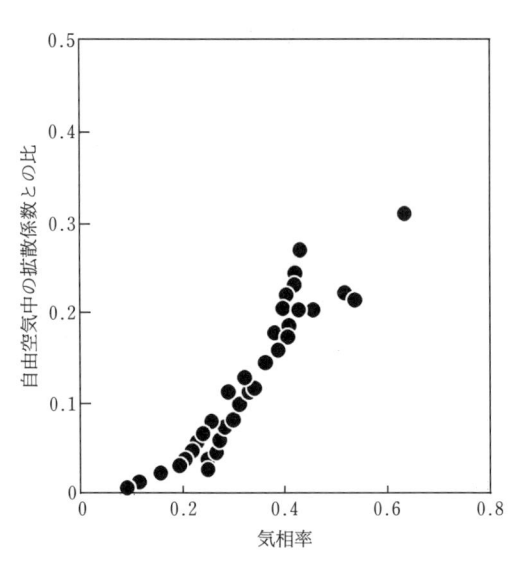

図 11-2　土壌中の気体の拡散係数と土壌の気相率との関係（遅沢，1998）

ることがわかる．つまり粘土含量が高く，水分含量も高い土壌では相対拡散係数が小さいことになる．

図 11-3 は，土壌の表面から約 20 cm の場所における孔隙中の酸素濃度と二酸化炭素濃度の年間の変動の1例である（和田，未発表）．予想されるように，年間を通じて，土壌空気中の二酸化炭素は大気中の二酸化炭素濃度よりもはるかに高い．地温が上昇して生物活動が活発になる 3 月頃から二酸化炭素濃度が上昇し，気温が低下して（植物根を含む）生物活動が低下する 9 月頃から低下している．酸素濃度の変動は二酸化炭素濃度の変動と相補的である．二酸化炭素の最高濃度は約 5％に達しているが，これは大気の二酸化炭素濃度（約 0.035％）の 100 倍を越える濃度である．

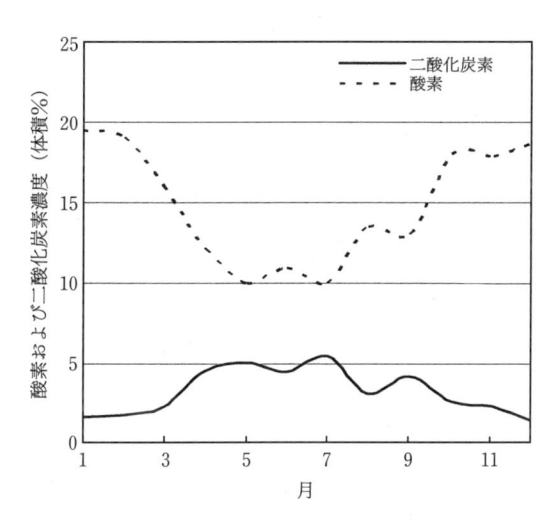

図 11-3 土壌空気中の酸素と二酸化炭素濃度の年間変動の例

上に述べたように，好気的な土壌内で発生した二酸化炭素の大部分は大気へ拡散するが，二酸化炭素の一部は土壌溶液に溶解する．この溶解反応は

$$CO_2(g) + H_2O \rightarrow CO_2 \cdot H_2O \tag{11.3}$$

と書かれる．ここで $CO_2 \cdot H_2O$ は水和二酸化炭素を表す．水和した二酸化炭素の一部は水和水と化学反応して炭酸となる．反応式は

$$CO_2 \cdot H_2O \rightarrow H_2CO_3 \tag{11.4}$$

である．しかし，通常の化学分析においては水和二酸化炭素と炭酸を区別する

ことはできないので，水質化学や土壌化学においてはこれらをひとまとめにして $H_2CO_3^*$ という記号で表すことが多い．このようにすると，二酸化炭素が水に溶解する反応は一括して

$$CO_2(g) + H_2O \rightarrow H_2CO_3^* \tag{11.5}$$

と書くことができる．気体の溶解度は比較的低圧では，気体の分圧に比例する．この比例定数はヘンリー定数（K_H）とよばれる．今，土壌空気の二酸化炭素分圧を P_{CO_2} とすると，溶存炭酸濃度は

$$[H_2CO_3^*] = [CO_3 \cdot H_2O] + [H_2CO_3] = K_H P_{CO_2} \tag{11.6}$$

で与えられる．たとえば 25°C における二酸化炭素のヘンリー定数は $10^{-1.47}$ (mol/l/atm) であるので，二酸化炭素分圧が 3.5×10^{-4} atm の大気と平衡している水では，$[H_2CO_3^*] = 1.18 \times 10^{-5}$ mol/l となる．すでに述べたように，土壌空気の二酸化炭素分圧は大気の 100 倍を越えることもまれではなく，このような場合には土壌空気の溶存炭酸濃度は mmol/l のオーダーとなる．鍾乳洞の生成や岩石の風化が，大気中の二酸化炭素を溶解した雨水の作用とされることがあるが，土壌および植生被覆の存在する地域においては，雨水が土壌に浸入した後に，土壌空気から溶け込む二酸化炭素の量の方が圧倒的に多いと考えるのが妥当である．

炭酸はかなり強い酸であり，一部は次のように解離する．

$$H_2CO_3^* \rightarrow HCO_3^- + H^+ \tag{11.7}$$

$$HCO_3^- \rightarrow CO_3^{2-} + H^+ \tag{11.8}$$

そして平衡状態では各イオン種濃度間の関係は次の質量作用式で表される．

$$K_{a1} = \frac{[HCO_3^-][H^+]}{[H_2CO_3^*]}, \quad K_{a2} = \frac{[CO_3^{2-}][H^+]}{[HCO_3^-]} \tag{11.9}$$

25°C，1 気圧における平衡定数 K_{a1}，K_{a2} の値はそれぞれ $10^{-6.35}$，$10^{-10.33}$ である．(11.7) 式を用いると，炭酸および炭酸イオン種の存在割合を pH の関数と

して計算することができる．図11-4に計算結果を示す．土壌のpHは4から10の範囲にあることが多い．図11-4から，土壌溶液中では二酸化炭素は炭酸（水和二酸化炭素を含む）か炭酸水素イオンとして存在し，炭酸イオンの割合は小さいことがわかる．

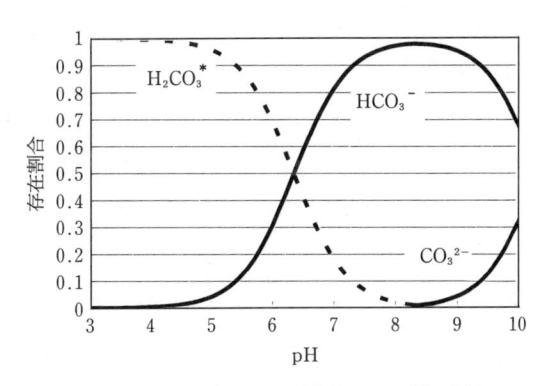

図11-4　pHと炭酸および炭酸イオン種の割合

(11.6) 式から明らかなように，平衡空気中の二酸化炭素分圧が決まれば，溶存炭酸濃度は一義的に定まる．また(11.6) 式と(11.9) 右式を乗じて得られる式，および(11.6) 式と(11.9) の両式を乗じて得られる式から，二酸化炭素分圧と水素イオン濃度（したがってpH）が決まれば炭酸水素イオン濃度や炭酸イオン濃度は一義的に定まることがわかる．

このようにして土壌水に溶存した炭酸や炭酸イオン類は，土壌溶液とともに移動する．水田のような湛水された土壌においては，発生した炭酸のうち土壌溶液に溶存する炭酸の割合が高く，浸透水量も多いことから，土壌の下方への移動が大気への拡散よりも卓越することもあるであろう．特に図11-1に示した例のように，生成した炭酸の大半が炭酸水素イオンとなり，還元生成物である2価鉄イオンや2価マンガンイオンの対イオンとなっている場合には，浸透水とともに土壌の下層へ輸送される．浸透した水が再び湧出すると，溶存炭酸や炭酸水素イオンの一部はそこで大気へ拡散する．浸透する炭酸水素イオンの対イオンが2価鉄イオンである場合には，次の反応式

$$4Fe^{2+} + 8HCO_3^- + O_2 + 2H_2O \rightarrow 4Fe(OH)_3 + 8CO_2 \qquad (11.10)$$

のように，2価鉄イオンの酸化と二酸化炭素の揮散が同期して起こり，後には水酸化鉄の沈殿が残される．水田地帯の水路や，湧水池では，赤褐色の水酸化

鉄の沈殿が見られることがあるが，その大半はこのような機構によって生じたものであろう．

以上述べたように，湛水され，水の下方浸透が卓越する土壌においては，その土壌内で発生する二酸化炭素の多くは土壌の下方へ輸送されることがありうる．また輸送された二酸化炭素が遠く離れた地点で湧出し，そこで大気へ放出されることもある．このような場合には，土壌表面からの二酸化炭素の発生量だけでは，その土壌における炭素の収支を正確に把握することはできないことになる．

11-4　土壌内での溶存炭酸の反応

11-4-1　鉱物の風化

土壌溶液に溶解した炭酸および炭酸イオン類は，土壌溶液の移動に伴って移動すると同時に，さまざまな反応に関与する．そのひとつは，鉱物の風化である．たとえば，溶存炭酸がケイ酸マグネシウム鉱物の1種であるカンランセキと反応すると

$$Mg_2SiO_4(s) + 4H_2CO_3 \rightarrow 2Mg^{2+} + 4HCO_3^- + H_4SiO_4 \qquad (11.11)$$

のように溶解し，カンランセキは炭酸水素イオン，マグネシウムイオンおよびモノケイ酸に完全に溶解する．一方，カイチョウセキが炭酸を含む水と反応すると

$$CaAl_2Si_2O_8(s) + 2H_2CO_3 + H_2O \rightarrow Ca^{2+} + 2HCO_3^- + Al_2Si_2O_5(OH)_4(s) \qquad (11.12)$$

のように反応する．ここで右辺の $Al_2Si_2O_5(OH)_4(s)$ は粘土鉱物の1種のカオリン鉱物である．(11.12) 式のような反応では，鉱物が完全に溶解してもとの鉱物の組成を持つ溶液となるのではなく，鉱物の構成成分の一部が溶出し，一

部は別の鉱物に転換している．このような溶解反応は不調和溶解反応とよばれる．別の，より複雑な不調和溶解反応の例としてカクセンセキの不調和溶解反応を示す（和田，2000）．

$2(CaK_2)(Mg_2Fe(II)_2Al)(Si_7Al)O_{22}(OH)_2(s) + 13CO_2 + 21H_2O + O_2 \rightarrow$
$\quad K[Si_8(Al_3Mg)O_{20}(OH)_4](s) + 5(Fe_{0.8}Al_{0.2})OOH$
$\quad\quad + 6H_4SiO_4 + 3Mg(HCO_3)_2 + 2Ca(HCO_3)_2 + 3KHCO_3 \quad\quad (11.13)$

この反応における物質収支を図11-5に図示した．この反応では，カクセンセキが，土壌内で生成した二酸化炭素と水および大気からの酸素の存在下で不調和溶解し，モノケイ酸，マグネシウム，カルシウムおよびカリウムの炭酸水素塩が生成する．これらは浸透水とともに移動する．カクセンセキを構成する元素の一部は粘土鉱物の1種であるスメクタイトとなる．また，カクセンセキに含まれる2価鉄イオンは構造外に放出され，酸素によって酸化され3価鉄イオンとなるが，直ちに水と反応して酸化水酸化鉄鉱物の1種であるゲータイトに変化する．純粋なゲータイトは FeOOH という組成を持つが，この風化環境で

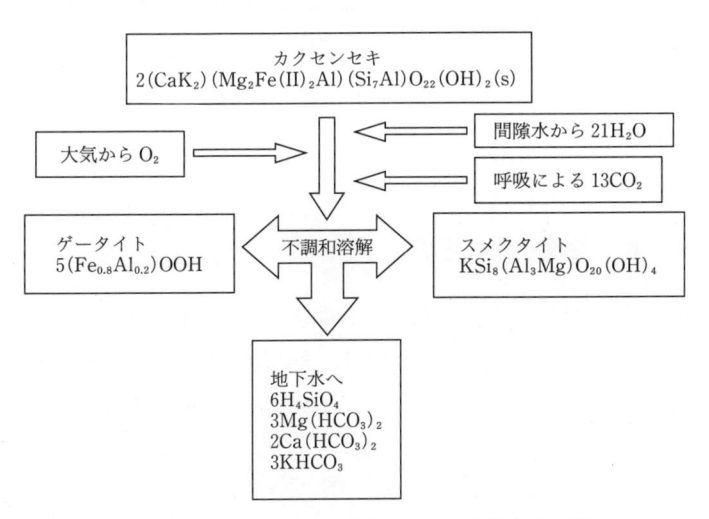

図11-5 カクセンセキの風化における物質収支の例

表11-2 ミネラルウォーターのイオン組成の例
(mmol/l)

陽イオン		陰イオン	
Ca^{2+}	0.112	HCO_3^-	0.246
Mg^{2+}	0.054	SO_4^{2-}	0.041
Na^+	0.130	Cl^-	0.147
K^+	0.013		
		H_4SiO_4	0.117

はカクセンセキから放出されたアルミニウムイオンの一部を取り込み,不純物としてAlを含むゲータイトが生成している.

炭酸による造岩鉱物の不調和溶解反応は,土壌生成にかかわる反応として非常に重要である.一般に造岩鉱物の不調和溶解反応では,モノケイ酸とアルカリ金属およびアルカリ土類金属の炭酸水素塩の溶液が生成するが,これは地下水水質の形成機構としても重要である.表11-2はヨーロッパで市販されているミネラルウォーターのイオン組成の分析結果の例である.主要な陰イオンが炭酸水素イオンであると同時に,モノケイ酸が含まれている.

11-3で述べたように,大気と平衡にある雨水の炭酸濃度は0.01 mmol/lに過ぎないし,モノケイ酸は含まれない.表11-2に示すような組成をもつミネラルウォーターは,高濃度の炭酸を含む水による鉱物(たとえば(11.11)〜(11.13)式のような鉱物)が不調和溶解した結果生じたことが明らかである.つまり地下水中の溶存炭酸イオンは,土壌生物の呼吸によって生成された二酸化炭素が炭酸として浸透し,地下で鉱物と反応した結果もたらされたものである可能性が高いのである.

11-4-2 難溶性炭酸塩の生成

炭酸が鉱物と反応すると,アルカリ金属やアルカリ土類金属の炭酸水素塩を含む水溶液が生成する.条件によっては,この溶液から炭酸カルシウムに代表される難溶性炭酸塩が沈殿する.炭酸カルシウムの生成反応は

$$Ca^{2+} + CO_3^{2-} \rightarrow CaCO_3(s) \tag{11.14}$$

であり,この反応の平衡定数は25℃,1気圧において$10^{8.35}$である.この反応

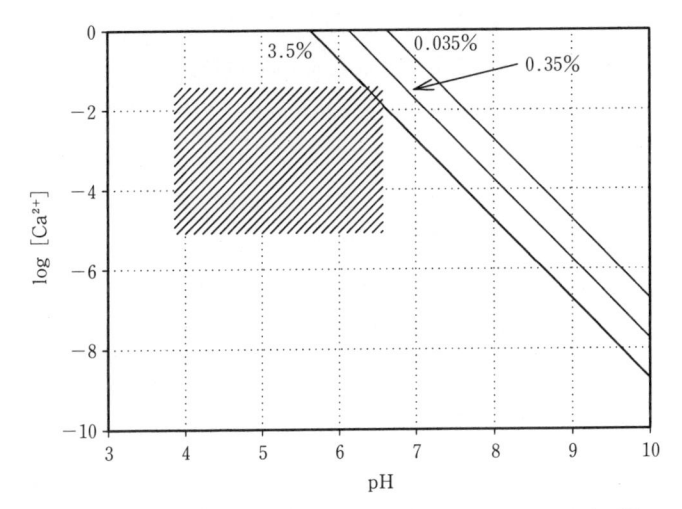

図 11-6　異なる二酸化炭素分圧における炭酸カルシウムの安定領域
斜線部は日本の土壌の土壌溶液の代表的な pH とカルシウムイオン濃度．

　式からわかるように，炭酸カルシウムが生成するかどうかは，土壌溶液のカルシウムイオンおよび炭酸イオンの濃度によって決まる．11-3 で述べたように，炭酸イオンの濃度は与えられた二酸化炭素分圧の下では，pH によって決まるので，結局，炭酸カルシウムが生成するかどうかはその土壌溶液のカルシウム濃度と pH によって決まる．

　図 11-6 には，土壌空気の二酸化炭素濃度が 0.035％，0.35％および 3.5％の場合の炭酸カルシウムの溶解度線を示した．各溶解度線の右上の領域が炭酸カルシウムの安定領域である．たとえば土壌溶液中のカルシウムイオン濃度が 0.01mol/l($\log [Ca^{2+}] = -2$) であるとき，土壌空気の二酸化炭素濃度が大気と同じ 0.035％であれば，土壌溶液の pH 7.6 以上の場合に炭酸カルシウムが生成し，生成した炭酸カルシウムが安定に存在しうる．カルシウムイオン濃度が同じでも，土壌空気の二酸化炭素濃度が 3.5％のときは土壌 pH が 6.6 以上であれば炭酸カルシウムが安定に存在しうる．この図には日本の土壌の土壌溶液の代表的な pH とカルシウムイオン濃度の範囲を示した．この図からわかる

ように，日本の代表的な土壌においては炭酸カルシウムは安定ではない．同様に降水量の多い亜熱帯から熱帯に分布する土壌においても炭酸カルシウムは安定ではない．しかし，年間降水量が数 100 mm 以下の気候条件下の土壌は，特に下層において，10 ないし 100 g/kg，またはそれ以上の炭酸カルシウムを含むのが普通である．この炭酸カルシウム中の炭酸の大部分は，土壌中で生物の呼吸によって生成された二酸化炭素に由来すると考えられる．

　日本のような気候下では，土壌中で炭酸カルシウムが生成することはまれである．しかし，降水が遮断されたビニールハウスや温室の中の土壌は別である．このような園芸施設内では土壌溶液のカルシウムイオン濃度が 0.01 mol/l のオーダー，pH が 6 ないし 7 と高くなることもまれではないので，土壌空気の二酸化炭素濃度によっては炭酸カルシウムが自生してもおかしくない．図 11-7 は九州地方のビニールハウス内で採取した土壌の炭酸カルシウム含量の度数分布図である（和田，未発表）．ビニールハウス内の土壌では，炭酸カル

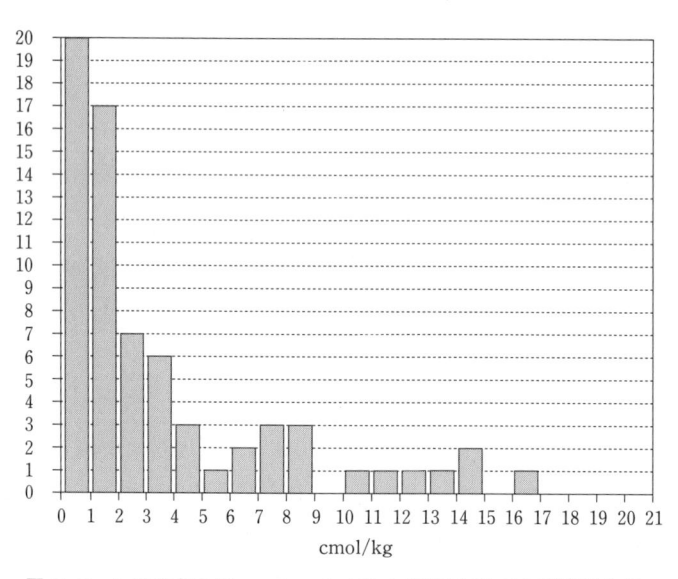

図 11-7　九州地方のビニールハウス内土壌試料 69 点の炭酸塩含量の度数分布

シウムが含まれることがむしろ普通であることがわかる（和田，1997）．この炭酸カルシウムの一部または大部分は，土壌改良資材として施用された炭酸カルシウム由来かもしれないが，土壌溶液のカルシウム濃度やpHから考えると，土壌中で自生したものもあると思われる．

11-4-3　土壌鉱物への吸着

　炭酸はオキソ酸（ある原子に酸素が結合し，それにさらに水素が結合した形をとっている酸のこと）の1種であり，リン酸と同様アルカリ土類金属や多くの遷移金属イオンと難溶性塩を生成する．このような類似性から，リン酸イオン同様，土壌鉱物に吸着されることが予想される．しかし，それにもかかわらず土壌あるいは土壌鉱物による炭酸イオン（以下炭酸イオンと炭酸水素イオンを区別せず炭酸イオンと記す）吸着に関する研究は非常に少ない．おそらくその理由のひとつは，炭酸が揮発性であり，吸着量実験を行うには密閉容器や，平衡する気相中の二酸化炭素分圧の制御が必要である，といった理由によると考えられる．

　そしておそらく同じ理由によって，土壌の炭酸イオン吸着保持量の測定データも皆無に近い．同じ陰イオンでも，硫酸イオンやリン酸イオンであれば，風乾土から適当な塩溶液で吸着イオンを抽出定量することによって，吸着保持量を推定することができる．風乾によってリン酸や硫酸が失われることはないからである．しかし炭酸の場合には，土壌を採取して風乾する過程で，土壌空気は大気と置換される．この過程で土壌溶液の溶存二酸化炭素は揮散し，吸着炭酸イオンの一部も脱着して揮散する可能性もある．したがって，風乾土を用いた炭酸イオン保持量の測定結果は解釈が難しい．

　土壌試料を密閉容器に入れてリン酸を添加したとき発生する二酸化炭素は，その土壌に炭酸塩類が含まれていなければ，吸着炭酸イオンの量を表すと考えられる．土壌pHが6以下で，酢酸アンモニウム抽出カルシウム含量が3 $cmol_c/kg$ 以下の風乾土試料にリン酸を添加したときに発生する二酸化炭素量

の測定結果によれば，アロフェン質の黒ぼく土で0.02～3.89 cmol/kg，酸性の赤黄色土で0.05～0.14 cmol/kg であった（和田，未発表）．このような操作で土壌から発生した二酸化炭素は，土壌に吸着された炭酸イオンに由来すると考えられる．アロフェン質土壌からの発生量が多いことから，炭酸イオンの吸着機構はリン酸イオンと同様と考えられる．

Wada and Ono（2003）は，平衡する気相の二酸化炭素濃度を制御しながら炭酸イオン吸着量を測定する方法を開発した．その方法では，密閉容器に土壌試料と水を入れ，平衡する気相中の二酸化炭素濃度を一定に保ちながら，液相のpHを調節して平衡させる．その後平衡溶液を大気中に取り出すことなくpHと溶存炭酸濃度を測定し，さらにリン酸を添加して吸着炭酸イオンを脱着させて二酸化炭素として定量する．この方法を適用してアロフェン質黒ぼく土の（B）層試料による炭酸イオン吸着のpH依存性を測定した結果の1例を図11-8に示す．

測定pHの点数が必ずしも十分ではないが，多くのオキソ酸イオンと同様に，pHの上昇とともに吸着量が増加して極大に達し，それよりもpHが高く

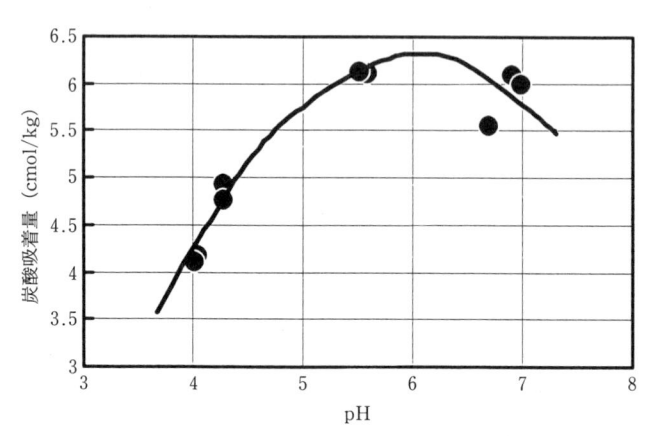

図11-8　アロフェン質黒ぼく土（B）層試料による炭酸イオン吸着のpH依存性
　　　　平衡気相の二酸化炭素濃度は5 %（5.07 kPa）．

なると吸着量が減少しているように見える．吸着量が極大となるのは，ケイ酸やホウ酸のような弱酸の場合にはそのpK_a（解離定数の逆数の対数）に相当するpHであった．炭酸のpK_{a1}は6.35であるが，このpHに近いpHで吸着量が極大になっているようにみえる．このことからも，炭酸イオンの吸着機構は他のオキソ酸と同様であることが推測される．

図11-8に示した実験で用いた土壌は3.77 cmol/kgの硫酸イオンを吸着していた．注目すべきことは，二酸化炭素濃度5％の空気と平衡させた場合pH 4〜7の広い範囲において，それよりもはるかに多量の炭酸イオンを吸着することである．このことは，炭酸イオンがかなり選択的に吸着されることを示唆している．

黒ぼく土や赤黄色土は，実験室内で塩化物塩や硝酸塩で洗浄したのちこれらの溶液と平衡させると，pH 5ないし4以下ではかなりの量の塩化物イオンや硝酸イオンを吸着する（Okamura and Wada, 1983；Wada and Wada, 1985）．しかし，野外で採取した土壌の吸着陰イオンを測定した結果によると，塩化物イオンや硝酸イオンはほとんど吸着されていない．これは，より選択吸着性の高い陰イオンとの競合の結果であると考えられる．その競合イオンとしては，硫酸イオンも重要であろうが，図11-8に示す結果は，硫酸イオンと同様あるいはそれ以上に溶存炭酸が重要であることを示している．つまり，炭酸の吸着は二酸化炭素の収支，他のイオンの挙動への大きな影響，という2面から重要である．

引用文献

Bohn, H. L.: Estimate of organic carbon in world soils. *Soil Sci. Soc. Am. J.*, **40**, 468-470 (1976)

Fournier, R. L.: *Basic Transport Phenomena in Biomedical Engineering*. 312pp., Taylor & Fransis, Philadelphia (1999)

Okamura, Y. and Wada, K.: Electric charge characteristics of horizons of Ando (B) and Red-Yellow B soils and weathered pumices. *J. Soil Sci.*, **34**, 287-295 (1983)

Wada, S. -I. and Ono, H.: Simple method for determination of carbonate adsorption at elevated carbon dioxide concentration. *Clay Sci.*, **12**, 97-171 (2003)

Wada, S. -I. and Wada, K.: Charge characteristics and exchangeable cation status of Korean Ultisols and Alfisols and Thai Ultisols and Oxisols. *J. Soil Sci.*, **36**, 21-29 (1985)

遅沢省子：土壌中のガスの拡散測定法とその土壌診断やガス動態解析への応用．農環研報，**16**，1-66（1998）

川口桂三郎（編）：水田土壌学．853pp.，講談社，東京（1988）

土屋一成・和田秀徳・高井康雄：湛水土壌中における主要無機成分の水溶化機構．土肥誌，**57**，593-597（1986）

和田信一郎：生物の必須元素を保持し長期間にわたり安定して供給．サイアス（朝日新聞社），**5**，74-76（2000）

和田信一郎・郡司掛則昭・小田原孝治・久保研一：福岡および熊本県下のいくつかの施設土壌の炭酸塩含量．土肥誌，**68**，315-317（1997）

（和田信一郎）

第IV編

土壌炭素管理による地球温暖化への挑戦

第 12 章

土壌管理戦略にむけて

12-1 はじめに

　地球温暖化が大きな問題となった現在，科学が政治・経済にとって不可欠となった．京都議定書を中心とした温暖化対策の国際政治の動向とそれに対する科学者の役割・責任にこのことが典型的に見てとれる．

　核兵器についても類似の状況があった．しかし，核兵器は科学者がその開発に携わりそのメカニズムから影響まで全てが明示的でホワイトボックスであるのに対し，温暖化は科学者にとってさえ巨大なブラックボックスであった．ボックスを開けるためには，鍵を探すところから仕事を始めなければならなかった．

　その鍵は，ハワイのマウナロア山で二酸化炭素濃度の観測を始めたキーリングが持っていた．開けられたボックスから酷暑や大寒波，集中豪雨や海面上昇などが次々と現れ，温暖化の影響が全ての人々の身の上に津々と押し寄せていると説明されればそれは納得しやすく，核兵器の現況に比べても身近さは桁違いである．そして，科学者に対しメカニズムの解明にとどまらず政策提言までもが期待され，社会的責任は大である．

　さて，京都議定書では，土地利用変化を伴わない農耕地土壌管理は，削減実施の第1約束期間（2008～2012年）では対象外とされ，それ以後の検討課題となっている（高村・亀山，2002）．しかし，土壌は文明の基礎といわれ，メソポタミア文明も古代ローマ帝国も土壌が疲弊したため滅びたとされる．土壌は物質循環の要であり身土不二ともいわれる．そのような土壌の役割を考えると，

持続的な社会の基礎を築くためには，京都議定書いかんに関わらず，炭素循環における土壌の役割を今一度見据えなおし，地球温暖化を抑止するための管理方策を土壌学の立場から探索し提言する必要がある．本書は，そのためのひとつの試みであった．

第II，III編では，土壌の様々な側面からの個別的な検討を行ったが，本編では，統合的に土壌管理をすすめる方向を考えてみたい．そこでは，人類が自然界の一員として自然法則を正しく認識し，それに沿った土壌管理を行うことになるであろうから，本来は，土壌管理にとどまらず，いわば「自然」管理といえるような統合戦略の一環であるべきだろう．しかし，土壌学を含め現在の科学技術，ましてや政治・経済は，残念ながらそれらを成すに十分な知見と能力を蓄えていない．自分の足下からそれに向かって努力する以外に道は開けないと思われる．

そこで，本章では，そのような道を歩む試みとして，地球温暖化防止に向けた活動に関し，土壌学をはじめ学問諸分野の知見をもとにモデルを作り，それらを活用した農業活動のあり方を，第I編第2章で取り上げたケーススタディなど（袴田，1996；袴田，1999；亀山，2001）を基に検討してみたい．そのような検討は始まったばかりで，どのように考え進めるべきかも定かではない．そこで，そのような検討を，今後，効果的にすすめるための統合的，戦略的課題についても言及する．それは，科学が温暖化にとどまらず社会の要請に有効に応えるためにも大切なことと思われる．

12-2 土壌機能をめぐる炭素の蓄積・分解モデル

1997年3月，つくば研究学園都市で，米国コロラド州立大学，英国ローザムステッド試験場からの研究者を迎えて，土壌機能をめぐる炭素の蓄積・分解モデルに関するワークショップ（袴田ら，1999）が開かれた．

初日には，筑波山麓の切り通しで，厚く積もった黒ぼく土壌の様々な黒さの

累層からなる土壌断面を前に，その土壌の分析値などを参考に，黒ぼく土壌の炭素蓄積に関する議論を行った．

2日目には，主催者の農業環境技術研究所から，モデルを使って土壌の炭素蓄積・分解の定量的評価を行うことの意義，とりわけわが国に多く分布する黒ぼく土壌の炭素蓄積・分解の特殊性を明らかにすることの重要性が指摘され，モデル（岩元・三輪，1985）を使った研究結果が報告された．次いで，コロラド州立大学からはCENTURYモデル（Partonら，1987）が紹介され，それを農耕地の土壌肥沃度や炭素蓄積量評価に応用した結果が示された．ローザムステッド試験場の研究者からは，世界の主要な土壌炭素蓄積・分解モデルの比較検討の結果を踏まえ，世界中に良く知られているローザムステッド炭素モデル（Roth-Cモデル）の特徴（Jenkinson and Rayner, 1977）が紹介された．両モデルは，すでに地球温暖化に関する種々のプロジェクトで広く使われている評価の高いモデルである（例えば，Jenkinsonら，1991；Smithら，1997）．

ついで，農業環境技術研究所の測定データを使って，それぞれのモデルによる土壌炭素の蓄積・分解に関わるシミュレーションをパソコン画面を見ながら行い，各モデルでどのような情報が得られるかのイメージを共有するとともに，世界各地で土壌炭素の蓄積・分解の一層正確な評価，予測を行うための問題点など，意見交換が行われた．このワークショップでの主要な結論は次のようなものであった．

(1) わが国の農耕地473万haの炭素賦存量は20,968万トンであり，その内，面積で27%を占める黒ぼく土壌の炭素賦存量が8,841万トンで全体の42%にのぼり，黒ぼく土壌の炭素蓄積量が多い．わが国のような黒ぼく土壌が多く分布する国において，黒ぼく土壌の炭素蓄積・分解過程の的確なモデリングが重要である．

(2) 日本の黒ぼく土壌のうち，アロフェン質黒ぼく土壌がほぼ半分の面積を占めている．アロフェン質黒ぼく土壌の有機炭素の蓄積・分解過程は，その他の黒ぼく土壌と異なる特徴を持つので，その過程を精度よく推定できるモデルの確立が必要である．

(3) モデルの入力情報としての有機物資材や有機物連用試験に関するわが国のデータベースを整えることが重要である．

(4) それぞれの炭素モデルにつき，黒ぼく土壌への適用にあたっていくつかの改善が必要である．

これらの結論を受けて，農業環境技術研究所のグループは，アロフェン質黒ぼく土壌地帯を含む広い範囲で黒ぼく土壌炭素の蓄積・分解過程を正確に評価できるよう，ローザムステッドのグループと協力してRoth-Cモデルの改善に取り組むこととした．そのため，まずわが国の代表的な地点の情報を収集し，この作業用のデータベースを作成し，それら情報を活用してモデルの検証を行い改良を加える．その上で，他の機関の研究者と協力して，そのモデルを適用して日本の農耕地土壌の炭素収支が人為的活動によりどう変化するかを評価・予測することとした．

ローザムステッド試験場では，1843年から一貫して同じデザインの肥料試験を継続しており，その有機物連用試験はRoth-Cモデルの開発にあたって貴重なデータを提供した（Jenkinson and Rayner, 1977）．わが国では，ローザムステッドの継続期間には及ばないが，数十年にわたる有機物連用試験が各地の農業試験場において続けられてきた．その結果をデータベース化し，Roth-Cモデルに入力して計算を行った．その結果，非黒ぼく土壌では土壌炭素蓄積量変化の計算値が実測値に精度良く適合した（Shirato and Taniyama, 2003）が，黒ぼく土畑土壌では計算値が実測値を大きく下回った．そこで，活性アルミニウムが腐植を安定化させていることに着目してモデルを改良した結果，精度良く適合するようになった（Shiratoら，2004）．

以上により，各種黒ぼく土壌に関して，土壌炭素の変動をRoth-Cモデルにより従来以上に正確に把握することが可能になったと考えられる．この結果は，わが国に限らず黒ぼく土壌が広く分布する諸外国にも適用できると期待される．Roth-Cモデルを用いて，土壌への有機物投入量の変化が国レベルの炭素収支変動に及ぼす影響を検討した例を本章4節に示した．

12-3 各種炭素循環モデルと土壌モデル

炭素循環は大気，植物，土壌を中心に多くの要素の間で相互影響を受けながら展開している．したがって，炭素循環に及ぼす各種の人為作用の影響を的確に評価するためには，大気—植物—土壌系から構成される生態系のモデルを的確に構築することが必要となる．そのため，以下に示すような各種スケールの生態系ごとに，また時には国などの行政区画ごとに炭素循環のシステムモデルを構築することが多い．上記の改良 Roth-C モデルは，生態系モデルの土壌要素を受け持つことが可能である．ここでは，生態系のスケール別に炭素循環モデルの事例（袴田, 1996；Hakamata ら, 1997；Hakamata ら, 1998；袴田, 1999）を紹介する．

12-3-1 草原生態系の二酸化炭素収支モデル

まず最初に，3次元気候モデルに組込むことを目標として適度な簡略化を行った陸域植生の二酸化炭素収支モデル（Saigusa ら, 1996；三枝, 1997）を紹介する．

本モデルは，植生，土壌のサブシステムを熱，水，二酸化炭素が移動するモデルであり，植生は C_4, C_3 植物の混合草原である．モデルは，植生キャノピー2層と土壌3層から構成され，C_4, C_3 植物の気孔，光合成応答の違いを考慮している．モデルによる二酸化炭素流量の計算結果は観測値とよく一致し，重要なパラメータに対するモデルの応答も概ね納得できるものであり良好であった．C_4, C_3 混合草原の光合成，蒸発散に関する感度分析から，土壌水分量の違いが，熱フラックスおよび二酸化炭素フラックスに大きな影響を与えることが確認された．

陸域生態系のなかで草原生態系は比較的モデル化が容易である．陸域生態システムモデルの開発の初期に草原のモデル化が試みられ，その後，農耕地や森

林のシステムモデルが数多く開発されるようになった．ここから得られた知見は，森林などのシステムモデルを開発するための有効な情報となる．

このスケールのモデルでは，土壌のサブシステムが組み込まれることがしばしば見られる．本モデルでは，温暖化の影響評価のための気候モデルに組み込むことを前提に，土壌中の水，熱の移動をパラメータとして考慮している．

12-3-2　日本列島規模の二酸化炭素動態のモデル

ついで，日本列島規模（局地）の大気二酸化炭素動態のモデルとそれを用いて陸域生態系の役割の解明を試みた結果（Mabuchi ら，1997；Mabuchi ら，2000）を紹介する．

水平格子間隔 30 km の局地二酸化炭素動態モデルを日本列島域を対象に開発した．土地被覆としては，常緑広葉樹，落葉広葉樹，それら混合林，常緑針葉樹，落葉針葉樹，草地，農耕地，都市域など 15 種類に区分した．境界条件として，気象変数については気象庁の客観解析値，大気中二酸化炭素濃度については空間的には一定値，時間的には飛行機観測で得られた時系列データを用いた．モデルによって計算された高分解能の局地気候をアメダスなどと，また大気中二酸化炭素濃度については飛行機観測とそれぞれ比較した．

1985 年 8 月〜1991 年の 6 年半についてモデルによる積分計算を実施した．モデル計算結果によると，植生による二酸化炭素吸収の効果は気圧が 500 hPa である面より上空では認められなかった．年次変動について調べた結果，1986, 87 年の 2 年間は 1988 年以降と異なって，植物の生育期間に好天が多かったため植物の光合成活動が活発であり，それによって大気中二酸化炭素濃度の減少が下部対流圏大気で卓越していたことが判明し，この結果は飛行機観測結果と良く対応していた（図 12-1）．

植物や土壌を扱う立場から見ると，空間単位が大雑把すぎると思われるかも知れないが，日本列島スケールの気候現象と合わせるためには，アメダス網のキメを考えるとこの程度に簡略化することで必要にして十分なことが多い．し

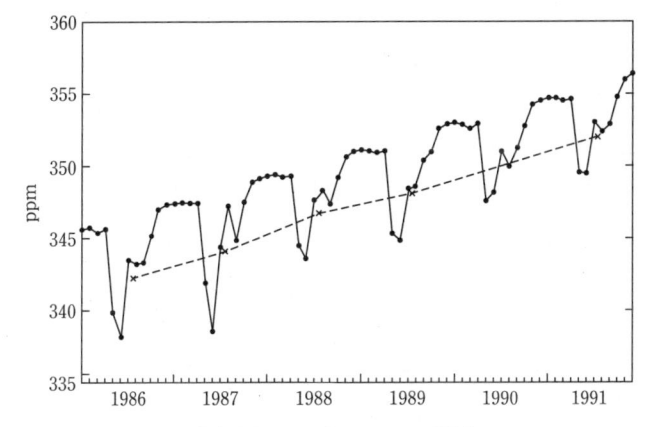

図12-1 局地二酸化炭素循環モデルによって再現された1986～1991年の大気下層の二酸化炭素濃度変動（Mabuchiら，2000）
900 hPaと850 hPa面の値の平均値．実線は，各年の月平均値，破線は，各年の5月から10月（植生活動の活発な時期）の6ヶ月平均値のそれぞれ時系列．

かし，一般にコンピュータの能力やモデル手法の高度化，データの整備などが進めば，よりキメの細かなモデルで大きなスケールの検討が可能になると期待される．

12-3-3 モンスーンアジア領域の炭素収支モデル

次に，より広い地域を対象にしたモデルの構築を行った例である．

アジア・オーストラリア地域と太平洋・インド洋との境界領域には夏と冬とで風向が反転する，いわゆるアジアモンスーンが卓越しており，それがモンスーンアジア領域の陸域生態系の種類や分布を決めている．また，この領域は世界最大の人口密度を有し，高い人口増加率，経済成長率を示しているため，土地利用変化も大きく，これらの変化が地球温暖化と密接に関係していると考えられる．

以上を背景に，モンスーンアジア領域の炭素収支を，Monsi and Saeki (1953) によって確立された植物生産理論を基にした Sim-CYCLE と呼ばれる地域モデルを用いてシミュレートした (Ito and Oikawa, 2002)．モンスーンアジアは 2,060 万 km²，すなわち地球の全陸地面積の 15% に相当するが，この陸域生態系を緯度・経度 0.5 度の分解能で 28 の生態群系に区分けし，C_4 植物と C_3 植物の違いを組み込んだ．

Sim-CYCLE を用いて総生産 (GPP)，純一次生産 (NPP)，生態系純生産 (NEP) などの炭素フラックスをシミュレートした．その結果，水田を含む農業生態系全体の NPP は，この領域全体の総 NPP 8.7 GtC/年の 24% に相当した．この比率は世界平均の 2 倍以上であり，この領域の大きな特徴であった．この領域では，熱帯林の伐採に伴って，この比率が今後さらに高まるものと考えられる．

このモデルは，世界規模の検討にも使え，大気海洋結合大循環モデルの気候シナリオを使ったシミュレーションが行われている．7 種のシナリオによる結果の平均を示す（口絵 9；Ito, 2005）と，21 世紀前半は，二酸化炭素濃度上昇に伴う光合成施肥効果が植生バイオマスと枯死物を増加させるため，土壌への炭素蓄積が生じる．後半には温度上昇による分解の加速の影響が勝り，土壌炭素蓄積は抑制され，土壌からの二酸化炭素放出を招く場合もある．ただし，これらの推定には，異なる気候シナリオに基づく大きな不確実性が残されている．

12-3-4　対流圏移流拡散モデルによる地球規模の炭素循環の変動予測

対流圏移流拡散モデル（田口，1994）に，観測された大気中二酸化炭素濃度を入力し，地球規模で陸域および海域が大気と交換する二酸化炭素の量を推定した (Taguchi, 1999)．化石燃料の燃焼による発生は全球分布を，陸域の植生は 13 領域を，海域は 12 領域を設定し，年平均交換量および季節変動量が年次変動を行わないと仮定し逆問題（与えられた解から方程式の未知の部分を決定す

ること）を解いた．

その結果，このようなモデルで地球規模の炭素循環を予測するためには，観測データが不十分であることが判明し，現状の観測ネットワークでは，アフリカ，熱帯域のアジア，南米，熱帯太平洋西部，熱帯から南半球の大西洋などの交換量を推定することができず，このために全球の収支量も得られないことが分かった．しかし，現在のネットワークでも比較的安定な解が得られる地域があることも明らかとなり，シベリアでの吸収，北米高緯度での放出，北米中緯度での吸収などを解として得ることができた．北米の中緯度の陸域植生がもつ季節変動は南米やアフリカの熱帯雨林，サバンナ領域の季節変動より小さいという結果も得られた．

現在進められている多くの観測ネットワーク（後述）の情報が一層整って利用できるようになれば，このようなモデルによる地球規模の炭素循環の変動予測もいっそう広範且つ精度良く実施されるようになると予想される．なお，本モデルの植生には土壌呼吸などの土壌プロセスの結果が内包されていると解釈される．

12-3-5 炭素循環と土壌モデル

上記4種の炭素循環/収支モデルでは，土壌，特に土壌炭素の蓄積・分解過程は正面切っては組み込まれていない．しかし，ここで注目したいのは，草原という単一の植生からなる生態系のモデルから，日本列島，アジア，地球というスケールの異なる生態系モデルが構築されていることである．農耕地，農村地域を扱ったモデルは既に第Ⅰ編第2章で紹介した．すなわち，草地を含む農耕地，農村地域，日本列島，アジア，地球という生態系のスケールの違う各階層でモデル開発が進み，それらすべての階層のモデルに土壌の知見が必要とされ，参画が待たれているのである．

土壌学者は，従来，農林業を圃場や林分単位でとらえ課題を設定することが圧倒的に多く，モデル化にあたってもそれは同様であった．他方，地球規模，

大陸規模のモデルは，わが国においては工学者や生態学者が開発することが多く，土壌学者はあまり多く参加する機会を持ち得なかった．したがって，地球規模のモデルに，土壌学の膨大な知識が組み込まれることはきわめて不十分で，上記例に見られるとおり，土壌過程が省略されることも多かった．多くの土壌学関係者がIPCC報告書をみてもそう感ずるのではないだろうか．そのことは同時に，地球規模の炭素循環における土壌の役割の大きさを世間一般に認識させる機会を限られたものにしてきたともいえる．

　地球温暖化に関して，土壌学者が現代の社会的要請に応えるためには，圃場よりも大きなスケールのモデル開発に積極的に参加することが欠かせない．Roth-Cモデル，CENTURYモデルは，すでに地球規模の温暖化解析に先駆的な成果を上げてきており，そこに土壌学者が大きな貢献をしていることは良く知られている．そのような経験をふまえれば，わが国においても各種生態系から地球規模に至る大きな規模の系を対象とした土壌炭素の蓄積・分解，炭素収支の検討が土壌学者の積極的な参加のもとで行われることが待たれる．圃場スケールの実験やモデルに馴染みの深い土壌学者が，より大きなスケールのモデルにも慣れ親しみ，地球規模のモデルに土壌学の知見と土壌モデルを組み込んで多いに貢献することが期待される．

　そのひとつの試みとして，土壌を構成要素として組み込んだ地球規模のモデルを構築し，温暖化が土壌中の炭素動態に及ぼす影響について検討を行った(Goto and Yanagisawa, 1996)．その結果，地球温暖化により陸域生態系の炭素蓄積量は増大するが，その増加分の大部分は土壌中の炭素の増加であることが予測できた．また，農耕地土壌の炭素蓄積量も地球温暖化によって増加するが，その程度は高緯度地方と低緯度地方では大きく異なることが予測できた．すなわち，土壌，とりわけ農耕地土壌は，耕作法の変化など人為的操作によって炭素のいわゆる吸収源となる可能性がみとめられた．

12-4　京都議定書におけるアクティビティと土壌炭素動態

多くの土壌に適用可能な土壌モデルは，世界各国の農耕地土壌について様々な「アクティビティ」（炭素吸収源となる活動）を実施した場合の農耕地土壌の炭素蓄積量変化をより詳しく評価する手段となる．次にそのようなモデルによるケーススタディ（亀山，2001；後藤ら，2002）を紹介する．これは，京都議定書の発効後を想定した政策志向型研究ということができる．

12-4-1　背景および問題の所在

地球温暖化抑制を目的として1997年のCOP3（気候変動枠組条約第3回締約国会議）で採択された京都議定書では，附属書Ⅰ国（先進国と旧ソ連など旧計画経済国）に対して，第1約束期間における温室効果ガス排出量に関する数値目標が決められている．削減目標として，EUが1990年を基準年として7％，日本が6％，アメリカは5％などとされた．それに対し，アメリカは2001年に議定書から離脱し，同議定書の内容が科学的でないので別の道を探るとしている．また，同議定書では，削減の中心となるべき国内措置の他に，それを補完する意味から，国際的仕組みとして排出量取引（締約国間の割当量の取引），共同実施（付属書Ⅰ国同士で削減のための事業を行う．削減実績は，受入国から投資国に移る），クリーン開発メカニズム（CDM；途上国での削減事業への投資により排出枠を獲得する）からなる京都メカニズムと呼ばれる制度が認められた（高村・亀山，2002）．そして，京都議定書は2005年2月の発効により実質的な対策が始まることとなった．

各国の数値目標に対する対応として，例えば，次のような選択肢が考えられる．第1は，国内対策を推進して，国内の排出量を減らす方法，第2は，吸収源の拡大によって目標を達成する方法，第3は，排出量取引などいわゆる京都メカニズムを用いて，国外から排出する枠を購入する方法，第4は，目標の達

成をあきらめて，不遵守措置の適用を受けるなどである．

　ある国が上記のいずれ（または組み合わせ）を選択するかは，その国の対策の容易度（対策コストの大きさ）に加え，その国の政治における気候変動問題の重要度や世論の関心など，さまざまな要因によって決まる．また，このような各国の対応は，現在の附属書Ⅰ国の温暖化対策のみならず，第2約束期間の2013年以降における先進国の排出量目標の設定方法や途上国の参加方法など，今後の国際的取り組みの枠組みそのものを大きく変える可能性がある．つまり，これら対応は，何よりも政治・経済・社会的要因のもとで決まるのであって，科学的な判断は，たかだかそれら要因の一部であるに過ぎない．しかし，科学的根拠の薄い対応が良い結果を生む保証が薄いことも明らかである．したがって，これらの諸制度に対する主要国の対応すなわち政策決定について十分な分析を行っておく必要がある．

　京都議定書においては，農耕地への炭素吸収の増大を目的とした人為的活動（土地利用変化）に限り，その吸収分を削減量として計上できることが合意されている．更に2001年7月ドイツのボンで開催されたCOP6の再開会合において農耕地については「農耕地管理等による追加的人為的活動で1990年以降に実施された分について，その吸収量を削減量として計上できる」ことが合意された．しかし京都議定書の吸収源，特に農耕地関連の条文の解釈は未だ明確でなく，ましてや第2約束期間のアクティビティについては今後の議論に負うところが大きい．つまり，どのような吸収源活動（アクティビティ）が認められるのか，どのように炭素蓄積量の変化を評価すべきなのかは未だ国際的に検討すべき課題となっている．

　アクティビティには広義（森林管理など）と狭義（管理方法の変化，農地管理，施肥など）の活動が示されている．広義の活動は「炭素吸収に関連する様々な活動が含まれる土地利用ベースの活動」と定義され，狭義の活動は「耕作低減，灌漑用水管理等炭素吸収に関連する個別の活動」と定義されている．前者はその土地における炭素の吸収と排出を把握して炭素蓄積の正味の変化を推計することが可能であるが，自然現象による変化と人為起源による変化を区

別しにくい．一方，後者は自然現象と人為起源によるものを区別できるが，カウントが煩雑になる．ここでは後者のアクティビティに着目した検討を行った．

12-4-2 農耕地における人為活動が各国の炭素収支に及ぼす影響

　各国の農耕地土壌における温室効果ガスの排出と吸収を推計し，日本をはじめ世界各国の農耕地土壌について様々なアクティビティを実施した場合の農耕地土壌の二酸化炭素および亜酸化窒素の排出量に関する評価を行った．そのため，耕作形態，環境条件などをパラメータとした既存のモデル（上述した改良Roth-C）を用い，各国の政策オプション（対応策）としていくつかのシナリオを設定し検討を加えた．また，各種アクティビティによる農耕地からの温室効果ガス排出抑制が京都議定書において定められている目標削減量に対してどの程度を賄うことができるかの評価を行った．

　アクティビティとしては，①土壌への有機物（残渣および堆肥）投入量の増大，②不耕起栽培の実施，の2種類を取り上げ，それぞれを実施した場合の土壌炭素蓄積量，亜酸化窒素放出量を評価した．農耕地では亜酸化窒素は主として窒素の投入によって増加することが多いことから，ここでは堆肥と化学肥料を想定し，農耕地からの亜酸化窒素の排出は投入された窒素量から推計した．

　これらアクティビティをどのように実施するかについて，以下に記す3つのシナリオを検討した．各国で実施する場合には，その国の自然的，社会経済的実情に即したキメの細かな事業が行われると考えられるが，これらのシナリオにおいては，できるだけ同一の条件の下で各アクティビティの効果の特徴を把握するため，基準年の条件設定とともにいささか大きな差を設定している．

　なお，近年，優れたモデルであっても，シミュレーションによる将来予測がはずれることがしばしばあって，問題視されることがある．そこで，考えられる将来の基本的変化をシナリオとして設定し，そのもとでのより細かな変化や影響を検討することが行われる．IPCC第二次報告書（IPCC, 1996）の大気海

洋結合大循環モデルによるシナリオなどは，その例である．ここでは以下のようなシナリオを設定した．

農耕地土壌における炭素量の推計は18カ国，8栽培作物種別に炭素量および亜酸化窒素量の推計を行う．

- 基準年の条件を次のように均一に設定し，以後のアクティビティの効果を見積もる．

    堆肥：全農耕地の10%に4 tC/ha施用

    農作物残渣：総発生量の35%を農地に還元

    初期土壌炭素：3.8 tC（不活性炭素；モデルによる計算結果）

    窒素肥料投入量：窒素投入量（FAOSTATより）．その1%が亜酸化窒素として大気へ放出される．

- シナリオ1：農作物残渣の農地還元量を総発生量の35%から50%に増加する．
- シナリオ2：堆肥の施用面積を10%から20%に増大する．
- シナリオ3：不耕起栽培を全農耕地の50%で実施する．この場合，通常耕起の時の土壌炭素量（SOCct）から不耕起栽培時炭素量（SOCnt）は以下の式で求めた．

$$SOCnt = (1.283 \times SOCct) + 0.510$$

各アクティビティ実施による温室効果ガスの二酸化炭素換算吸収量を図12-2に，目標削減量に占める農耕地による削減量の割合を図12-3に示す．いずれのアクティビティを実施した場合においても各国の二酸化炭素削減枠を低減させることがわかる．また，土壌炭素量は各国作物別に求めた原単位に面積を乗じて求めたため，面積に大きく依存し，アクティビティによる土壌炭素増加量も面積に大きく依存した（オーストラリアはアルミ産業など二酸化炭素排出型の産業に経済が依存していることを考慮し，8%増が認められていることから，図12-3から除外した）．

評価した中で温室効果ガスの削減に最も有効であったのは農作物残渣の土壌還元量を増大するアクティビティであった．ただし，アクティビティによる土

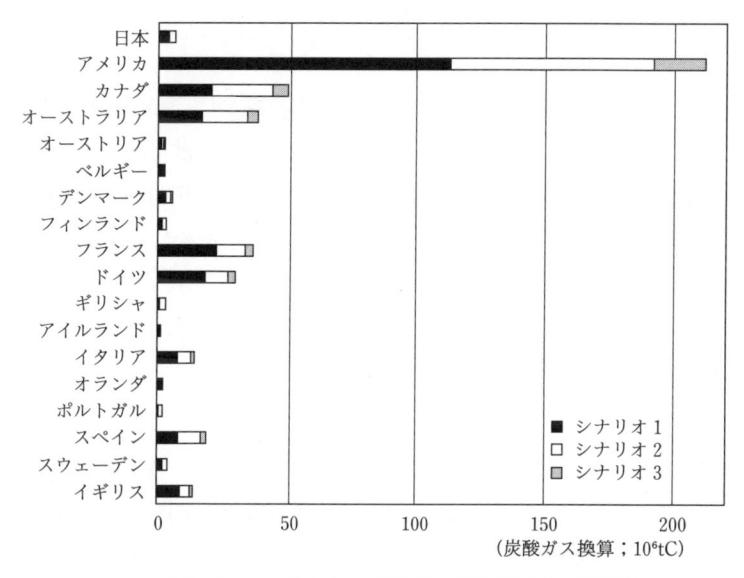

図12-2 シナリオ1〜3実施時の温室効果ガス吸収量（炭酸ガス換算；10^6tC）

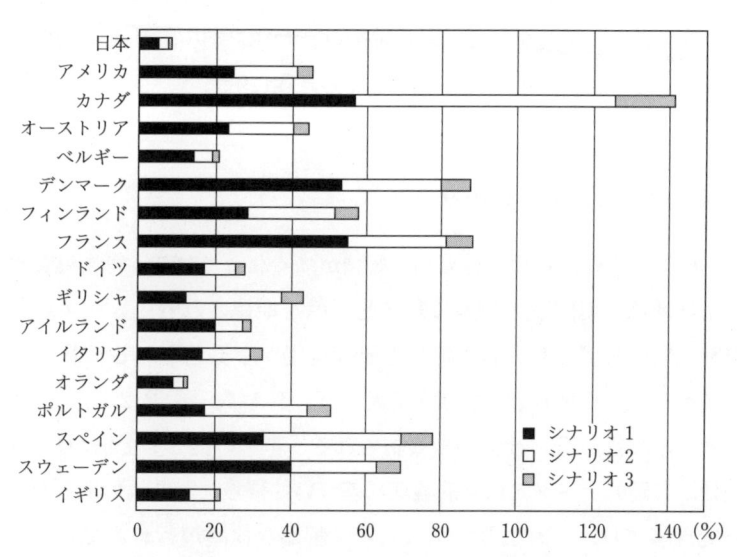

図12-3 目標削減量に占める各アクティビティ実施による削減量の割合

壌炭素増加量は農耕地の面積に大きく依存し，また，堆肥投入による亜酸化窒素の発生は二酸化炭素の固定に比べて小さいことがわかった．さらに，目標削減量に占める各アクティビティ実施による削減量の割合は，必ずしも土壌炭素増加量に比例しなかった．アクティビティによる削減分を計上する上で最も有利となるのは広大な農耕地面積を持ち且つ二酸化炭素の排出量が少ない（すなわち削減量も少ない）国である．

12-5　土壌学における温暖化研究の進展のために

ここまで見た結果は初歩的な成果ではあるものの，そこから，地球温暖化に土壌がどのように関わっているか，どのように管理すれば削減に効果を発揮できるかなどを，ある程度考えることはできる．しかし，ひるがえって，農耕地管理が土壌に及ぼす影響に関する個別的知見を温暖化抑制の目的に沿って統合する道を考えるならば，越すべき峠は多い．その歩みは，IPCCなどの牽引力でめざましく進むと予想されるが，本節では，今後，科学的知見を効率的に獲得し統合するために有効と考えられる三つの課題に触れる．

12-5-1　社会と科学間のギャップ

近年，科学・技術に対する社会的な要請が強くなっており，特に温暖化をはじめとする地球環境問題の対策に科学的貢献を期待されることが多い．しかし，現実社会が必要としている情報と研究現場から発信される情報との間にギャップがあり，しかもしばしば大変大きい．例えば，図12-2，3は，京都議定書の効果の評価に際し社会から要請される「キメの粗さ」で描かれている．この図は，客観的データと科学的論理に基づいて得られた結論であるが，土壌学の研究現場では，これよりもずっとキメ細かな検討が行われている．したがって，土壌学者には，図12-2，3のような情報は，しばしば，大雑把すぎる

と思われがちである．

　このように，地球環境問題に関して科学と政治・行政の間，あるいは科学の分野間にもギャップが生ずる．政治の面からは地球の全体，日本全体にわたる炭素収支を知る必要があるのに対し，科学者は計測しやすい現象や興味深い局所的現象に関心を向けやすい．その結果，ミッシング・シンクも生じる．科学者の間でも気象学者は全球など広域にわたる炭素の動態解明に強い関心を示すが，ほとんどの土壌学者や植物学者はある特定の土壌種や特定の植物群落の炭素収支，それも限られた狭い区域の現象解明を得意とする傾向が強い．その結果，気象と土壌・植生の現象をつないで解明しようとしてもうまくいかず，モデル開発をしても，気象モデルと土壌・植物モデルとのキメが合わず，両者の結合はうまくいかないことが起こる．政策提言に科学的知見を応用しようとする場合，このようなギャップがしばしば障害となる．

　そのようなギャップを埋めるためにはどうすればよいだろうか．当面の解決法は，まず，一緒にやることである．よく行われるのは，ワーク・ショップなどの議論形式の会合を持って，そこで得られた情報や方法を持ち帰り，つぎの研究に向け進歩をはかる．しかし，参加した科学者の自主性に任される側面が強いと，必ずしも解決に向かう保証はない．解決に向かうためには，良く組織されたプロジェクトを展開することである．それにより，自主性は若干の制限を受けても，問題解決に向けてすすむ可能性は強まると期待される．本章2節のRoth-Cモデルの改善は，その好例と考えられる．

　現在，地球温暖化に関わる大小規模の良く組織されたプロジェクトが展開されている．大規模なものでは，第2章で触れたようなタワー観測のアジア (AsiaFlux)，ヨーロッパ (CarboEurope)，アメリカ (AmeriFlux) のネットワークが連携 (FLUXNET: http://www-eosdis.ornl.gov/FLUXNET/) しながら研究を進めている．しかし，これら観測ネットワークは大気関係の専門家主導のプロジェクトという性格はぬぐえない．広範な専門家の集団作業としては，なんと言っても温暖化に関する最大のプロジェクト，IPCCの活動である．

ギャップがある程度埋まり，従来に比べ新たな知見が多く得られたとしても問題は残る．その内から，地球環境のように大規模で複雑に見える対象をどう見通しよく把握するかの課題を考えてみよう．

12-5-2 階層システム

第2章では，位置づけの大切さについて述べた．そこでは，問題となる特性の x, y 座標軸からなる平面に評価用の z 軸を立てて課題・対象などを位置づけることを考えた．ここではそれに加えて，階層システムとしての位置づけを検討してみよう．

第2章では，緯度と土地利用とからなる x, y 2次元平面を考えた．しかし，それはあらゆる物事からなる世界の一断面に過ぎず，目的に沿って切り出しただけに過ぎない．さらにその世界を階層システムとしてとらえて位置づけを明確にすることを考える．その階層は，クォーク，素粒子，原子，分子，土壌粒子，粒団，ペドン（ある地点の土壌），土壌群，生態系，地域社会，国家，地球，太陽系，宇宙などとつづく．また，分子から生態系までは生物のバイパスでつながっている．そして，ある現象が，該当する階層において上記のような2次元平面のどの象限にあるかをみることにより，全体のなかの位置づけがより明確になる．さらにその多くは，時間と共に移動する（Wilber, 2004）．

われわれの研究対象もこのようなシステムを基本にして課題を位置づけ，それを研究メンバー間の共通認識としつつ解析を進め，モデル開発を行い統合化をはかれば，大きな規模の研究でも見通しよく有効に進められると期待できる．第2章と第12章の研究事例がこれらにより位置付けが可能なことを見ていただけるであろうか．

研究対象を階層システムとして捉えることは，地球環境問題の中でも東アジア酸性雨モニタリングネットワーク（EANET, 2000）や環境省の酸性雨国内モニタリングの土壌モニタリングシステム（酸性雨対策検討会, 2004）において採用され有効な情報を発信しつつある．後者においては，土壌特性ごとに，全

国，県，土壌種（県内で感受性，耐性の2種；例えば感受性土壌として乾性褐色森林土，耐性土壌として多腐植黒ぼく土），調査地点（土壌種ごとに数地点：広域の平面変動を評価する），サブ地点（各地点5個所：狭域の平面変動を評価する），分析繰り返し，という階層的サンプリングを行い，統計学の枝分かれモデルを適用してこれら階層ごとにばらつきを評価しつつ解析している．階層的サンプリングを採用したことにより見通しが良くなるとともに，採用しなかった場合に比べ，平面変動やばらつきを評価できるなど，格段に定量的な評価ができるようになっている．

環境問題を検討するにあたっては，階層的に構造を把握することにより，まず第1に見通しがよくなることは確かである．見通しがよいということは，特に統合化を図る時に参加者の共通認識を得やすい．最後に，統合化を図る時の問題点について検討してみる．

12-5-3　俯瞰的研究

地球温暖化のような問題を研究するにあたって，階層的システムの考え方に加えて俯瞰的視点からの研究が重要である．俯瞰的研究は，研究対象を虫の目で見るのではなく鳥が高い位置から俯瞰するように全体を見るよう努めて遂行する研究を指す（三菱総合研究所，2000）．階層システムはこの場合も有効である．例えば，農業生態系を研究対象にする場合は，地域社会とか国家の階層まで視点を高めてその課題をとらえ研究戦略を立てなければならない，などである．このような研究が重視されるのは，科学技術が政治・経済にますます深く関係するようになっているが，そのような中で発生する科学技術に起因する負の影響までをも科学者・研究者がしっかり考えるべきではないか，との考えからである（吉川，1999）．

農業においては，収穫量や品質の向上という否定すべくもない善なる行為が，結果として，豊作貧乏や環境破壊など社会問題を引き起こす副作用，負の効果を随伴するという困難にぶつかっている．そのような困難を解決するに

は，個々の土壌・作物だけを見て研究を進めていては突破口は開けず，少なくとも水田や畑の生態系を眺めて問題を立てたり，時には地域社会の視点からみることも必要であろう．すなわち，階層を少なくともひとつかふたつ引き上げて考える必要がある．本章で紹介した研究事例も同様なことを考え，異なる階層の生態系，すなわち森林や農耕地などの個別生態系，地域生態系，地球生態系などといくつかの階層を研究対象としたのであった．

しかし，ひとつ上の階層から全体を見ようとしても全てを見ることなどできないではないか，という疑問が生ずる．これに対して，つぎのような知見が有効と考えられる．第1は，ある生態系の機能に関係する要素はきわめて多いが，その機能の発揮に寄与している要素は，ベスト3あたりまで考えれば十分である，という知見（伊藤，1992）である．例えば，森林生態系の炭素循環を支配している要因は，大気，植物，土壌である．また，そのうちの植物系に関しては，地上部，地下部，落葉落枝である（第2章，図2-2，2-3，2-6など参照）．これらの例は，ある現象に関して多数の要因を調査し，多変量解析の主成分分析を行う時，しばしば，第3主成分までで累積寄与率が70～80％となって第4主成分以下の寄与率は小さい，という経験に符合することかも知れない．

第2には，階層システムにおいて，下の階層の要素を積み上げても上の階層にならないことが普通であるが，そこを埋めるものとして経験知とか暗黙知（Polanyi, 1967）と呼ばれる知識がある．これは，経験的にしか伝えられない知識であるが，これが科学の新たな発展を図ろうとする場合などに重要となる，という知見（野中・紺野，2003）である．例えば，水田農業の環境保全機能はきわめて多様で優れている．このことは，水田に関する科学が発達を見た現代においては，いくつかの機能に分類され良く知られた知識であるが，それらは水田農業の歴史の中で経験的に作り上げられ，水田科学が成り立つ以前においても経験を通じ暗黙のうちに継承されてきた知識である．この部分が，新たな知見の宝庫である可能性が強い．

俯瞰的研究がどうあるべきかの詳細は，実際の研究の進展と相互影響をくり

返しながら明らかになると期待される．

　本章では，土壌学の立場から地球温暖化問題の解決に努めようとするにあたっていくつかの糸口を示した．前章までの内容と照らし合わせながら，土壌管理から地球温暖化への挑戦にむけて土壌管理の研究戦略を構築する際の参考にしていただきたい．

引用文献

EANET : *Technical Documents for Soil and Vegetation Monitoring in East Asia.* 185pp., ADORC, Niigata (2000)

Goto, N. and Yanagisawa, Y. : Assessment of CO_2 reduction by technological usage of terrestrial ecosystems - reforestation and biomass energy -. *Energy Convers. Mgmt.* **37**, 1199-1204 (1996)

Hakamata, T., Ikeda, H., Yamamoto S. and Nakane, K. : How do terrestrial ecosystem contribute to global carbon cycling as a sink of CO_2 ? Experiences from research projects in Japan. *Nutr. Cycl. Agroecosys.*, **49**, 287-293 (1998)

Hakamata, T., Matsumoto, N., Ikeda, H. and Nakane, K. : Do plant and soil systems contribute to global carbon cycling as a sink of CO_2 ? Some findings from research projects on carbon dioxide and carbon cycle related to the global warning. *Global Environmental Research*, **2**, 79-86 (1997)

IPCC, Houghton, J. T. et al. (eds.) : *Climate Change 1996 - The Science of Climate Change. Contribution of Working Group I to the Second Assessment Report of the Intergovernmental Panel on Climate Change.* 572pp., Cambridge Univ. Press, Cambridge (1996)

Ito, A. : Climate-related uncertainties in projections of the 21st century terrestrial carbon budget : off-line model experiments using IPCC greenhouse gas scenarios and AOGCM climate projections. *Climate Dynamics*, in press (2005)

Ito, A. and Oikawa, T. : A simulation model of the carbon cycle in land ecosystems (Sim-CYCLE). A description based on dry-matter production theory and plot-scale validation. *Ecological Modelling*, **151**, 147-179 (2002)

Jenkinson, D. S., Adams, D. E. and Wild. A. : Model estimates of CO_2 emissions from soil in response to global warming. *Nature*, **351**, 304-306 (1991)

Jenkinson, D. S. and Rayner, J. H. : The turnover of soil organic matter in some of the Rothamsted classical experiments. *Soil Sci.*, **123**, 298-305 (1977)

Mabuchi, K., Sato, Y. and Kida, H. : Numerical study of the relationships between climate and the carbon dioxide cycle on a regional scale. *J. Meteor. Soc. Japan*, **78**,

25-46 (2000)

Mabuchi, K., Sato, Y., Kida, H., Saigusa, N. and Oikawa, T. : A biosphere-atmosphere interaction model (BAIM) and its primary verifications using grassland data. *Papers in Meteorology and Geophysics*, **47**, 115-140 (1997)

Monsi, S. and Saeki, T. : Über den Licht-factor in den Pflanzengessellschaften und seine Beduntung für die Sloffproduction. *J. Bot.*, **14**, 22-52 (1953)

Parton, W. J., Schimel, D. S., Cole, C. V. and Ojima, D. S. : Analysis of factors controlling soil organic matter levels in Great Plains grassland. *Soil Sci. Soc. Am. J.*, **51**, 1173-1179 (1987)

Polanyi, M. : *The Tacit Dimension*. 108pp., Routledge & K. Paul, London (1967) (ポランニー, M. (著), 高橋勇夫 (訳)：暗黙知の次元. 194pp., ちくま学芸文庫, 筑摩書房, 東京 (2003))

Saigusa, N., Liu, S., Oikawa, T. and Watanabe, T. : Seasonal change in CO_2 and H_2O exchange between grassland and atmosphere. *Annales Geophysicae*, **14**, 342-350 (1996)

Shirato, Y., Hakamata, T. and Taniyama, I. : Modified Rothamsted carbon model for Andosols and its validation: Changing humus decomposition rate constant with pyrophosphate-extractable Al. *Soil Sci. Plant Nutr.*, **50**, 149-158 (2004)

Shirato, Y. and Taniyama, I. : Testing the suitability of the Rothamsted carbon model for long term experiments on Japanese non-volcanic upland soils. *Soil Sci. Plant Nutr.*, **49**, 921-925 (2003)

Smith, P., Smith, J. U., Powlson, D. S., McGill, W. B., Arah, J. R. M., Chertov, O. G., Coleman, K., Franco, U., Florking, S., Jenkinson, D. S., Jensen, L. S., Kelly, R. H., Klein-Gunnewiek, H., Komalov, A. S., Li, C., Molina, J. A. E., Mueller, T., Parton, W. J., Thornley, J. H. M. and Whitmore, A. P. : A comparison of the performance of nine soil organic models using seven long-term experimental datasets. *Geoderma*, **81**, 153-225 (1997)

Taguchi, S. : Synthesis inversion of atmospheric CO_2 using the NIRE chemical transport model. AGU Monograph, **114**, 239-253 (1999)

Wilber, K. : *The Eye of Spirit : An Integral Vision for a World Gone Slightly Mad*. 433pp., Shambhala Pubns, Boston (1997) (ウィルバー, K. (著), 松永太郎 (訳)：統合心理学への道―「知」の眼から「観相」の眼へ. 599pp., 春秋社, 東京 (2004))

伊藤昭彦：陸上生態系機能としての土壌有機炭素貯留とグローバル炭素循環. 日生態誌, **52** (2)：189-227 (2002)

伊藤嘉昭：動物生態学. 507pp., 蒼樹書房, 東京 (1992)

岩元明久・三輪睿太郎：我が国の有機物動態と地力. 圃場と土壌, **196** & **197**, 148-157 (1985)

亀山康子 (編)：環境庁地球環境研究総合推進費終了研究課題 地球温暖化対策のための京都議定書における国際制度に関する政策的・法的研究 (平成12年度~平成13年度),

173pp., 環境省国立環境研究所, つくば (2001)

後藤尚弘・岩野安寿香・藤江幸一:環境科学会 2002 年年会, 吸収源活動による農耕地土壌の温室効果ガス吸収量の推計, 76-77 (2002)

三枝信子:陸上生態系の微気象解析. 日生態誌, **47**(3), 321-326 (1997)

酸性雨対策検討会:酸性雨対策調査総合とりまとめ報告書. 432pp., 環境省, 東京 (2004)

髙村ゆかり・亀山康子 (編著):京都議定書の国際制度. 382pp., 信山社, 東京 (2002)

田口彰一:3 次元移流拡散モデルを用いた大気中二酸化炭素の研究—化石燃料の消費と季節変化する陸上生態系に対する研究—. 資源と環境, **3** (5), 283-295 (1994)

野中郁次郎・紺野 登:知識創造の方法論—ナレッジワーカーの作法—. 281pp., 東洋経済新報社, 東京 (2003)

袴田共之 (編):環境庁地球環境研究総合推進費終了研究課題 地球温暖化に係る二酸化炭素・炭素循環に関する研究 (平成 5 年度~平成 7 年度), 183pp., 農林水産省農業環境技術研究所, つくば (1996)

袴田共之 (編):環境庁地球環境研究総合推進費終了研究報告書 陸域生態系の二酸化炭素動態の評価と予測・モデリングに関する研究 (平成 8 年度~平成 10 年度), 162pp., 農林水産省農業環境技術研究所, つくば (1999)

袴田共之・松本成夫・三島慎一郎・織田健次郎・早野恒一・小泉 博:環境庁地球環境研究総合推進費終了研究報告書 陸域生態系の二酸化炭素動態の評価と予測・モデリングに関する研究 (平成 8 年度~平成 10 年度), 113-122, 農林水産省農業環境技術研究所, つくば (1999)

三菱総合研究所:俯瞰型研究プロジェクトの推進方策に関する調査報告書. 81pp., 三菱総合研究所, 東京 (2000)

吉川弘之:俯瞰的研究プロジェクト. 学術の動向, 1999(1), 5-9 (1999)

(袴田共之)

索引

A-Z

AsiaFlux　235
carbon sequestration　→炭素固定
C_3植物　41
C_4植物　41
CDM　→クリーン開発メカニズム
CENTURYモデル　59, 63, 64, 221, 228
COP　→気候変動に関する国際連合枠組条約締約国会議
$\delta^{13}C$　41
DOM　→溶存有機物
FLUXET　235
IPCC（Intergovernment Panel Climate Change）　→気候変動に関する政府間パネル
Q_{10}　10, 63, 125, 131
Roth-Cモデル　→ローザムステッド炭素モデル
Sim-CYCLE　226

ア行

亜寒帯北方林　28
亜高山帯針葉樹林　32
亜酸化窒素　231, 234
アレニウス式　131
アレニウスプロット　10
安定同位体比　41, 46, 55
暗黙知　238
アンモニア生成量　147
一毛作　35
易分解性炭素　61
易分解性有機物　196
渦相関法　37
エネルギー
　　化石——　123, 167, 172, 186
　　バイオマス——　22
　　——の流れ　106
オープントップチャンバー法　85
オープンパス法　85

温室効果ガス　22, 51, 83
温帯広葉樹林　33
温暖化ポテンシャル　177

カ行

階層システム　236, 237
拡散　86, 202, 204, 205, 207
　　——係数　204
下層土酸性　114
家畜系　168
褐色森林土　91, 102
活性アルミニウム　222
カーボン・ニュートラル　22, 43
刈り株　151
　　——量　142
灌漑水　174
観測タワー　30, 32
観測ネットワーク　227, 235
間伐　58
気候変動に関する国際連合枠組条約　21, 25
　　——締約国会議（COP）　22, 25, 51, 229, 230
気候変動に関する政府間パネル（IPCC）　13, 21
季節変動　72, 91, 99
ギャップ解析　53
吸着　213, 214, 215
共同実施　229
京都議定書　22, 25, 34, 40, 43, 51, 83, 219, 229, 231, 234
　　——におけるアクティビティ　229, 231
京都メカニズム　40, 229
局地二酸化炭素動態モデル　224
クリーン開発メカニズム（CDM）　229
クローズドチャンバー法　86, 127
経験知　238
原単位　171
光合成産物　150
降水　174
小型赤外線二酸化炭素分析計　88
呼吸　172

索引 243

黒ぼく土　79, 85, 91, 102, 114, 220
　アロフェン質——　114, 221
　非アロフェン質——　114
根系分布　116
コンパートメント・モデル　26, 28, 30, 34, 56, 107
根量　141

サ 行

作物炭素固定　175
雑草量　141
残根　151
　——量　142
残渣　176
　農作物——　232
酸素分圧　202
敷き料　173
シナリオ　232
　気候——　226
屎尿　171
地盤沈下　14
重炭酸イオン（HCO_3^-）
　——の集積　153
　——の溶脱　153
樹園地　174
出荷　173, 176
樹木炭素固定　175
純一次生産量（NPP）　123, 125, 132
純生態系生産量（NEP）　127
焼却　175
常緑針葉樹林　85, 102
植物遺体　143
　——のC/N比　145
　——の分解　145, 147
食料購入　171
食料自給　171
飼料購入　172
飼料自給　172
人口　185
人工衛星　40
森林吸収　51, 65, 66
森林系　168
水田　34, 35, 174
　——生態系　139
ステーショナリーフェーズ　199
成帯性土壌　13

石灰石　201
施肥形態　117
施肥法　117
全国地力保全基本調査事業　147
センサスデータ　169
草原生態系　223
草地　37, 105
　放牧——　105
　——造成　110
　——の生産性　108
藻類量　141

タ 行

第1約束期間　22, 25, 40, 219, 229
堆厩肥　174
第2約束期間　34, 230
対流圏移流拡散モデル　226
滞留時間（turnover time）　4, 10, 60
タワー観測　46, 235
炭酸カルシウム　210, 211, 212, 213
炭素
　——吸収源（シンク）　23, 24, 63, 79, 228, 229, 230
　——固定（carbon sequestration）　44, 59
　——収支　24, 26, 44, 110, 126, 132, 185
　——循環　108, 185
　——循環速度　90, 102
　——循環モデル　168, 223
　——蓄積　182
　——蓄積量　111
　——のストック　76, 108, 113, 177
　——の貯蔵庫　3
　——のフロー　76, 108, 177
地域　168
地温　→土壌温度
地球温暖化係数　83
畜産物　173
窒素酸化物の降下　64
窒素飽和　64
窒素無機化量　114
チャンバー法　84
長期肥料連用試験水田　140
同位体存在比　→安定同位体比
土壌
　世界の——分布　8
　——温度　16, 37, 76, 91, 125, 131

244　索　引

　　――管理　219, 239
　　――空気　205
　　――呼吸　9, 52, 71, 84, 111, 124
　　――呼吸速度　36, 124, 128, 131
　　――呼吸量　38, 39, 56, 127
　　――侵食　16
　　――水分　36, 76, 91
　　――タイプ　99
　　――の炭素固定量　134
　　――の二酸化炭素発生能　192
　　――の二酸化炭素発生パターン　191
　　――の二酸化炭素発生量の測定　193
　　――モデル　38, 223, 227, 229
土壌微生物　150
　　――の増殖曲線　194
　　――の増殖サーモグラム　194
　　――の増殖速度定数　194
　　――の増殖代謝熱　197
土壌有機炭素　4, 41, 42
土壌有機物　4, 59
　　――の分画法　60
　　――分解　5, 53, 143, 147, 175
土地利用　169
　　――変化　52, 183, 230
　　――連鎖　45

ナ　行

難分解性有機物　5
難溶性炭酸塩　210
二酸化炭素
　　水和――　205
　　大気の――濃度　15, 64, 123, 191, 205, 226
　　表面水中の――　152
　　――収支モデル　223
　　――の施肥効果　52, 63, 226
　　――の土壌吸着　213
　　――の発生機構　202
　　――の放出速度　9, 73
　　――フラックス　85
　　――分圧　202, 206
二毛作　36
人間系　168
熱帯モンスーン林　26
熱伝導度検出器付ガスクロマトグラフ　87
根の呼吸　53, 71, 72, 78, 124
農耕地土壌　25, 41, 228, 231, 232

　　日本の――　222
　　　――管理　219
農地系　168
農用林　33

ハ　行

廃棄物　172
排出量取引　229
畑　35, 174
反応式
　　一次――　10, 62
　　ゼロ次――　10
　　双曲線――　10
東アジア酸性雨モニタリングネットワーク　236
肥効調節型肥料　117
微生物バイオマス　61
ファントホッフの法則　10
風化　208
不確実性　24, 43
俯瞰的研究　237
不耕起栽培　40, 120, 231, 232
腐植化過程　6
腐植物質　59, 106
不調和溶解　209, 210
糞尿　106, 173
牧草地　175

マ　行

マスフロー　86
ミカエリス-メンテン式　11
ミッシング・シンク　24, 43, 46, 52, 235
メタン
　　稲ワラ由来の――　161
　　地下水中の――　159
　　土壌中の――　157
　　土壌有機物起源の――　160
　　根由来の――　161
　　――の起源　160
　　――の生成　16
　　――の発生　17, 155, 173, 175
　　――の分解　155, 158
　　――の溶脱　156
　　――発生速度　17
モノー式　11

ヤ 行

有機物
　溶存——（DOM）　59
　——還元量　125
　——収支　109
　——集積量　7
　——の集積　154
　——の溶脱　154
　——フロー　39
　——フローモデル　39
　——分解　72, 124
　——連用試験　222
溶存炭酸　208

ラ 行

ラグフェーズ　199
落葉広葉樹林　85, 102
ラングミュア式　11
陸域生態系　3, 24, 51, 123, 167
リター量　141
流出　175
ルートマット　112
冷温帯林　29, 32
ログフェーズ　199
ローザムステッド炭素モデル（Roth-C モデル）　63, 221, 223, 228, 235

執筆者一覧（執筆順）

木村　眞人（名古屋大学大学院生命農学研究科，はじめに，8章）
波多野隆介（北海道大学北方生物圏フィールド科学センター，はじめに，7章，9章）
松本　聰（秋田県立大学生物資源科学部，1章，10章）
袴田　共之（浜松ホトニクス株式会社，2章，12章）
真常　仁志（京都大学大学院農学研究科，3章，4章）
小﨑　隆（京都大学大学院地球環境学堂，3章，4章）
岡崎　正規（東京農工大学大学院共生科学技術研究院，5章）
三枝　正彦（東北大学大学院農学研究科附属複合生態フィールド教育研究センター，6章）
鈴木　和美（東北大学大学院農学研究科附属複合生態フィールド教育研究センター，6章）
古賀　邦正（東海大学開発工学部，10章）
和田信一郎（九州大学大学院農学研究院，11章）

《編者紹介》

木村眞人
（きむらまこと）

 1947年生まれ
 1973年 東京大学大学院農学系研究科修士課程修了
     東京大学農学部助手，名古屋大学農学部助教授を経て
 現　在 名古屋大学大学院生命農学研究科教授

波多野 隆 介
（はたのりゅうすけ）

 1956年生まれ
 1980年 北海道大学大学院農学研究科修士課程修了
     北海道大学農学部助手，同助教授を経て
 現　在 北海道大学北方生物圏フィールド科学センター教授

土壌圏と地球温暖化

2005年2月28日　初版第1刷発行

定価はカバーに
表示しています

編　者	木　村　眞　人 波多野　隆　介
発行者	岩　坂　泰　信

発行所　財団法人 名古屋大学出版会
〒464-0814　名古屋市千種区不老町1名古屋大学構内
電話(052)781-5027／FAX(052)781-0697

Ⓒ Makoto Kimura et al., 2005 Printed in Japan
印刷 ㈱クイックス ISBN4-8158-0509-1
乱丁・落丁はお取替えいたします。

Ⓡ〈日本複写権センター委託出版物〉
本書の全部または一部を無断で複写複製（コピー）することは、著作権法
上での例外を除き、禁じられています。本書からの複写を希望される場合
は、日本複写権センター（03-3401-2382）にご連絡ください。

木村眞人編 **土壌圏と地球環境問題**	A5・288頁 本体5,000円
久馬一剛編 **熱帯土壌学**	A5・454頁 本体5,800円
広木詔三編 **里山の生態学** －その成り立ちと保全のあり方－	A5・354頁 本体3,800円
岩坂泰信編 **北極圏の大気科学** －エアロゾルの挙動と地球環境－	B5・238頁 本体6,500円
花里孝幸著 **ミジンコ** －その生態と湖沼環境問題－	A5・256頁 本体4,300円
李秀澈著 **環境補助金の理論と実際** －日韓の制度分析を中心に－	A5・266頁 本体5,500円